“十四五”时期国家重点出版物出版专项规划项目
现代土木工程精品系列图书
黑龙江省优秀学术著作

近场动力学理论及其在岩石类材料变形破坏过程中的数值应用

谷新保　寿云东　著

哈爾濱工業大學出版社

内 容 简 介

近场动力学理论是一种既适用于连续性问题也适用于不连续性问题，同时兼具无网格法优点和分子动力学优点的非局部数值方法，在模拟物质断裂方面有着巨大的优势。这种方法分为键为基础的近场动力学理论和状态为基础的近场动力学理论，同时状态为基础的近场动力学理论又分为普通的状态为基础的近场动力学理论和非普通的状态为基础的近场动力学理论。本书主要采用理论推导、数值模拟、对比分析等方式从不同角度对近场动力学理论进行了详细的推导，然后利用三种不同的近场动力学理论进行了岩石物质断裂的数值模拟，模拟效果与试验结论一致，为岩石断裂的数值模拟提供了新的方法和思路。

本书可供从事近场动力学等专业的科研、教学、生产设计与技术人员参考。

图书在版编目（CIP）数据

近场动力学理论及其在岩石类材料变形破坏过程中的数值应用 / 谷新保，寿云东著. — 哈尔滨：哈尔滨工业大学出版社，2025.3

（现代土木工程精品系列图书）

ISBN 978-7-5767-0056-5

Ⅰ. ①近… Ⅱ. ①谷… ②寿… Ⅲ. ①岩土力学 Ⅳ.①TU4

中国版本图书馆 CIP 数据核字（2022）第 109831 号

策划编辑 王桂芝 陈雪巍
责任编辑 刘 威 周轩毅 王会丽
出版发行 哈尔滨工业大学出版社
社 址 哈尔滨市南岗区复华四道街 10 号 邮编 150006
传 真 0451-86414749
网 址 http://hitpress.hit.edu.cn
印 刷 哈尔滨起源印务有限公司
开 本 720 mm×1 000 mm 1/16 印张 18.5 字数 291 千字
版 次 2025 年 3 月第 1 版 2025 年 3 月第 1 次印刷
书 号 ISBN 978-7-5767-0056-5
定 价 118.00 元

前　　言

近场动力学理论是一种既适用于连续性问题也适用于不连续性问题，同时兼具无网格法优点和分子动力学优点的非局部数值方法，在模拟物质断裂方面有着巨大的优势。这种方法分为键为基础的近场动力学理论和状态为基础的近场动力学理论，同时状态为基础的近场动力学理论又分为普通的状态为基础的近场动力学理论和非普通的状态为基础的近场动力学理论。本书主要采用理论推导、数值模拟、对比分析等方式从不同角度对近场动力学理论进行了详细的推导，然后利用三种不同的近场动力学理论进行了岩石物质断裂的数值模拟，模拟效果与试验结论一致，为岩石断裂的数值模拟提供了新的方法和思路。本书主要的研究内容和成果如下：

（1）本书利用物质点力密度矢量和应变能密度之间的关系推导出了均质各项同性二维近场动力学参数的表达形式，并通过将其和传统的连续性力学所求出的参数进行对比，求得了近场动力学参数和宏观物质恒量（如弹性模量、体积模量、剪切模量等）之间的关系，从而建立了微观力学与宏观力学之间的关系。

（2）本书利用线性动量守恒定律和角动量守恒定律等推导出键为基础的近场动力学基本方程，接着利用键为基础的近场动力学理论对岩石板非断裂模型进行了数值模拟，结果表明该理论对非断裂板的位移场的模拟具有较高的精度。同时，在岩石板的断裂算例中模拟了脆性岩石物质中多裂纹的扩展和连接过程，结果表明由近场动力学获得的模拟结果与试验结果吻合得很好；紧接着模拟了在拉伸荷载作用下预先存在的宏、微观裂纹的断裂过程，结果显示出宏观裂纹首先扩展和启裂，宏、微观裂纹的相互作用极大地影响了裂纹的扩展路径；然后模拟了在双物质高速运动情况下裂纹的分叉，结果表明物质参数（如弹性模量、密度、外界温度改变量及近场动力学参数等）对裂纹分叉的扩展角度和速度有较大的影响。

（3）本书推导了一种改进的带有切向键的近场动力学理论，并编制了相应的程序用来模拟岩石物质在单轴压缩荷载作用下裂纹的启裂、扩展和连接过程。新的带有切向键的近场动力学模型突破了传统的键为基础的近场动力学模型在二维情况下泊松比必须为 1/3 的限制，同时通过几个算例的对比分析可得出数值解和试验解比较吻合，这充分证明改进的近场动力学理论对于岩石物质的模拟具有很强的适用性。

（4）由于在普通的状态为基础的近场动力学理论中加入了损伤理论，因此普通的状态为基础的近场动力学理论能够模拟平面裂纹的扩展和连接过程。在模拟过程中可以看出：本方法不仅不需要借助任何外在的断裂准则，同时还突破了键为基础的近场动力学理论模拟平面裂纹时泊松比必须等于 1/3 的限制，极大地拓展了近场动力学理论在模拟岩石断裂时的应用范围，为裂纹的扩展和连接过程提供了很好的思路。

（5）相对于键为基础的和普通的状态为基础的近场动力学理论，非普通的状态为基础的近场动力学理论不仅突破了泊松比在二维情况下必须等于恒量的限制，而且在模拟岩石物质断裂时引入了应力和应变的概念，这就使该理论在模拟岩石类材料断裂方面有了更广泛的应用。把线弹性本构模型代入非普通的状态为基础的近场动力学理论的基本方程，从而得到线弹性的非普通的状态为基础的近场动力学理论基本方程，并通过算例模拟岩石的断裂和非断裂问题，结果表明该理论相对于前两种理论来说，是近场动力学理论的进一步完善，对岩石物质的断裂过程的预测具有一定指导意义。

（6）本书根据热传导理论，并运用欧拉-拉格朗日方程推导基于非局部理论的近场动力学热传导方程，建立了近场动力学微导热系数与材料宏观导热系数之间的关系；运用材料的热膨胀特性，将根据近场动力学热传导方程求解出的温度场转换为近场动力学物质点的变形梯度张量，再将变形梯度张量代入非普通的状态为基础的近场动力学的力状态函数中，从而实现岩体温度场与应力场的耦合。

（7）本书根据达西定律，推导了基于非局部理论的近场动力学渗流基本方程，运用质量守恒原理建立了一维和二维情况下宏观渗透系数与微观近场动力学渗透系数之间的关系。基于非普通的状态为基础的近场动力学理论和经典的多孔介质流固耦合理论，通过在近场动力学本构方程中引入孔隙水压力增项和在近场动力学渗流基本方程中引入有效应力对渗透系数的影响，实现了运用近场动力学方法解决裂纹岩体中渗流场与应力场耦合问题。

全书共计 8 章，其中第 1～6 章及 7.1 节、7.2 节由南阳理工学院土木工程学院谷新保撰写；第 7 章的 7.3 节及之后的内容由武汉大学土木建筑工程学院寿云东撰写。

由于作者水平有限，书中难免存在疏漏与不足之处，望各位读者批评指正。

作　者

2023 年 8 月

目　　录

第1章　绪　　论

1.1　问题的提出

结构的断裂现象一直是传统固体力学的一个巨大的挑战，同时它也是力学学科中最复杂的过程之一，物体边界、微裂纹、断层、各项异性等大量的因素都可能对断裂产生巨大的影响，因此从脆性断裂到延性断裂，断裂机理被嵌入不同的物理过程。自从格里菲斯（Griffith）最早研究断裂以来，为了解释断裂机理，人们做了许多调查和试验，也发展了不同准则以预测裂纹的启裂和生长。然而，许多试验表明：那些带有较小裂纹的物质比那些带有较大裂纹的物质对断裂有更大的抵抗力，但是利用传统的连续性力学理论所求的解完全不取决于裂纹的尺寸，这与试验相矛盾。在传统的连续性力学领域内，一个物质内一点被坐落在距它无穷小距离的相邻另一点所影响，因此它没有任何内部长度参数以区别不同的长度尺寸；而且传统的连续性力学理论对带有短波的弹性固体的弹性平面波的传播的预测不带有离散型，但是试验结果却并非如此。

在传统的连续性力学理论中，一个根本的假设是它的局部性。传统的连续性力学理论假设一个物质点仅仅和它相邻范围内的物质点相互作用，因此它是一个局部理论。而不同的平衡准则控制着物质点的相互作用，因此在一个局部理论模型中，一个物质点仅仅和在它附近区域的物质点交换质量、动量和能量。在传统的连续性力学理论中，这导致了一个点的应力状态仅取决于这个点的变形状态。当处于不同的长度范围时这个假设的有效性就有待商榷了。总之，在宏观范围内这个假设是可被接受的。然而，在分子理论中长尺度的力的存在是明显的，当几何尺度范围变得越来越小且趋近于分子尺寸时，如此一个局部作用的假设就不成立了。甚至在宏观范围内，同样存在着局部理论的有效性这种疑问（比如当微小的特征和微观结构影响整个宏观结构时）。

尽管有许多不同的方法被用来预测物质裂纹的启裂和扩展，但是在传统的连续性力学理论中它仍然没有得到根本解决。主要的困难存在于数学公式。它假设当物体发生变形时物质仍然保持连续，因此只要物质存在不连续现象，这个基本的数学公式就不适用了。为了更好地数值预测裂纹的启裂和扩展，在传统的连续介质力学中的运动方程采取了设计空间位移求导的不同方程的形式；然而当位移不连续时，这些求导是无意义的。例如当穿过裂纹或者物质交接面时，利用传统的连续性力学理论会预测到在裂纹尖端会有无穷大的应力，因而人们通过引进外部准则而把断裂单独隔离出来进行处理；然而这些外部断裂准则不是传统连续介质理论的一部分，而且在断裂启裂前位移场被认为是连续的，在断裂传播后位移场是不连续的，因此人们在连续性力学理论领域对裂纹的启裂和传播过程采取了不同的方式进行处理。

由于应力的数值依赖于荷载、几何及数值解方法，因此随着应力奇异性的显现，应力集中因子和能量释放率的精确计算可能面临着极大的挑战性。除了裂纹的启裂需要一个外在的准则外，对于裂纹的扩展方向也需要一个外在准则。由于一系列断裂机理的呈现和粒子的边界、位错、微裂纹、各向异性等因素有关，且这些因素都在不同的长度范围内扮演了重要角色，因此对物质断裂过程的理解和预测是相当复杂的。

虽然传统的连续性力学理论不能辨别不同尺度范围内的差异性，但是它能通过用有限元方法抓住特定的物理现象，以及被应用到大量的工程问题中。有限元方法在确定应力场问题方面的效果很好，在模拟复杂几何条件的结构和一般荷载条件下不同物质时也有很大的优势；然而，有限元方法的控制方程是基于传统的连续性力学理论的，因此它也存在裂纹尖端或沿裂纹表面的位移不连续问题。

当线弹性断裂力学被应用到有限元方法当中时，为了在裂纹尖端抓住正确的奇异性特征，特殊的单元被广泛引入。虽然带有传统的有限单元，但是当裂纹扩展时，位移场的不连续可以通过再次定义物体来弥补（如把裂纹定义为边界）。

断裂力学主要考虑的是物体内现存裂纹的演化，而不是新裂纹的结核化。当涉及裂纹的扩展问题时，带有传统单元的有限元方法都会受到“与生俱来”的局限，这个局限导致带有传统单元的有限元方法需要在每次裂纹扩展后都重新划分单元。现存的模拟裂纹的方法也遇到了需要为裂纹的扩展和在局部条件下一个裂纹如何演化的数学表达之间提供一个动态联系的困难，这种联系为裂纹什么时候启裂、裂纹扩展的速度和在什么方向上扩展，以及裂纹是否分叉、震荡等提供了分析条件。考虑到在获得试验断裂数据上遇到的困难，用传统的有限元方法模拟裂纹时为裂纹的扩展提供动态联系将是一个主要的障碍；考虑到裂纹尖端的奇异性、对外部准则的需要和再次定义网格等，用传统的有限元方法解决一个复杂条件下多个相互作用的裂纹的扩展问题几乎是不可能的。

为了克服带有传统单元的有限元方法的缺点，人们做了大量的研究工作以改进这种方法。由 Dugdale 和 Barbarella 提出的黏滞域概念在许多断裂准则中十分流行，然而由 Camacho 和 Ortiz 引入的黏滞域单元的概念才给这种方法在计算断裂力学方面带来了主要的突破。在这种方法中，在网格内把黏滞域单元作为插入元放入一对相邻单元之间，在模拟时裂纹能沿着相邻单元交接部分的任何路径扩展，因此插入元方法消除了预先决定裂纹路径的限制。然而裂纹路径对网格形状和布置是高度敏感的，黏滞域单元模型包含插入连续元间的离散的表面元，由于引入黏滞域单元是为了产生断裂特征，因此物质反应展现了规则的和黏滞域单元的特征。黏滞域单元的数目随着网格尺寸的减少而逐渐增加，然而连续域的尺寸是保持不变的，因此物质特性的软化能随着网格尺寸的减少而被观察到。在这些方法中还需要考虑稳定性，Jirasek 对镶嵌有不连续模式的有限元方法做了对比研究。

为了克服这些困难，Bellyache、Black 和 Moes 等引入了扩展有限元方法。它允许裂纹沿着一个单元的任何表面（而不是仅仅沿着单元的边界）传播，这就消除了新断裂表面对黏滞域单元方向的限制；扩展有限元方法利用了有限元的单位特征分类；在标准的有限元近似中包括带有附加自由度的局部扩充函数。为了抓住穿过裂纹和裂纹尖端附近的渐进扩充位移，这些函数采取了不连续扩充位移的形式。由于扩充仅仅包括被裂纹分割的单元的节点，因此最小化了自由度的附加数目。按照 Zi

等的研究，临近裂纹尖端的单元时常被扩充，同时单元的划分对它们并不适用，因此在混合区域它的解就变得不精确，这就使得这种方法不能被应用于在复杂模式下多裂纹的扩展和相互作用等问题。扩展有限元已经成功地解决了许多断裂问题，但是由于不连续扩充位移的引入，它需要引入外部的断裂准则。

分子动力学和原子晶格模型克服了利用传统的连续性力学理论所遇到的困难。分子模拟是预测物质断裂最详细和实际的方法。虽然裂纹的启裂和扩展能用分子间的相互作用力来模拟，然而分子研究的焦点在于提供了动态断裂的潜在的基本物理过程的理解而不是预测。限制这些焦点研究的主要因素是计算资源。但是近些年来，随着计算机的普及，大尺度分子动力学模拟已经变得可能，例如Kadau等用三亿两千万个原子模拟了边长为1.56 μm的正方形固体铜片；然而，这些长度等级相对于实际工程结构来说仍较小，而且由于时间步非常小，分子动力学在整个时间的模拟上受到了限制，因此大多数模拟是在非常高的荷载速率的情况下进行的，同时在引起高应力的高速率条件下的断裂过程是否能代表低速率条件下的断裂过程不是非常清晰的，因此在现实生活中仅利用分子动力学模型模拟断裂过程是不够的。

受到原子晶格模型的启发，晶格弹簧模型通过利用带有弹簧或者流变单元的物质来减少大尺寸结构的原子模拟的不精确性。由于在晶格点间的相互作用力包括了最近区域的晶格点，因此它可能是短范围力；但是由于它也包括了最近区域之外的晶格点，因此它也有可能是长范围力。再者，晶格位置可能是周期性的，也可能是混乱的同时又有许多不同的周期性晶格：长方形、正方形、蜂窝形等。然而，周期性晶格表现出依赖于弹性特征的方向性，同时一个晶体类型的相互作用力不能用于另一个晶体类型；尤其对一个具体的问题来说，哪一种类型的晶体是最适用的也是不清晰的。

因此，在实际结构中，为了模拟断裂过程，仅使用原子模拟是不够的。而且物理专家的试验也表明黏滞力能到达原子间的有限距离。因为传统的连续性力学理论仅仅对非常长的波长有效，因此传统的连续性力学理论缺乏在不同长度范围模拟的内部长度参数；Eringen、Delete、Kroner 和 Bunin 等引入了考虑长范围效果的非局部模型；连续介质的非局部理论建立了传统的连续性力学理论和分子动力学模型之间的联系。在局部连续性模型中，一个物质点的状态仅仅被它的紧邻的物质点所影响。而在非局部连续型模型中，一个物质点的状态被在一个有限半径的区域内的物质点所影响，当这个半径变得无限大时，非局部理论就变成了分子动力学模型的连续性版本。局部和非局部及分子动力学模型间的关系如图 1.1 所示。

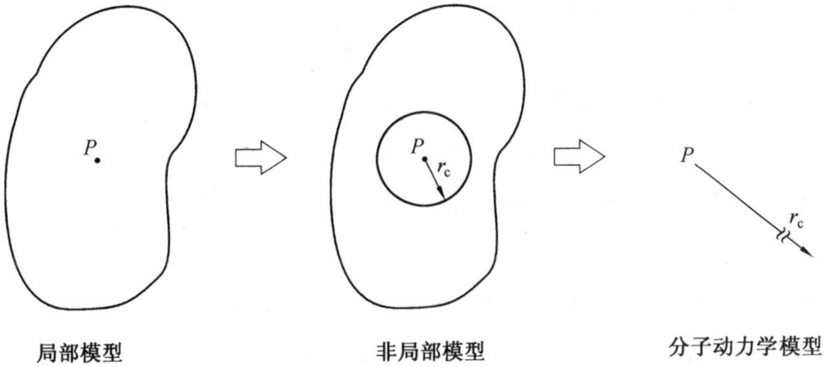

图 1.1 局部和非局部及分子动力学模型间的关系

在过去引入了不同的非局部理论，涉及高阶位移梯度和空间积分等。由 Eringen 和 Edelen 所做的早期工作产生了一个非局部连续性理论，这个理论是基于平衡定律和热动力学状态的非局部性而产生的。然而，它的公式相当复杂，后来许多研究者利用本构方程的非局部性的同时保持局部组成平衡和动力方程的方式简化了这个方程。目前，大多数非局部理论都通过本构方程来解释非局部性。一方面，在连续性力学理论中积分型非局部物质模型都有一个本构关系，这个本构关系把一个物质点的力和与它有限距离远的其他物质点的加权平均应变连接起来；另一方面，为了解释这个点紧邻物质点的场梯度型，非局部模型包括了更高阶的导数，例如把应变的一阶导数加入到本构方程中。上述两种类型的非局部理论都有一个相联系的特征长度，这个特征长度能把物理长度（如粒子尺寸、断裂区尺寸或者孔隙尺寸等）联系起来。

非局部理论被应用的原因有许多，它不但能抓住宏观效果，而且也能抓住分子和原子尺寸这样的微观效果。按照 Eringen 的结果，非局部理论能模拟各种范围的波长。非局部理论仍然假设物质是连续体，然而相对于分子动力学模型，当考虑大尺度范围效果时，它的计算效率较高。按照 Bazant 和 Jirasek 的研究，有许多场合必须在连续性力学中采用非局部理论，例如在小尺度的连续型模型中搜集微观结构的异质性的效果。非局部性也在微裂纹现象中显现，分布式微裂纹已经在试验中被观察到。然而，由于微裂纹的扩展并不由局部变形或者局部应力决定，因此用非局部理论模拟它并不是不可能的。证据显示，微裂纹扩展不仅仅依赖于微裂纹中心的局部变形，而且依赖于微裂纹邻域内所发生的变形。

非局部理论被进一步应用到裂纹扩展的预测。Eringen 和 Kim 证明：随着靠近裂纹尖端，裂纹尖端的应力场是有限的，而不是像传统的连续性力学理论所预测的那样是无限的。Eringen 和 Kim 通过利用最大应力和黏滞应力相等提出了一个自然的断裂准则，这个准则能在连续介质中的各处被应用，而不需要辨别是否连续。虽然非局部变形理论导致了裂纹尖端的有限应力，但是在公式中位移场的导数被保留了下来。

后来，Eringen 和他的助手应用非局部理论模拟了格里菲斯裂纹。通过利用非局部模型预测裂纹尖端的一个有限应力场，在模拟断裂方面非局部连续理论相对于局部理论取得了明显的优势。它与在裂纹尖端预测无穷大应力的局部理论相反，因为没有物质能够承受无穷大的应力。Ari 和 Eringen 研究表明，用非局部弹性理论模拟的格里菲斯裂纹结果和被 Elliott 应用的晶格模型结果一致；尽管如此，由于在他们的公式里存在位移求导项，因此他们的模型在裂纹尖端无意义。例如裂纹，因为和传统的局部模型类似，在它们的公式中包括位移导数，所以事实上在不连续问题上大多数非局部模型仍然是失败的。一般来说，非局部模型包括应力、应变关系的非局部性，通过平均应变或者添加应变导数到标准的本构模型中，因此非局部模型保留了空间求导。

无网格粒子法是非局部方法的一种。有限元方法等是用拓扑网格联系起来的；与有限元方法不同，无网格粒子法利用数目有限的离散粒子来描述一个系统的状态。

无网格粒子法按照长度尺度分为微观的、纳米的、宏观的三种。在模拟许多工程问题（如穿透和破碎等）中遇到的困难主要包括再次划分网格和从旧的网格到新的网格映射状态变量等。和有限元方法不同，无网格粒子法减少了网格的限制，同时在许多应用中显示出优势。陈等基于再生核粒子方法（reproducing kernel particle method，RKPM）提出了非线弹性和线弹性结构的大变形分析。例如，RKPM 方法的应用包括弹塑性变形和超弹性问题。无网格粒子法能够对物质的断裂问题进行数值模拟。例如分子动力学模型能够模拟裂纹附近的非线性、原子间的键的断裂，同时也能模拟拉伸裂纹的变形，Holian 等用分子动力学模型模拟了在拉伸荷载情况下张开型裂纹的断裂模式。关于对有限元方法和无网格粒子法的耦合的研究也已经开始，De 等提出有限球方法的应用；Hong 等在数值积分前用解析变换改进了有限球方法，同时提出了一种耦合有限元方法和有限球离散的技巧。在后面将要介绍的近场动力学方法就属于无网格粒子法的一种，它是目前最新提出的一种无网格粒子法。下面将介绍近场动力学的研究意义及国内外研究现状。

1.2　近场动力学理论的研究意义

裂纹的启裂和扩展数值预测一直被认为是一个有挑战性的问题。因为传统的连续性力学理论是以偏微分方程为控制方程，所以这种方法不能直接运用于描述不连续现象；为了更好地模拟裂纹扩展和物质损伤，一种新的理论——近场动力学理论被提出。

Silling 在 2000 年引入了不需要位移求导的非局部理论——近场动力学理论，对比以前的由 Bunin 和 Rogula 提出的非局部理论，近场动力学理论具有更广泛的适用性，因为它不仅考虑了一维介质，而且也考虑了二维和三维介质。对比 Bunin 提出的非局部理论，近场动力学理论提供了关于位移的非线性物质反应，而且这个物质反应包括近场动力学理论的损伤。它是一种不需要对位移进行微分、通过求解空间积分方程来描述物质点力的数值方法，因此它既适用于连续性问题也适用于不连续问题，兼具无网格法和分子动力学方法的优点的同时又避免了分子动力学方法在计算尺度上的局限，且近场动力学控制方程能在断裂面上被定义；除此之外，物质断裂是近场动力学本构方程的一部分，不需要借助外部准则，就能解决传统数值方法在模拟裂纹时存在的裂纹尖端奇异性问题，因此该方法在模拟裂纹扩展问题时具有很大的优势。

在近场动力学理论中，物质点直接通过施加的影响函数相互作用，这个影响函数包括和物质相关联的所有本构信息。这个影响函数包括一个被称为内部长度（域）δ的长度参数。相互作用的局部性依赖于域，随着域的减少，相互作用会变得更局部化。因此，传统的弹性理论会被视为当内部长度趋近于 0 时近场动力学理论的一个极限情况。例如，有文章显示选择恰当的影响函数，近场动力学理论可以变为线弹性理论。在另一种极限情况下，内部长度趋近于相互作用的原子距离，就如同 Silling 和 Bobaru 所显示的那样，为了模拟纳米尺寸结构，范德瓦耳斯力能被用作响应函数的一部分。因此近场动力学理论是能够搭接纳米尺寸和宏观长度尺寸的一个桥梁。在近场动力学理论范围内，相比传统的连续性方法，物质的损伤是在一个更符合实际情况下被模拟。随着物质点间的相互作用停止，在表面的裂纹开始启裂和扩展，然而，积分方程继续保持有效。

近场动力学理论和传统的连续性力学理论主要的区别是：前者的公式是积分方程，而不是位移分量的导数。这个特征允许裂纹的启裂和扩展不用依赖于特殊的裂纹扩展准则就能在任意路径多位置发生。在近场动力学理论中，通过在连续体内成对的物质点间非局部作用力来表达内力，同时以损伤作为本构方程的一部分。在一个正常的框架范围内，它能够提供多物理场和多尺度的断裂预测。

相对于传统的连续性力学，近场动力学理论能够直接应用于非连续性物质。在连续性理论中，由于沿着不连续面动力方程的空间求导是无意义的，所以必须采用特殊的技巧来处理不连续性问题。例如，为了考虑裂纹尖端非线性问题，黏聚裂纹模型被引入。为了把黏聚元模型加入有限元分析中，边界元被提前插入有限元网格中。在扩展有限元方法中，作为近似位移场的改进函数被添加到全局位移场中以模拟裂纹扩展。在局部连续性模型中，物质点仅能通过接触力和相邻的物质点相互作用；对比来说，在近场动力学理论中，参考结构中的物质点被有限距离分开并能相互作用，因此近场动力学被归类为非局部理论。虽然在近场动力学理论诞生前，很多非局部理论已经被研究，但是大多数非局部模型都涉及空间求导；另外，在近场动力学理论诞生前，许多无网格粒子法也已经被研究，例如光滑粒子流体动力学和无网格伽辽金法。近场动力学理论和无网格粒子法的差别应该被重视，例如在光滑粒子流体动力学中，粒子的加速度通过偏微分方程求解；在近场动力学理论中，粒子加速度通过积分方程求解。在近场动力学理论的数值实现中，一个物质域被离散为节点，因此它被认为是分子动力学理论的一个连续性版本。

近场动力学理论是对连续性力学理论的一次变革。在近场动力学理论的连续性理论中显现的微分方程被积分方程取代；具体来说，在连续性动力方程的应力收敛被一个积分函数所取代，一个域半径为 R 的固体的近场动力学模型如图 1.2 所示，在半径为 R 的圆域内是参考结构中物质点的邻域δ。物质点 X 和邻域内其他的物质点通过键上对点力相互作用；以数学的观点来看，物质点 X 所受作用力是由在该点邻域δ所有键的对点力积分求得的，在动力分析中，物质点的加速度是由该点的对点力和施加的外力决定的。

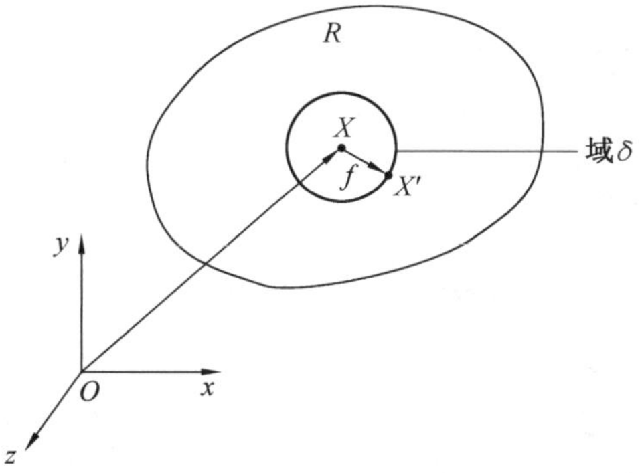

图 1.2　近场动力学模型示意图

近场动力学理论已经成功被用来对从宏观到微观的不同长度尺寸的许多问题的断裂进行预测，包括对裂纹的扩展和分叉现象，它不但能对脆性物质进行断裂预测，而且能对延性物质进行断裂预测，同时也能对弹性物质和塑性物质进行断裂预测。基于以上叙述，近场动力学理论在断裂预测方面相对传统的连续性理论及其他非局部理论和无网格法是有前途且更为现实的，因为近场动力学理论把物质断裂作为物质反应的一部分，不需要借助任何外在准则，因此它在研究物质的断裂方面是一个较新的且有较大优势的理论。近场动力学理论也是对传统连续性力学理论的一个突破，研究近场动力学理论对工程领域的断裂预测具有重大的应用价值。

1.3 国内外研究现状

1.3.1 国内研究现状

近场动力学理论在国内的研究较晚，最早由黄丹等于 2010 年发表的文章《近场动力学方法及其应用》对近场动力学理论的理论基础和计算体系进行了较为详细的阐述，然后又对该理论的应用范围做了较为全面的介绍；后来上海交通大学胡祎乐等和南京航空航天大学王富伟等把近场动力学理论应用到复合材料层压板的渐进损伤分析和预测方面的研究，沈锋等用近场动力学理论对冲击荷载情况下混凝土结构等的破坏过程及混凝土单轴拉伸和压缩情况下混凝土的断裂过程分别进行了数值模拟且效果良好。总之，目前这个研究方向在国内还很新，研究的人还比较少，因此该理论的研究在国内还有较大的发展空间。

1.3.2 国外研究现状

近场动力学的初始公式是由美国桑迪亚（Sandia）国家实验室的 Silling 于 2000 年提出的。后来他提出的这个理论被称为键为基础的近场动力学理论。在这个理论中，对点力被用来描述两个物质点间的相互作用力，且这对相互作用力具有相同的数量，因此它也导致了物质特性的一个约束，例如在二维问题中对各项同性物质来说，泊松比必须等于 1/3，而且它也不需要辨别体积变形和畸变变形；因此，为了抓住不可压缩性条件或者有效利用现存的物质模型，它显然是不合适的。Silling 等首先用它研究了一个有限的弹性梁的变形。在这个研究中，当域半径趋近于 0 时可以发现近场动力学解收敛于传统的连续性解，除此之外，近场动力学解显示出不同于传统的连续性理论的性质，例如从加载区域到无穷位移场的震荡逐渐减少；在近场动力学理论中位移场和体力场有相同的光滑度，而在传统的理论中位移场比体力场更光滑。在一维梁问题上，Bobaru 等讨论了近场动力学的三种数值收敛方法。其他的理论工作包括一个近场动力学梁的动力反应和在近场动力学公式中的适定性和结构特征等。

为了减少物质属性的约束，Gerstle 等通过考虑对点力矩和对点力引入了一个微极近场动力学模型。这个模型突破了各向同性物质的约束限制，而它是否能抓住不可压缩性条件尚未可知，因此 Silling 等引入了一个更加广义的公式，它被称为状态为基础的近场动力学理论，这个理论突破了键为基础的近场动力学的限制。状态为基础的近场动力学基于近场动力学状态的概念，这个状态包含近场动力学相互作用信息的无限维排列。为了说明在其他的物质点间的间接作用效果，Silling 通过引入双状态概念扩展了状态为基础的近场动力学理论。Lehoucq 和 Sears 通过利用传统的统计力学理论获得了近场动力学能量和动量守恒定律，他们证明了非局部作用力天生符合连续守恒定律。Silling 为了搭接不同的长度尺寸，通过引入一个粗粒化方法扩展了近场动力学的应用范围。按照这个方法，通过使用一个数学的一致性技巧，在低尺度的结构特性可以反映出它的高尺度结构特性。

近场动力学理论并没有考虑应力和应变的概念，然而，在近场动力学框架内定义一个应力张量它是可能的。Lehoucq 和 Silling 通过一个物质点体积的非局部近场动力学相互作用力获得了一个近场动力学应力张量。Silling 和 Lehoucq 提出在域尺寸收敛到 0 这种极限情况下，近场动力学应力张量收敛于皮奥拉-基尔霍夫（Piola-Kirchhoff）应力张量。

近场动力学的基本方程是难以求解析解的。然而，在许多文献里，一些解析解被获得。例如 Silling 等研究了承受一个自平衡荷载分布的无限梁的变形。这个解以一个线性的弗雷德霍姆（Fredholm）积分方程的形式通过傅里叶变换被获得，这个解表明令人感兴趣的结果不能被传统的理论所获得，这些结果包括位移场的衰减振荡，在荷载作用区域之外的逐步弱化的不连续的传播。Weck 等也用拉普拉斯变换和傅里叶变换，同时有效利用格林函数获得了三维近场动力学的一个积分表达。Mikata 利用这个方法研究了一维无限梁的拟动力和拟静力解，同时他发现近场动力学对于某些波数能够表现出负的速度，这点能被用来模拟带有不规则色散的特定类型的离散媒介。

近场动力学不仅能模拟线弹性物质特性，而且也能模拟非线弹性、塑形、黏弹性和黏塑性物质特性。Dayal 和 Bhattacharya 用近场动力学理论研究了固体的象限转换动力学，通过假设成核化作为一个动态不稳定因素而获得了一个成核准则。

近场动力学的解需要在空间和时间上进行数值积分，为了简化这个计算，显式的高斯正交技术被采用。Silling 和 Askari 提供了这些技术的描述和它们的应用，也提供了时间积分收敛性的稳定性规则，同时讨论了空间积分均质离散的精度。后来，Emmrich 和 Wickner 提出了不同的空间离散方案，并通过一个一维的无限长度的线弹性物质进行了检验。Bobaru 和 Ha 等为空间积分考虑了一个非均匀网格和非均匀的域大小。为了改善数值时间积分的精度和效率，Polleschi 等提出了一个混合显式和隐式时间积分方案，在一个显式周期内在每一时间步通过时间步的积分都是显式的。用一个类似的方法，Yu 等提出了一个带有相对误差控制的自适应梯形积分方案。Mitechell 也使用了一个隐式时间积分方案。

近场动力学公式包括惯性的效果，Killc 和 Madenci 通过近似地允许惯性项为 0，利用近场动力学模拟了拟静力问题。同样地，Wang 和 Tian 利用有效的矩阵组合引入了快速伽辽金方法。

非局部程度被一个称为域的近场动力学参数所定义。因此，为了获得精确的结果和代表一个真实的物理现象，为域选择一个恰当的尺寸是关键的。Bobaru 和 Hu 讨论了在近场动力学理论中域的选择和使用，同时解释了在什么情况下裂纹的启裂速度依赖于域的尺寸。在近场动力学理论中，影响函数是一个重要的参数，这个参数决定着物质点间相互作用的强度。Seleson 和 Parks 通过研究在简单的一维模型下波的传播和在三维模型下脆性物质的断裂，分析了影响函数的作用。

近场动力学方程的空间积分非常适合平行计算，然而如何获得最有效的计算环境荷载分布是一个关键的问题。Killc 描述了一个有效的荷载布置方案。Liu 和 Hong 为了同样的目的也演示了图片处理单元（GPU）的使用。

近场动力学理论允许裂纹启裂和扩展。Silling 等在一个弹性体内为不连续（裂纹成核化）的产生建立了一个条件。对于裂纹的生长，它需要一个临界的物质断裂参数。对于脆性物质，初始的参数是“临界伸长率”，同时它和物质的临界应变能释放率有关，就如 Silling 和 Askari 所介绍的那样。为了抓住基于临界等效应变或者体积应变的平均值理论的断裂，Warren 等展示了非普通的状态为基础的近场动力学的效果。Foster 等提出把临界能量密度作为一个替代的临界参数，同时也使它和临界能量释放率联系起来。就和 Silling、Lehoucq 和 Hu 等所展示的那样，近场动力学理论也允许 J 积分值的计算，这是断裂力学一个重要的参数。

Silling 做了一个 Kalthoff-Winkler 试验，在这个试验中，一个冲击物撞击了一个带有两个平行裂纹的圆盘，近场动力学模拟成功地抓住了在试验中观察到的裂纹扩展的角度。Silling 和 Askari 也做了包括夏比冲击试验在内的冲击损伤模拟。Ha 和 Bobaru 成功抓住了在试验中所观察到的动态断裂的不同特征，包括裂纹的分叉、裂纹路径的不稳定性等。Agwai 等把近场动力学解析解和扩展有限元或者黏滞元模型预测进行了对比。由不同方法所计算的裂纹速度被发现处于同样的数量级，而且近场动力学理论模型对包括分叉和微分叉特征的预测和试验结果是相近的。

近场动力学理论抓住了局部断裂的相互作用，例如由于结构的稳定性，裂纹扩展使得整体断裂。Killc 和 Madenci 研究了在压缩荷载作用下一个带槽的长方体的膨胀特征，同时也研究了在均匀温度荷载作用下一个限制性板的膨胀特性。他们利用几何缺陷引起了侧向位移。

近场动力学理论也允许多荷载路径，例如冲击后的压缩。Demmie 和 Silling 考虑了钢筋混凝土结构被大质量物体或者爆炸荷载冲击下的极端荷载情况。为了预测冲击损伤混凝土结构的剩余强度，Oterkus 等扩展了这个研究。

复合材料的损伤也被用近场动力学理论来模拟。在近场动力学框架内，通过在纤维层和其余方向分配不同的物质特性获得了模拟带有方向特征的复合层的一个最简单的方法。在相邻层的相互作用通过相互作用层间键来定义。Askari 和 Colavito 等预测了低速冲击下复合材料层压板的损伤和在静态压痕条件下编织复合材料的损伤。除此之外，Xu 等考虑了在双轴荷载情况下的锯齿形复合材料层压板的损伤。

Oterkus 等指出近场动力学分析能够抓住螺栓型复合搭接接头的轴承和剪切破坏模式。

Xu 等分析了仅在低速冲击下复合材料层压板的分层和基质断裂过程。Askari 考虑了高速和低速冰雹冲击对增韧环氧树脂、中间模量、碳纤维复合材料的影响。Hu 等预测了在拉伸作用下在一个预先存在中心裂纹的层压板里纤维、基质和分层的基本断裂模式。Oterkus 和 Madenci 给出了包括热荷载条件下近场动力学物质参数的解析求解。由于对点力的假设，他们也提出了关于物质衡量的限制。通过基于体积分数辨别纤维和基质物质，Killc 等引入了其他方法模拟复合材料。通过模拟非均质材料，虽然这些方法可能有一些优势，但是它比均质技术花费了更多的时间。就如同 Alia 和 Lioton 所描述的那样。模拟复合材料的其他方法是把宏、微观尺度结合起来。这个方法依赖于两个尺度的演化方程，然而这个方程的微观部分控制着异质性长度尺度上的动力，宏观部分追踪着同质性动力。

既然近场动力学动力方程的数值解比局部解（如有限元）花费更多的时间，那么把近场动力学理论和局部解结合起来可能是有优势的。Selesond 等利用由弯曲函数的积分组成了非局部权重耦合近场动力学理论和非局部理论的一个力为基础的弯曲模型。为了耦合近场动力学更高阶梯度模型，他们也普及了这种方法。在另一个研究中，Lubineau 等通过一个仅影响本构参数的过渡做了局部和非局部解的耦合。在他们的方法中，变形函数的定义依赖于能量平衡。除了这些技术外，Killc 和 Madenci 及 Liu 和 Hong 耦合了有限元方法和近场动力学。Macek 和 Silling 给出了一个更直接的耦合过程，其中近场动力学作用力被桁架所代表。假如仅用近场动力学模拟这些区域的一部分，那么就用有限元方法模拟其他的部分。Oterkus 等和 Agwai 等提出了另一种简单的方法，这种方法首先利用有限元分析解决问题的同时获得位移场，然后通过用可利用的信息为一个临界区域的近场动力学模拟，同时施加位移作为边界条件。

近场动力学理论也适用于热荷载条件。Killc 和 Madenci 在近场动力学作用力的反应函数中包括了热项。通过有效使用这个方法，Killc 和 Madenci 在包括单个或者多裂纹的淬火玻璃盘里预测了热驱动的裂纹传播模式，同时 Killc 和 Madenci 也预测了热荷载作用下不同物质的区域的损伤启裂和传播。

更进一步，近场动力学理论被扩展到考虑热的扩散。Gerstle 等发展了一个在一维物体内由热传导引起的电迁移的近场动力学模型。除此之外，Bobrau 和 Duangpanya 引入了一个多维近场动力学热传导方程，同时考虑了不连续区域，如绝缘裂纹。这两个研究都采用了键为基础的近场动力学方法。后来，Agwai 获得了状态为基础的近场动力学热传导方程，同时她也进一步把它扩展为完全的热电耦合。

近场动力学理论已经被成功应用到从宏观到微观不同的长度尺度下的许多问题的断裂预测。为了考虑范德瓦耳斯力的效果，Silling 和 Bobrau 等为了表达范德瓦耳斯力在近场动力学响应函数内添加了一个附加的项，这个新的公式被用来研究在施加拉伸变形下三维纳米纤维网格的力学特征、强度和韧度特征。它被发现范德瓦耳斯力的包裹体明显地改变了纳米网格结构整个变形特征。Seleson 等揭示了近场动力学能扮演一个分子动力学高档版本的角色，同时给出分子动力学解能被近场动力学获得的程度。Celik 等利用近场动力学在一个定制原子力显微镜和扫描电镜里抽取了在弯曲荷载作用下的镍纳米线的力学特征。断裂的纳米线的扫描电镜图片也被和近场动力学模拟结果进行了对比。

虽然在文献中有大量关于近场动力学理论的演化和应用期刊文章及会议论文，但是对于目前的科研区域仍然比较新，尤其是在国内。因为它基于过去没有用过的概念，因此本书第 2 章首先解释近场动力学基本理论，并在本书的后续部分不但有其理论分析，而且还有其相应的数值实现。

上面叙述的部分为近场动力学的国内外研究现状，这些研究成果不仅为本书的研究方向提供了指导，而且也为相应章节的撰写提供了参考。

1.4　研究内容与技术路线

近场动力学理论包括键为基础的近场动力学理论和状态为基础的近场动力学理论，状态为基础的近场动力学理论又包括普通的状态为基础的近场动力学理论和非普通的状态为基础的近场动力学理论。本书在前人工作的基础上对近场动力学理论进行了全面的介绍，并用 Fortran 编制了相应程序，利用它对在二维情况下裂纹的启裂和扩展进行了数值模拟，并对该理论的推导和裂纹的扩展机理进行了研究和讨论。

1.4.1 主要研究内容和组织结构

围绕总的研究目标，本书按照键为基础的近场动力学、普通的状态为基础的近场动力学和非普通的状态为基础的近场动力学三种分类对近场动力学理论及在岩石断裂中的数值应用进行了分析。本书共分为 8 章。

第 1 章为绪论，主要介绍研究目的、意义和已有研究成果，并着重阐述了国内外研究现状，同时对本书的主要研究内容、组织结构及创新点进行了简要介绍。

第 2 章首先介绍了近场动力学的基本理论并进行了相应的理论推导，然后进行了一些相应概念的介绍，最后对近场动力学的基本方程进行了推导并对近场动力学的表面效应进行了分析。

第 3 章首先介绍了键为基础的近场动力学基本概念，然后推导了键为基础的近场动力学基本方程并编制了相应的程序，利用该理论对一些二维平面不含裂纹的拉伸板进行了模拟分析并进行了相应的对比，证实了该理论的正确性，最后对含裂纹的岩石板在拉伸情况下的裂纹扩展和连接进行了数值模拟并进行了对比分析。

第 4 章主要介绍了普通的状态为基础的近场动力学理论并对基本方程进行了推导，利用其对平面应变和平面应力情况下的板的拉伸进行了模拟，然后对含裂纹的拉伸板进行了数值模拟，并和键为基础的近场动力学理论进行了对比分析，证实了普通的状态为基础的近场动力学理论，大大拓展了键为基础的近场动力学理论的应用范围。

第 5 章主要介绍了非普通的状态为基础的近场动力学理论，对基本方程进行了推导，并对其应力场及位移场进行了检验，最后对裂纹扩展和连接进行了数值模拟，并对其位移场和应力场进行了对比分析，从而大大拓展了近场动力学理论在工程实际中的应用。

第 6 章基于近场动力学基本原理和温度的欧拉-拉格朗日方程，导出近场动力学热传导方程，根据物质的热膨胀效应，建立温度场与由温度引起的物体变形梯度之间的关系，最后根据近场动力学热传导方程、温度场与由温度引起的物体变形梯度之间的关系式和基于非普通的状态为基础的近场动力学运动方程，得到温度与应力耦合的近场动力学耦合方程。

第 7 章采用等效连续介质模型假设，并根据近场动力学基本理论推导近场动力学渗流方程，根据多孔弹性介质的本构关系推导基于非普通的状态为基础的近场动力学多孔介质本构方程，最终得到渗流场与应力场耦合的近场动力学理论。

第 8 章为结论与展望，主要对本书的研究内容和所取得的成果进行归纳和总结，并对研究中的不足之处进行了分析，同时对未来研究内容和发展方向进行了规划和展望。

1.4.2　技术路线

本书主要采用了理论推导、数值模拟、对比分析的方式从不同角度和观点对二维近场动力学理论进行了详细的介绍，对裂纹的启裂和扩展进行了断裂机制分析并对裂纹扩展方向进行了预测分析，充分证明了近场动力学理论在裂纹的启裂、扩展和连接方面所具有的优势，具体的技术路线图如图 1.3 所示。

1.5　本书的创新点

本书在撰写过程中主要在以下几个方面取得了一定的创新性成果：

（1）本书在国内较早地把近场动力学理论应用到模拟岩石物质的断裂过程且取得了较好的效果。

（2）本书用理论推导的方法在键为基础的近场动力学理论基础上加载了切向键，并成功利用该理论模拟了岩石体裂纹的压缩破坏过程，从而取得了部分理论创新成果。

（3）在非普通的状态为基础的近场动力学理论中引入了线弹性本构方程，从而推导出非普通的状态为基础的线弹性近场动力学基本方程，并把它应用到模拟二维岩石物质的断裂过程，且取得较好的效果。

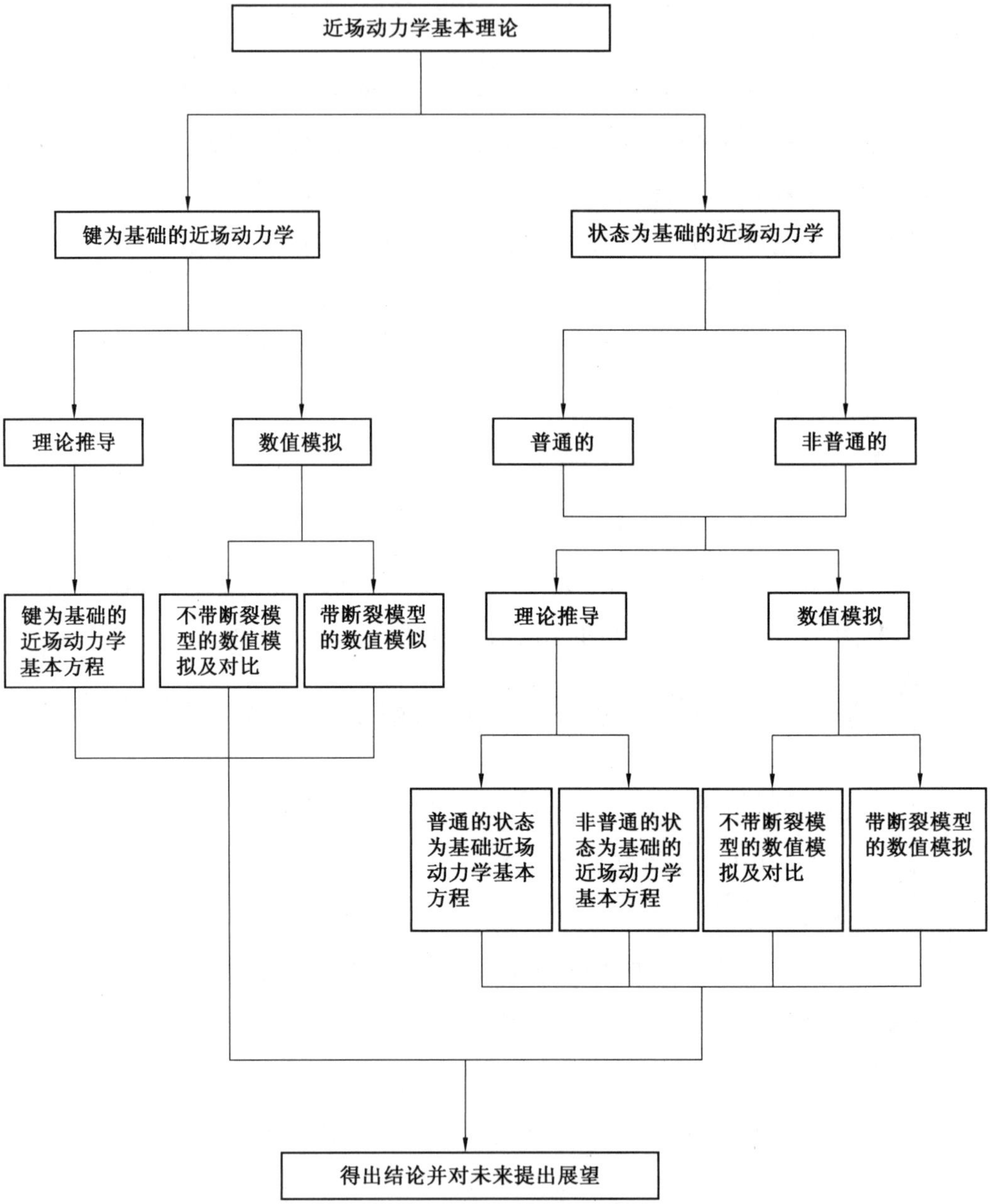

图 1.3　研究所采用的技术路线图

第 2 章　近场动力学基本理论

2.1　引　　言

在任何时刻，在物质中的每一点都意味着一个物质颗粒的位置，这些无穷小的颗粒组成了连续性物质。在物体变形前，每个物质点都占有一个坐标 $x_{(k)}(k=1,2,\cdots,\infty)$，同时占有一个体积 $V_{(k)}$和物质密度$\rho(\boldsymbol{x}_{(k)})$，每个物质点都可能屈服于相应的导致运动和变形的体力、位移或者速度。在一个笛卡儿坐标系下，物质点 $x_{(k)}$经历了位移 $\boldsymbol{u}_{(k)}$，在变形结构中物质点的位置被位置矢量 $\boldsymbol{y}_{(k)}$所描述；在理论中分别用 $\boldsymbol{u}_{(k)}(\boldsymbol{x}_{(k)},t)$和 $\boldsymbol{b}_{(k)}(\boldsymbol{x}_{(k)},t)$分别代表位移和体力矢量，在近场动力学理论中一个物质点遵从拉格朗日描述。

按照近场动力学理论，通过考虑一个物质点 $x_{(k)}$和物体内其他的许多物质点 $x_{(j)}(j=1,2,\cdots,\infty)$之间的相互作用力来分析一个物体的运动，因此一个数量有限的相互作用存在于物质点 $x_{(k)}$和其他的物质点之间。然而当超过一个局部区域 $H_{x_{(k)}}$时，对物质点 $x_{(k)}$产生作用的物质点的影响就变为 0，如图 2.1 所示。

换句话说，近场动力学理论就是考虑一个物质点在它的域的范围内的所有的物质点之间相互作用的一个物理现象。用字母δ来定义物质点 $x_{(k)}$的范围，称它为“域”。在 $x_{(k)}$的一定距离δ内所包括的物质点称为点 $x_{(k)}$的子节点。物质点的相互作用通过一个依赖于物质变形和本构特征的微势能来描述。相互作用的局部性依赖于域，当域减小时，相互作用就变得更加局部。因此传统的弹塑性力学被认为是当域趋近于 0 时的一个近场动力学的极限例子。

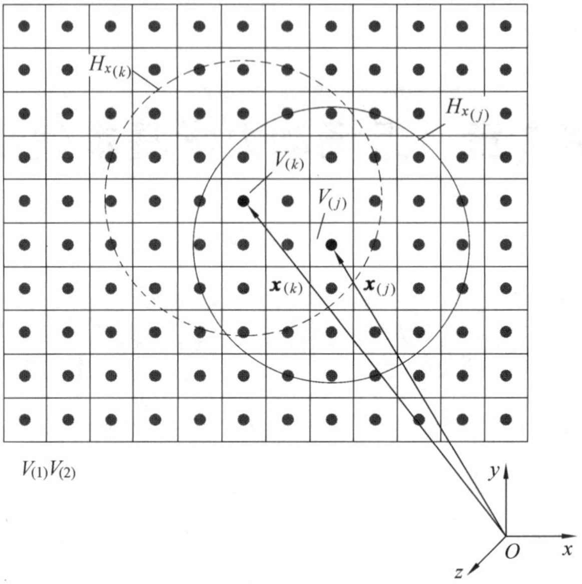

图 2.1　物质点 $x_{(k)}$和 $x_{(j)}$之间的相互作用

2.2　变　　形

物质点 $x_{(k)}$和它子域内 $H_{x(k)}$的其他点相互作用，同时它被所有的这些物质点的累积变形所影响；类似地，物质点 $x_{(j)}$被影响域 $H_{x(j)}$的物质点的变形所影响。在变形结构中，物质点 $x_{(k)}$和 $x_{(j)}$分别经历了位移 $\boldsymbol{u}_{(k)}$和 $\boldsymbol{u}_{(j)}$，如图 2.2 所示。在变形前它们的初始的相对位置矢量 $\boldsymbol{x}_{(j)}-\boldsymbol{x}_{(k)}$ 变成了变形后的 $\boldsymbol{y}_{(j)}-\boldsymbol{y}_{(k)}$。在物质点 $x_{(k)}$和 $x_{(j)}$的伸长率被定义为

$$s_{(k)(j)}=\frac{\left|\boldsymbol{y}_{(j)}-\boldsymbol{y}_{(k)}\right|-\left|\boldsymbol{x}_{(j)}-\boldsymbol{x}_{(k)}\right|}{\left|\boldsymbol{x}_{(j)}-\boldsymbol{x}_{(k)}\right|} \tag{2.1}$$

在变形结构中，所有和物质点 $x_{(k)}$相联系的相对位置矢量 $\boldsymbol{y}_{(j)}-\boldsymbol{y}_{(k)}$ $(j=1,2,\cdots,\infty)$ 都能被储存在一个变形矢量状态 $\underline{\boldsymbol{Y}}$ 中：

$$\underline{\boldsymbol{Y}}(\boldsymbol{x}_{(k)},t)=\begin{Bmatrix}\boldsymbol{y}_{(l)}-\boldsymbol{y}_{(k)}\\ \vdots \\ \boldsymbol{y}_{(\infty)}-\boldsymbol{y}_{(k)}\end{Bmatrix} \tag{2.2}$$

矢量状态的定义和数学定义被 Silling 等的研究成果展现出来。

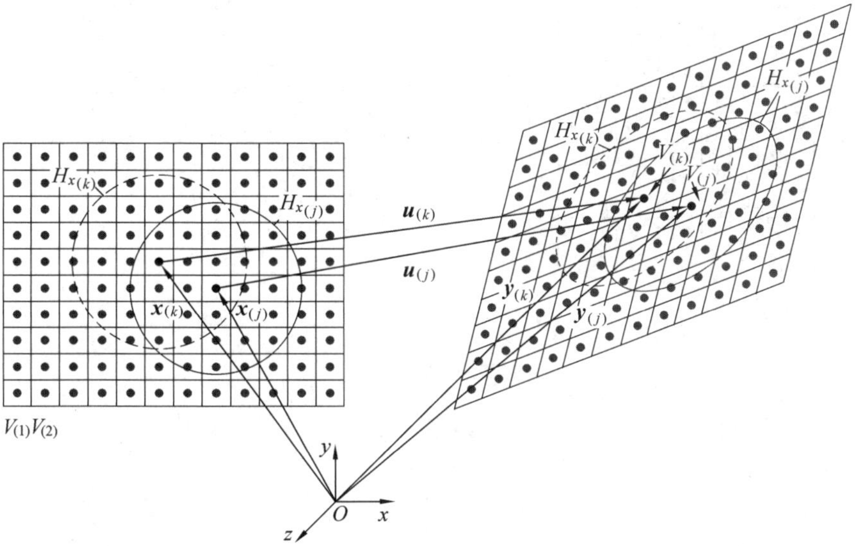

图 2.2　近场动力学物质点的动力学示意图

2.3　力　密　度

物质点 $x_{(k)}$和它的子域 $H_{x_{(k)}}$的点相互作用，同时它被这些物质点的累积变形所影响，导致了在物质点 $x_{(k)}$的力密度矢量 $\boldsymbol{t}_{(k)(j)}$能被视为由物质点 $x_{(k)}$所施加的力。类似地，物质点 $x_{(j)}$被它自己的域 $H_{x_{(j)}}$范围内的变形所影响，同时 $\boldsymbol{t}_{(j)(k)}$是物质点 $x_{(k)}$施加到物质点 $x_{(j)}$的相应力密度矢量，这些力由域 $H_{x_{(k)}}$和 $H_{x_{(j)}}$的累积变形联合决定，如图 2.3 所示，和物质点 $x_{(k)}$相联系的所有力密度矢量都被储存在一个力矢量状态 $\underline{\boldsymbol{T}}$ 中。

$$\underline{\boldsymbol{T}}(\boldsymbol{x}_{(k)},t)=\begin{Bmatrix}\boldsymbol{t}_{(k)(l)}\\ \vdots \\ \boldsymbol{t}_{(k)(\infty)}\end{Bmatrix} \tag{2.3}$$

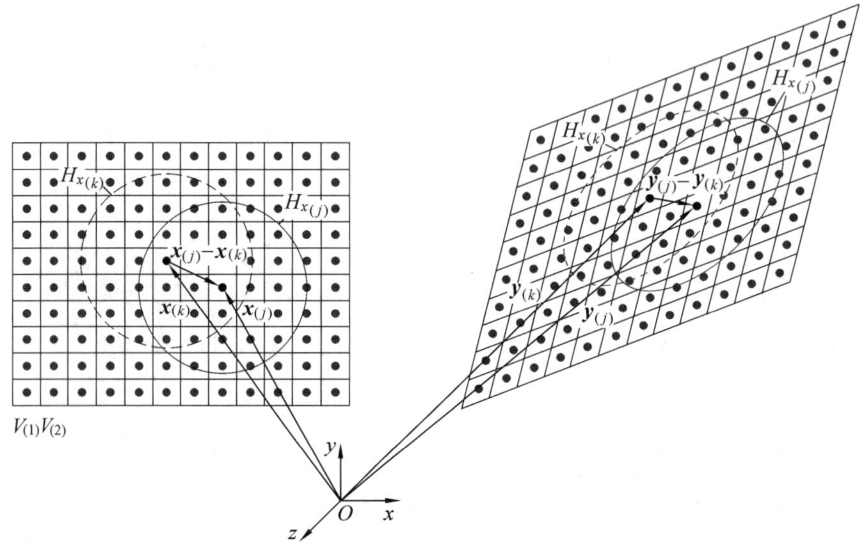

（a）变形 $\underline{\boldsymbol{Y}}$

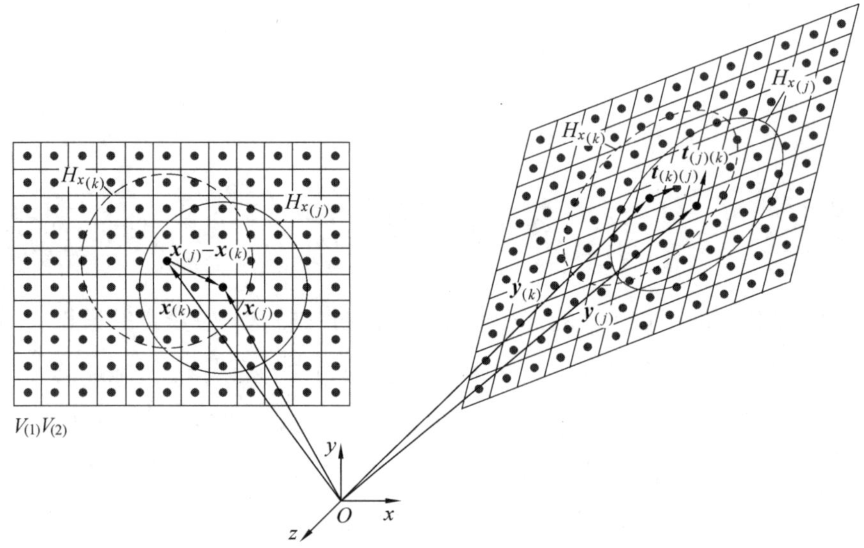

（b）力矢量 $\underline{\boldsymbol{T}}$

图 2.3　近场动力学矢量状态

2.4　近场动力学的状态

近场动力学理论主要涉及变形状态 $\underline{\boldsymbol{Y}}$ 和力状态 $\underline{\boldsymbol{T}}$。相对位置矢量 $\boldsymbol{y}_{(j)}-\boldsymbol{y}_{(k)}$ 能从下式获得：

$$\boldsymbol{y}_{(j)}-\boldsymbol{y}_{(k)}=\underline{\boldsymbol{Y}}(\boldsymbol{x}_{(k)},t)\left\langle \boldsymbol{x}_{(j)}-\boldsymbol{x}_{(k)}\right\rangle \tag{2.4}$$

相应地，物质点 $x_{(j)}$施加于物质点 $x_{(k)}$的力密度矢量 $\boldsymbol{t}_{(k)(j)}$的表达式为

$$\boldsymbol{t}_{(k)(j)}(\boldsymbol{u}_{(j)}-\boldsymbol{u}_{(k)},\boldsymbol{x}_{(j)}-\boldsymbol{x}_{(k)},t)=\underline{\boldsymbol{T}}(\boldsymbol{x}_{(k)},t)\left\langle \boldsymbol{x}_{(j)}-\boldsymbol{x}_{(k)}\right\rangle \tag{2.5}$$

力状态和变形状态的差异是力状态依赖于变形状态，但是变形状态是独立的，因此物质点 $x_{(k)}$的力状态依赖于在它的域范围内物质点和它之间的相对位移，力状态被表达为下式：

$$\underline{\boldsymbol{T}}(\boldsymbol{x}_{(k)},t)=\underline{\boldsymbol{T}}(\underline{\boldsymbol{Y}}(\boldsymbol{x}_{(k)},t)) \tag{2.6}$$

2.5　应变能密度

由于在物质点 $x_{(k)}$和 $x_{(j)}$间的相互作用，一个标量值微势能 $w_{(k)(j)}$被引入，它依赖于物质的特性，也依赖于物质点 $x_{(k)}$和在它的域范围内的其他物质点之间的伸长率；这里 $w_{(k)(j)}\neq w_{(j)(k)}$，因为 $w_{(j)(k)}$为在物质点 $x_{(j)}$的域内物质点的状态。这些微势能可表达为

$$w_{(k)(j)}=w_{(k)(j)}(\boldsymbol{y}_{(1^k)}-\boldsymbol{y}_{(k)},\boldsymbol{y}_{(2^k)}-\boldsymbol{y}_{(k)},\cdots) \tag{2.7（a）}$$

$$w_{(j)(k)}=w_{(j)(k)}(\boldsymbol{y}_{(1^j)}-\boldsymbol{y}_{(j)},\boldsymbol{y}_{(2^j)}-\boldsymbol{y}_{(j)},\cdots) \tag{2.7（b）}$$

式中，$\boldsymbol{y}_{(k)}$是变形结构中点 $x_{(k)}$的位置矢量；$\boldsymbol{y}_{(1^k)}$ 是和点 $x_{(k)}$相互作用的第一个物质点的位置矢量，以此类推；类似地，$\boldsymbol{y}_{(j)}$是变形结构中点 $x_{(j)}$的位置矢量；$\boldsymbol{y}_{(1^j)}$ 是和物质点 $x_{(j)}$相互作用的第一个物质点的位置矢量，以此类推。

由物质点 $x_{(k)}$和其域内其他的物质点 $x_{(j)}$相互作用的微势能 $w_{(k)(j)}$和组成的物质

点 $x_{(k)}$的应变能密度 $W_{(k)}$可用下式表达：

$$W_{(k)}=\frac{1}{2}\sum_{j=1}^{\infty}\frac{1}{2}[w_{(k)(j)}(\boldsymbol{y}_{(1^k)}-\boldsymbol{y}_{(k)},\boldsymbol{y}_{(2^k)}-\boldsymbol{y}_{(k)},\cdots)+w_{(j)(k)}(\boldsymbol{y}_{(1^j)}-\boldsymbol{y}_{(j)},\boldsymbol{y}_{(2^j)}-\boldsymbol{y}_{(j)},\cdots)]V_{(j)} \quad (2.8)$$

式中，当 $k=j$ 时，$w_{(k)(j)}=0$。

2.6 动力方程

通过施加虚功原理，在物质点 $x_{(k)}$的近场动力学运动方程表达为

$$\delta\int_{t_0}^{t_1}(T-U)\mathrm{d}t=0 \quad (2.9)$$

式中，T 和 U 分别代表物质点的动能和势能。通过拉格朗日方程的求解，满足以下方程：

$$\frac{\mathrm{d}}{\mathrm{d}t}\left(\frac{\partial L}{\partial \dot{\boldsymbol{u}}_{(k)}}\right)-\frac{\partial L}{\partial \boldsymbol{u}_{(k)}}=0 \quad (2.10)$$

这里 L 被定义为

$$L=T-U \quad (2.11)$$

通过对所有物质点动能和势能求和可分别得到各个物体的动能和势能如下所示：

$$T=\sum_{i=1}^{\infty}\frac{1}{2}\rho_{(i)}\dot{\boldsymbol{u}}_{(i)}\dot{\boldsymbol{u}}_{(i)}V_{(i)} \quad (2.12(a))$$

$$U=\sum_{i=1}^{\infty}W_{(i)}V_{(i)}-\sum_{i=1}^{\infty}(\boldsymbol{b}_{(i)}\boldsymbol{u}_{(i)})V_{(i)} \quad (2.12(b))$$

把式（2.8）代入式（2.12（b））可得：

$$U=\sum_{i=1}^{\infty}\left\{\frac{1}{2}\sum_{j=1}^{\infty}\frac{1}{2}[w_{(i)(j)}(\boldsymbol{y}_{(1^i)}-\boldsymbol{y}_{(i)},\boldsymbol{y}_{(2^i)}-\boldsymbol{y}_{(i)},\cdots)\right.$$
$$\left.+w_{(j)(i)}(\boldsymbol{y}_{(1^j)}-\boldsymbol{y}_{(j)},\boldsymbol{y}_{(2^j)}-\boldsymbol{y}_{(j)},\cdots)]V_{(j)}-(\boldsymbol{b}_{(i)}\boldsymbol{u}_{(i)})\right\}V_{(i)} \tag{2.13}$$

利用式（2.11）展开得：

$$L=\frac{1}{2}\rho_{(k)}\dot{\boldsymbol{u}}_{(k)}.\dot{\boldsymbol{u}}_{(k)}V_{(k)}-\frac{1}{2}\sum_{j=1}^{\infty}\{w_{(k)(j)}(\boldsymbol{y}_{(1^k)}-\boldsymbol{y}_{(k)},\boldsymbol{y}_{(2^k)}-\boldsymbol{y}_{(k)},\cdots)V_{(j)}V_{(k)}\}$$
$$-\frac{1}{2}\sum_{j=1}^{\infty}\{w_{(j)(k)}(\boldsymbol{y}_{(1^j)}-\boldsymbol{y}_{(j)},\boldsymbol{y}_{(2^j)}-\boldsymbol{y}_{(j)},\cdots)V_{(j)}V_{(k)}\}+(\boldsymbol{b}_{(k)}\boldsymbol{u}_{(k)})V_{(k)} \tag{2.14}$$

把式（2.14）代入式（2.10），可得：

$$\rho_{(k)}\ddot{\boldsymbol{u}}_{(k)}-\sum_{j=1}^{\infty}\frac{1}{2}\left(\sum_{i=1}^{\infty}\frac{\partial w_{(k)(i)}}{\partial(\boldsymbol{y}_{(j)}-\boldsymbol{y}_{(k)})}V_{(i)}\right)+\sum_{j=1}^{\infty}\frac{1}{2}\left(\sum_{i=1}^{\infty}\frac{\partial w_{(i)(k)}}{\partial(\boldsymbol{y}_{(k)}-\boldsymbol{y}_{(j)})}V_{(i)}\right)-\boldsymbol{b}_{(k)}=0 \tag{2.15}$$

在式（2.15）中假设没有涉及物质点 $x_{(k)}$的作用力，意味着对物质点 $x_{(k)}$不产生任何效果。由式（2.15）可知，$\sum_{i=1}^{\infty}\frac{\partial w_{(k)(i)}}{\partial(\boldsymbol{y}_{(j)}-\boldsymbol{y}_{(k)})}V_{(i)}$ 代表物质点 $x_{(j)}$施加于物质点 $x_{(k)}$的力密度，$\sum_{i=1}^{\infty}\frac{\partial w_{(i)(k)}}{\partial(\boldsymbol{y}_{(k)}-\boldsymbol{y}_{(j)})}V_{(i)}$ 代表物质点 $x_{(k)}$施加于物质点 $x_{(j)}$的力密度。因此式（2.15）能被改写为

$$\rho_{(k)}\ddot{\boldsymbol{u}}_{(k)}=\sum_{j=1}^{\infty}[\boldsymbol{t}_{(k)(j)}(\boldsymbol{u}_{(j)}-\boldsymbol{u}_{(k)},\boldsymbol{x}_{(j)}-\boldsymbol{x}_{(k)},t)-\boldsymbol{t}_{(j)(k)}(\boldsymbol{u}_{(k)}-\boldsymbol{u}_{(j)},\boldsymbol{x}_{(k)}-\boldsymbol{x}_{(j)},t)]V_{(j)}+\boldsymbol{b}_{(k)} \tag{2.16}$$

其中

$$\boldsymbol{t}_{(k)(j)}(\boldsymbol{u}_{(j)}-\boldsymbol{u}_{(k)},\boldsymbol{x}_{(j)}-\boldsymbol{x}_{(k)},t)=\frac{1}{2}\frac{1}{V_{(j)}}\left(\sum_{i=1}^{\infty}\frac{\partial w_{(k)(i)}}{\partial(\boldsymbol{y}_{(j)}-\boldsymbol{y}_{(k)})}V_{(i)}\right) \tag{2.17（a）}$$

$$\boldsymbol{t}_{(j)(k)}(\boldsymbol{u}_{(k)}-\boldsymbol{u}_{(j)},\boldsymbol{x}_{(k)}-\boldsymbol{x}_{(j)},t)=\frac{1}{2}\frac{1}{V_{(j)}}\left(\sum_{i=1}^{\infty}\frac{\partial w_{(i)(k)}}{\partial(\boldsymbol{y}_{(k)}-\boldsymbol{y}_{(j)})}V_{(i)}\right) \quad (2.17\text{(b)})$$

通过利用状态概念，力状态 $\boldsymbol{t}_{(k)(j)}$和 $\boldsymbol{t}_{(j)(k)}$分别被存储在物质点 $x_{(k)}$和 $x_{(j)}$的力矢量状态里，如下：

$$\underline{\boldsymbol{T}}(\boldsymbol{x}_{(k)},t)=\begin{Bmatrix}\vdots\\ \boldsymbol{t}_{(k)(j)}\\ \vdots\end{Bmatrix},\quad \underline{\boldsymbol{T}}(\boldsymbol{x}_{(j)},t)=\begin{Bmatrix}\vdots\\ \boldsymbol{t}_{(j)(k)}\\ \vdots\end{Bmatrix} \quad (2.18)$$

通过在力状态施加相应的初始相对位置矢量，式（2.18）能被改写为

$$\boldsymbol{t}_{(k)(j)}=\underline{\boldsymbol{T}}(\boldsymbol{x}_{(k)},t)\left\langle \boldsymbol{x}_{(j)}-\boldsymbol{x}_{(k)}\right\rangle \quad (2.19\text{(a)})$$

$$\boldsymbol{t}_{(j)(k)}=\underline{\boldsymbol{T}}(\boldsymbol{x}_{(j)},t)\left\langle \boldsymbol{x}_{(k)}-\boldsymbol{x}_{(j)}\right\rangle \quad (2.19\text{(b)})$$

把式（2.19（a））和式（2.19（b））代入式（2.16）可得：

$$\rho_{(k)}\ddot{\boldsymbol{u}}_{(k)}=\sum_{j=1}^{\infty}\left[\underline{\boldsymbol{T}}(\boldsymbol{x}_{(k)},t)\left\langle \boldsymbol{x}_{(j)}-\boldsymbol{x}_{(k)}\right\rangle-\underline{\boldsymbol{T}}(\boldsymbol{x}_{(j)},t)\left\langle \boldsymbol{x}_{(k)}-\boldsymbol{x}_{(j)}\right\rangle\right]V_{(j)}+\boldsymbol{b}_{(k)} \quad (2.20)$$

因为每个物质点的体积 $V_{(j)}$是无穷小的，因此当 $V_{(j)}\to 0$ 时，考虑在域内的所有物质点，无穷小求和能被用积分表达为

$$\sum_{j=1}^{\infty}(\cdot)V_{(j)}\to\int_{V}(\cdot)\mathrm{d}V'\to\int_{H}(\cdot)\mathrm{d}H \quad (2.21)$$

利用式（2.21），式（2.20）能被用积分方程形式表达为

$$\rho(\boldsymbol{x})\ddot{\boldsymbol{u}}(\boldsymbol{x},t)=\int_{H}(\underline{\boldsymbol{T}}(\boldsymbol{x},t)\left\langle \boldsymbol{x}'-\boldsymbol{x}\right\rangle-\underline{\boldsymbol{T}}(\boldsymbol{x},t)\left\langle \boldsymbol{x}-\boldsymbol{x}'\right\rangle)\mathrm{d}H+\boldsymbol{b}(\boldsymbol{x},t) \quad (2.22)$$

2.7 平衡定律

近场动力学方程必须符合线性动量守恒、角动量守恒和能量守恒方程，这些守恒定律被认为是力学的原始状态。近场动力学方程自动满足线性动量守恒方程和能量守恒方程，然而它也应满足角动量守恒方程。在体积为 V、时间为 t 的条件下，一系列固定的颗粒的线性动量 $\boldsymbol{L}$ 和角动量 $\boldsymbol{H}_0$ 的表达式如下所示：

$$\boldsymbol{L}=\int_V \rho(\boldsymbol{x})\dot{\boldsymbol{u}}(\boldsymbol{x},t)\mathrm{d}V \tag{2.23（a）}$$

$$\boldsymbol{H}_0=\int_V y(\boldsymbol{x},t)\rho(\boldsymbol{x})\dot{\boldsymbol{u}}(\boldsymbol{x},t)\mathrm{d}V \tag{2.23（b）}$$

然而关于原点的合力 $\boldsymbol{F}$ 和扭矩 $\boldsymbol{\Pi}_0$ 的表达式如下：

$$\boldsymbol{F}=\int_V \boldsymbol{b}(\boldsymbol{x},t)\mathrm{d}V+\int_V\int_H \underline{\boldsymbol{T}}(\boldsymbol{x},t)\langle\boldsymbol{x}'-\boldsymbol{x}\rangle\mathrm{d}H\mathrm{d}V-\int_V\int_H \underline{\boldsymbol{T}}(\boldsymbol{x}',t)\langle\boldsymbol{x}-\boldsymbol{x}'\rangle\mathrm{d}H\mathrm{d}V \tag{2.24}$$

$$\begin{aligned}\boldsymbol{\Pi}_0=&\int_V y(\boldsymbol{x},t)\boldsymbol{b}(\boldsymbol{x},t)\mathrm{d}V+\int_V\int_H y(\boldsymbol{x},t)\underline{\boldsymbol{T}}(\boldsymbol{x},t)\langle\boldsymbol{x}-\boldsymbol{x}'\rangle\mathrm{d}H\mathrm{d}V\\&-\int_V\int_H y(\boldsymbol{x},t)\underline{\boldsymbol{T}}(\boldsymbol{x}',t)\langle\boldsymbol{x}-\boldsymbol{x}'\rangle\mathrm{d}H\mathrm{d}V\end{aligned} \tag{2.25}$$

由线性动量守恒方程 $\boldsymbol{L}=\boldsymbol{F}$ 和角动量守衡方程 $\boldsymbol{H}_0=\boldsymbol{\Pi}_0$ 可得：

$$\begin{aligned}\int_V \rho(\boldsymbol{x})\ddot{\boldsymbol{u}}(\boldsymbol{x},t)\mathrm{d}V=&\int_V \boldsymbol{b}(\boldsymbol{x},t)\mathrm{d}V+\int_V\int_H \underline{\boldsymbol{T}}(\boldsymbol{x},t)\langle\boldsymbol{x}'-\boldsymbol{x}\rangle\mathrm{d}H\mathrm{d}V\\&-\int_V\int_H \underline{\boldsymbol{T}}(\boldsymbol{x}',t)\langle\boldsymbol{x}-\boldsymbol{x}'\rangle\mathrm{d}H\mathrm{d}V\end{aligned} \tag{2.26}$$

因为 $\underline{\boldsymbol{T}}(\boldsymbol{x},t)\langle\boldsymbol{x}'-\boldsymbol{x}\rangle=\underline{\boldsymbol{T}}(\boldsymbol{x}',t)\langle\boldsymbol{x}'-\boldsymbol{x}\rangle=0$，其中 $\boldsymbol{x}'\notin H$，所有体积为 V 的物质点的方程被写为

$$\int_V \rho(\boldsymbol{x})\ddot{\boldsymbol{u}}(\boldsymbol{x},t)\mathrm{d}V = \int_V \boldsymbol{b}(\boldsymbol{x},t)\mathrm{d}V + \int_V\int_V \underline{\boldsymbol{T}}(\boldsymbol{x},t)\langle \boldsymbol{x}'-\boldsymbol{x}\rangle \mathrm{d}V'\mathrm{d}V - \int_V\int_V \underline{\boldsymbol{T}}(\boldsymbol{x}',t)\langle \boldsymbol{x}-\boldsymbol{x}'\rangle \mathrm{d}V'\mathrm{d}V \quad (2.27(a))$$

$$\int_V y(\boldsymbol{x},t)\rho(\boldsymbol{x})\ddot{\boldsymbol{u}}(\boldsymbol{x},t)\mathrm{d}V = \int_V y(\boldsymbol{x},t)\boldsymbol{b}(\boldsymbol{x},t)\mathrm{d}V + \int_V\int_V y(\boldsymbol{x},t)\underline{\boldsymbol{T}}(\boldsymbol{x},t)\langle \boldsymbol{x}'-\boldsymbol{x}\rangle \mathrm{d}V'\mathrm{d}V - \int_V\int_V y(\boldsymbol{x},t)\underline{\boldsymbol{T}}(\boldsymbol{x}',t)\langle \boldsymbol{x}-\boldsymbol{x}'\rangle \mathrm{d}V'\mathrm{d}V \quad (2.27(b))$$

式（2.27（a））和式（2.27（b））的右边第三个积分的参数 $\boldsymbol{x}$ 和 $\boldsymbol{x}'$互换，则第三个积分变为

$$\int_V\int_V \underline{\boldsymbol{T}}(\boldsymbol{x}',t)\langle \boldsymbol{x}-\boldsymbol{x}'\rangle \mathrm{d}V'\mathrm{d}V = \int_V\int_V \underline{\boldsymbol{T}}(\boldsymbol{x},t)\langle \boldsymbol{x}'-\boldsymbol{x}\rangle \mathrm{d}V\mathrm{d}V' \quad (2.28(a))$$

$$\int_V\int_V (y(\boldsymbol{x},t)\underline{\boldsymbol{T}}(\boldsymbol{x}',t)\langle \boldsymbol{x}-\boldsymbol{x}'\rangle)\mathrm{d}V'\mathrm{d}V = \int_V\int_V (y(\boldsymbol{x}',t)\underline{\boldsymbol{T}}(\boldsymbol{x},t)\langle \boldsymbol{x}'-\boldsymbol{x}\rangle)\mathrm{d}V\mathrm{d}V' \quad (2.28(b))$$

因此式（2.27（a））和式（2.27（b））能被改写为

$$\int_V (\rho(\boldsymbol{x})\ddot{\boldsymbol{u}}(\boldsymbol{x},t) - \boldsymbol{b}(\boldsymbol{x},t))\mathrm{d}V = 0 \quad (2.29(a))$$

$$\int_V y(\boldsymbol{x},t)\ddot{\rho}(\boldsymbol{x})\boldsymbol{u}(\boldsymbol{x},t)\mathrm{d}V = \int_V y(\boldsymbol{x},t)\boldsymbol{b}(\boldsymbol{x},t)\mathrm{d}V - \int_V\int_V (y(\boldsymbol{x}',t)-y(\boldsymbol{x},t)) \underline{\boldsymbol{T}}(\boldsymbol{x},t)\langle \boldsymbol{x}'-\boldsymbol{x}\rangle \mathrm{d}V'\mathrm{d}V \quad (2.29(b))$$

从公式（2.29（a））可以看出，任何力密度矢量 $\underline{\boldsymbol{T}}(\boldsymbol{x},t)\langle \boldsymbol{x}'-\boldsymbol{x}\rangle$ 和 $\underline{\boldsymbol{T}}(\boldsymbol{x}',t)\langle \boldsymbol{x}-\boldsymbol{x}'\rangle$ 都能自动满足线动量守恒。

在变形结构中物质点 x 和 x'间的位置差异通过状态概念被写为

$$y(\boldsymbol{x}',t) - y(\boldsymbol{x},t) = \boldsymbol{y}'-\boldsymbol{y} = \underline{\boldsymbol{Y}}(\boldsymbol{x},t)\langle \boldsymbol{x}-\boldsymbol{x}'\rangle \quad (2.30)$$

式中，$\boldsymbol{y}' = y(\boldsymbol{x}',t) = \boldsymbol{x}'+\boldsymbol{u}'$；$\boldsymbol{y} = y(\boldsymbol{x},t) = \boldsymbol{x}+\boldsymbol{u}$。仅考虑域内的物质点，把式（2.30）代入式（2.29（b））可得：

$$\int_V y(\boldsymbol{x},t)(\rho(\boldsymbol{x})\ddot{\boldsymbol{u}}(\boldsymbol{x},t)-\boldsymbol{b}(\boldsymbol{x},t))\mathrm{d}V=-\int_V\int_H(\underline{\boldsymbol{Y}}(\boldsymbol{x},t)\langle\boldsymbol{x}'-\boldsymbol{x}\rangle\underline{\boldsymbol{T}}(\boldsymbol{x},t)\langle\boldsymbol{x}'-\boldsymbol{x}\rangle)\mathrm{d}H\mathrm{d}V \quad (2.31)$$

为了满足角动量守恒，把公式（2.29（a））代入公式（2.31）可知，公式（2.31）的右边必须为 0，即

$$\int_H(\underline{\boldsymbol{Y}}(\boldsymbol{x},t)\langle\boldsymbol{x}'-\boldsymbol{x}\rangle\underline{\boldsymbol{T}}(\boldsymbol{x},t)\langle\boldsymbol{x}'-\boldsymbol{x}\rangle)\mathrm{d}H=0 \quad (2.32\text{（a）})$$

$$\int_H((\boldsymbol{y}'-\boldsymbol{y})\underline{\boldsymbol{T}}(\boldsymbol{x},t)\langle\boldsymbol{x}'-\boldsymbol{x}\rangle)\,\mathrm{d}H=0 \quad (2.32\text{（b）})$$

假如力矢量 $\boldsymbol{t}(\boldsymbol{u}'-\boldsymbol{u},\boldsymbol{x}'-\boldsymbol{x},t)=\underline{\boldsymbol{T}}(\boldsymbol{x},t)\langle\boldsymbol{x}'-\boldsymbol{x}\rangle$ 和 $\boldsymbol{t}'(\boldsymbol{u}-\boldsymbol{u}',\boldsymbol{x}-\boldsymbol{x}',t)=\underline{\boldsymbol{T}}(\boldsymbol{x}',t)\langle\boldsymbol{x}-\boldsymbol{x}'\rangle$ 与变形状态 $\boldsymbol{y}'-\boldsymbol{y}$ 的物质点的相对位置矢量平行，那么其明显满足线性动量守恒。

2.8　连续性力学的动力方程

在传统的连续性力学中，一个物质点仅能和它最近的邻域内的点相互作用，如图 2.4 所示，在位置 $x_{(k)}$ 的物质点仅仅能和物质点 $k-1$、$k+1$、$k-m$、$k+m$、$k-n$ 和 $k+n$ 相互作用，这些相互作用被称为内部拉伸矢量。对于在一个平面上的物质点 k，它的单位法向矢量为 $\boldsymbol{n}^{\mathrm{T}}=(\boldsymbol{n}_x,\boldsymbol{n}_y,\boldsymbol{n}_z)$，拉伸矢量的分量为 $\boldsymbol{T}^{\mathrm{T}}=(\boldsymbol{T}_x,\boldsymbol{T}_y,\boldsymbol{T}_z)$，它和高斯应力分量的关系如下：

$$\begin{Bmatrix}\boldsymbol{T}_x\\ \boldsymbol{T}_y\\ \boldsymbol{T}_z\end{Bmatrix}=\begin{bmatrix}\boldsymbol{\sigma}_{xx(k)} & \boldsymbol{\sigma}_{xy(k)} & \boldsymbol{\sigma}_{xz(k)}\\ \boldsymbol{\sigma}_{xy(k)} & \boldsymbol{\sigma}_{yy(k)} & \boldsymbol{\sigma}_{yz(k)}\\ \boldsymbol{\sigma}_{xz(k)} & \boldsymbol{\sigma}_{yz(k)} & \boldsymbol{\sigma}_{zz(k)}\end{bmatrix}\begin{Bmatrix}\boldsymbol{n}_x\\ \boldsymbol{n}_y\\ \boldsymbol{n}_z\end{Bmatrix} \quad (2.33)$$

式中，$(\boldsymbol{\sigma}_{xx(k)},\boldsymbol{\sigma}_{yy(k)},\boldsymbol{\sigma}_{zz(k)})$ 和 $(\boldsymbol{\sigma}_{xy(k)},\boldsymbol{\sigma}_{xz(k)},\boldsymbol{\sigma}_{yz(k)})$ 分别是法向和切向应力分量。

作用在平面上的物质点 k 的拉伸矢量和单位法向矢量 $\boldsymbol{n}=(\pm\boldsymbol{e}_x,\pm\boldsymbol{e}_y,\pm\boldsymbol{e}_z)$ 的关系能被表达为

$$\boldsymbol{T}_{(k)(j)}=\boldsymbol{T}_{x(k)(j)}\boldsymbol{e}_x+\boldsymbol{T}_{y(k)(j)}\boldsymbol{e}_y+\boldsymbol{T}_{z(k)(j)}\boldsymbol{e}_z \quad (2.34)$$

式中，$j=k+1,k-1,k+m,k-m,k+n,k-n$；拉伸矢量 $\boldsymbol{T}_{(k)(j)}$ 代表物质点 j 施加给物质点 k 的力。

就像非局部近场动力学理论一样，传统的连续性力学理论的动力方程也能用同样的方式获得，在它们之间的差别为：对于传统的连续性理论来说，物质点 k 的应变能密度 $W_{(k)}$是由物质点 k 和其他的 6 个物质点 $k+1$、$k-1$、$k+m$、$k+m$、$k+n$、$k-n$ 之间相互作用引起的微势能 $w_{(k)(j)}$的和表达，因此它的应变能密度表达式为

$$W_{(k)}=\frac{1}{2}\sum_{j=k-1,k+1,k-m,k+m,k-n,k+n}\frac{1}{2}(w_{(k)(j)}(\boldsymbol{y}_{(1^k)}-\boldsymbol{y}_{(k)},\boldsymbol{y}_{(2^k)}-\boldsymbol{y}_{(k)},\cdots) \tag{2.35}$$

$$+w_{(j)(k)}(\boldsymbol{y}_{(1^j)}-\boldsymbol{y}_{(j)},\boldsymbol{y}_{(2^j)}-\boldsymbol{y}_{(j)},\cdots))V_{(j)}$$

在局部理论中物质点 k 的运动方程被表达为

$$\rho_{(k)}\ddot{\boldsymbol{u}}_{(k)}=\sum_{j=k-1,k+1,k-m,k+m,k-n,k+n}(\boldsymbol{t}_{(k)(j)}-\boldsymbol{t}_{(j)(k)})V_{(j)}+\boldsymbol{b}_{(k)} \tag{2.36}$$

式中，

$$\begin{cases}\boldsymbol{t}_{(k)(j)}=\dfrac{1}{2}\dfrac{\partial w_{(k)(j)}}{\partial(\boldsymbol{y}_{(j)}-\boldsymbol{y}_{(k)})}\\[2ex]\boldsymbol{t}_{(j)(k)}=\dfrac{1}{2}\dfrac{\partial w_{(j)(k)}}{\partial(\boldsymbol{y}_{(k)}-\boldsymbol{y}_{(j)})}\end{cases} \tag{2.37}$$

式中，$\boldsymbol{t}_{(k)(j)}$代表物质点 $x_{(j)}$施加于物质点 $x_{(k)}$的力密度；$\boldsymbol{t}_{(j)(k)}$代表物质点 $x_{(k)}$施加于物质点 $x_{(j)}$的力密度。

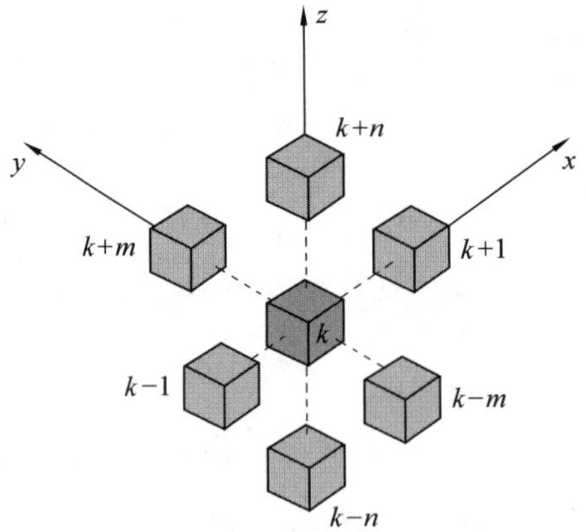

图 2.4　在传统的连续性力学中的物质点的相互作用

2.9　高斯应力和近场动力学力之间的关系

对物质点 $x_{(k)}$传统的连续性力学的动力方程能被用应力分量$\boldsymbol{\sigma}_{\alpha\beta(k)}$表达为

$$\rho_{(k)}\ddot{\boldsymbol{u}}_{\alpha(k)}=\boldsymbol{\sigma}_{\alpha x,x(k)}+\boldsymbol{\sigma}_{\alpha y,y(k)}+\boldsymbol{\sigma}_{\alpha z,z(k)}+\boldsymbol{b}_{\alpha(k)} \tag{2.38}$$

式中，$\alpha=x,y,z$。插入向前或向后有限差分公式，式（2.38）能被改写为

$$\begin{aligned}\rho_{(k)}\ddot{\boldsymbol{u}}_{x(k)}=&\frac{1}{2}\frac{(\boldsymbol{\sigma}_{xx(k)}-\boldsymbol{\sigma}_{xx(k-1)})}{\Delta x}+\frac{1}{2}\frac{(\boldsymbol{\sigma}_{xx(k+1)}-\boldsymbol{\sigma}_{xx(k)})}{\Delta x}+\frac{1}{2}\frac{(\boldsymbol{\sigma}_{xy(k)}-\boldsymbol{\sigma}_{xy(k-m)})}{\Delta y}\\&+\frac{1}{2}\frac{(\boldsymbol{\sigma}_{xy(k+m)}-\boldsymbol{\sigma}_{xy(k)})}{\Delta y}+\frac{1}{2}\frac{(\boldsymbol{\sigma}_{xz(k)}-\boldsymbol{\sigma}_{xz(k-n)})}{\Delta z}+\frac{1}{2}\frac{(\boldsymbol{\sigma}_{xz(k+n)}-\boldsymbol{\sigma}_{xz(k)})}{\Delta z}+\boldsymbol{b}_{x(k)}\end{aligned} \tag{2.39}$$

$$\begin{aligned}\rho_{(k)}\ddot{\boldsymbol{u}}_{y(k)}=&\frac{1}{2}\frac{(\boldsymbol{\sigma}_{xy(k)}-\boldsymbol{\sigma}_{xy(k-1)})}{\Delta x}+\frac{1}{2}\frac{(\boldsymbol{\sigma}_{xy(k+1)}-\boldsymbol{\sigma}_{xy(k)})}{\Delta x}+\frac{1}{2}\frac{(\boldsymbol{\sigma}_{yy(k)}-\boldsymbol{\sigma}_{yy(k-m)})}{\Delta y}\\&+\frac{1}{2}\frac{(\boldsymbol{\sigma}_{yy(k+m)}-\boldsymbol{\sigma}_{yy(k)})}{\Delta y}+\frac{1}{2}\frac{(\boldsymbol{\sigma}_{yz(k)}-\boldsymbol{\sigma}_{yz(k-n)})}{\Delta z}+\frac{1}{2}\frac{(\boldsymbol{\sigma}_{yz(k+n)}-\boldsymbol{\sigma}_{yz(k)})}{\Delta z}+\boldsymbol{b}_{y(k)}\end{aligned} \tag{2.40}$$

$$\begin{aligned}\rho_{(k)}\ddot{\boldsymbol{u}}_{z(k)}=&\frac{1}{2}\frac{(\boldsymbol{\sigma}_{xz(k)}-\boldsymbol{\sigma}_{xz(k-1)})}{\Delta x}+\frac{1}{2}\frac{(\boldsymbol{\sigma}_{xz(k+1)}-\boldsymbol{\sigma}_{xz(k)})}{\Delta x}+\frac{1}{2}\frac{(\boldsymbol{\sigma}_{yz(k)}-\boldsymbol{\sigma}_{yz(k-m)})}{\Delta y}\\&+\frac{1}{2}\frac{(\boldsymbol{\sigma}_{yz(k+m)}-\boldsymbol{\sigma}_{yz(k)})}{\Delta y}+\frac{1}{2}\frac{(\boldsymbol{\sigma}_{zz(k)}-\boldsymbol{\sigma}_{zz(k-n)})}{\Delta z}+\frac{1}{2}\frac{(\boldsymbol{\sigma}_{zz(k+n)}-\boldsymbol{\sigma}_{zz(k)})}{\Delta z}+\boldsymbol{b}_{z(k)}\end{aligned} \tag{2.41}$$

式（2.39）～（2.41）中的每一项与式（2.36）相等可得应力和近场动力学力密度之间的关系为

$$\boldsymbol{\sigma}_{\alpha\beta(k)}=2\boldsymbol{t}_{\beta(k)(q_\alpha)}\Delta\alpha V_{q_\alpha} \tag{2.42}$$

式中，$q_x=k+1$；$q_y=k+m$；$q_z=k+n$；$\alpha,\beta=x,y,z$。

$$\boldsymbol{\sigma}_{\alpha\beta(k)}=-2\boldsymbol{t}_{\beta(k)(q_\alpha)}\Delta\alpha V_{q_\alpha} \tag{2.43}$$

式中，$q_x=k-1$；$q_y=k-m$；$q_z=k-n$；$\alpha,\beta=x,y,z$。

高斯应力张量的法向应力可表达为

$$\boldsymbol{\sigma}_{\alpha\alpha(k)} = 2\boldsymbol{t}_{(k)(q_\alpha)} \cdot (\boldsymbol{x}_{(q_\alpha)} - \boldsymbol{x}_{(k)}) V_{q_\alpha} \tag{2.44}$$

式中，$\boldsymbol{t}_{(k)(q_\alpha)} = \boldsymbol{t}_{x(k)(q_\alpha)}\boldsymbol{e}_x + \boldsymbol{t}_{y(k)(q_\alpha)}\boldsymbol{e}_y + \boldsymbol{t}_{z(k)(q_\alpha)}\boldsymbol{e}_z$；$\boldsymbol{x}_{(q_\alpha)} - \boldsymbol{x}_{(k)} = \Delta\alpha\boldsymbol{e}_\alpha$；$\alpha,\beta = x,y,z$。$\boldsymbol{e}_\alpha$ 为笛卡儿坐标的基本矢量，同样的法向和剪切应力能被用近场动力学力密度表达为

$$\sum_{\beta=x,y,z} \boldsymbol{\sigma}^2{}_{\alpha\beta(k)} = 4(\boldsymbol{t}_{(k)(q_\alpha)} \left|\boldsymbol{x}_{(q_\alpha)} - \boldsymbol{x}_{(k)}\right| V_{q_\alpha}) \cdot (\boldsymbol{t}_{(k)(q_\alpha)} \left|\boldsymbol{x}_{(q_\alpha)} - \boldsymbol{x}_{(k)}\right| V_{q_\alpha}) \tag{2.45}$$

2.10 连续性理论应变能的另一种表达形式

在传统的连续性力学理论中，在物质点 k 的应变能密度的表达式为

$$W_{(k)} = \frac{\kappa}{2}(\theta_{(k)} - 3\lambda T_{(k)})^2 + \left[\frac{1}{4\mu}(\boldsymbol{\sigma}^2_{xx(k)} + \boldsymbol{\sigma}^2_{yy(k)} + \boldsymbol{\sigma}^2_{zz(k)}) + \frac{1}{2\mu}(\boldsymbol{\sigma}^2_{xy(k)} + \boldsymbol{\sigma}^2_{xz(k)} + \boldsymbol{\sigma}^2_{yz(k)}) - \frac{3\kappa^2}{4\mu}\theta^2_{(k)}\right] \tag{2.46}$$

式中，$T_{(k)}$为温度变化量；λ为各项同性物质的热膨胀系数；κ为体积模量，在式的第一和第二项中分别代表膨胀能量密度和变形能量密度。

把公式（2.45）代入公式（2.46）可得

$$W_{(k)} = \frac{\kappa}{2}(\theta_{(k)} - 3\lambda T_{(k)})^2 - \frac{3\kappa^2}{4\mu}\theta^2_{(k)} + \frac{1}{8\mu}\sum_{\substack{j=k-1,k+1,\\ k-m,k+m,\\ k-n,k+n}} (\boldsymbol{t}_{(k)(j)}\left|\boldsymbol{x}_{(j)} - \boldsymbol{x}_{(k)}\right| V_{(j)}) \cdot (\boldsymbol{t}_{(k)(j)}\left|\boldsymbol{x}_{(j)} - \boldsymbol{x}_{(k)}\right| V_{(j)}) \tag{2.47}$$

对于方程（2.47），不同类型的近场动力学，力状态 $\boldsymbol{t}_{(k)(j)}$的表达式不同。例如，对于键为基础的近场动力学，由于力密度矢量既在数量上相等又平行于变形状态下的位置矢量，因此它的表达式为

$$\boldsymbol{t}(\boldsymbol{u}' - \boldsymbol{u}, \boldsymbol{x}' - \boldsymbol{x}, t) = \underline{\boldsymbol{T}}(\boldsymbol{x}, t)\langle \boldsymbol{x} - \boldsymbol{x}' \rangle = \frac{1}{2}C\frac{\boldsymbol{y}' - \boldsymbol{y}}{|\boldsymbol{y}' - \boldsymbol{y}|} = \frac{1}{2}\boldsymbol{f}(\boldsymbol{u}' - \boldsymbol{u}, \boldsymbol{x}' - \boldsymbol{x}, t) \tag{2.48}$$

式中，$\boldsymbol{t}(\boldsymbol{u}' - \boldsymbol{u}, \boldsymbol{x}' - \boldsymbol{x}, t)$ 是键的对点力函数，它的物理意义为物质点 x' 施加于物质点 x 上的单位体积平方的力矢量，这个对点力函数能被假设为线性地依赖于这些物质点间的生长率，它的表达式为

$$\boldsymbol{f}(\boldsymbol{u}'-\boldsymbol{u},\boldsymbol{x}'-\boldsymbol{x},t)=c(s_{(k)(j)}-\lambda T_{(k)})\frac{\boldsymbol{y}'-\boldsymbol{y}}{|\boldsymbol{y}'-\boldsymbol{y}|} \tag{2.49}$$

把公式（2.49）代入公式（2.48），再把公式（2.48）代入公式（2.47），即可得到

$$W_{(k)}=\frac{\kappa}{2}(\theta_{(k)}-3\alpha T_{(k)})^2-\frac{3\kappa^2}{4\mu}\theta_{(k)}^2+\frac{c^2}{8\mu}\sum_{\substack{j=k-1,k+1,\\k-m,k+m,\\k-n,k+n}}(s_{(k)(j)}-\lambda T_{(k)})^2\cdot\left|\boldsymbol{x}_{(j)}-\boldsymbol{x}_{(k)}\right|^2 V_{(j)}^2 \tag{2.50}$$

根据公式（2.50），一个既适用于键为基础的近场动力学又适用于状态为基础的近场动力学理论的广义表达式为

$$W_{(k)}=\alpha\theta_{(k)}^2-\alpha_2\theta_{(k)}T_{(k)}+\alpha_3T_{(k)}^2+\sum_{\substack{j=k-1,k+1,\\k-m,k+m,\\k-n,k+n}}b\Big(\big(\left|\boldsymbol{y}_{(j)}-\boldsymbol{y}_{(k)}\right|-\left|\boldsymbol{x}_{(j)}-\boldsymbol{x}_{(k)}\right|\big)-\lambda T_{(k)}\left|\boldsymbol{x}_{(j)}-\boldsymbol{x}_{(k)}\right|\Big)^2\cdot V_{(j)} \tag{2.51}$$

式中，α、α_2、α_3 和 b 是近场动力学参数。

在物质点 k 的膨胀率 $\theta_{(k)}$ 在传统的连续性力学中能被定义为

$$\theta_{(k)}=\boldsymbol{\varepsilon}_{xx(k)}+\boldsymbol{\varepsilon}_{yy(k)}+\boldsymbol{\varepsilon}_{zz(k)}=\frac{\boldsymbol{\sigma}_{xx(k)}+\boldsymbol{\sigma}_{yy(k)}+\boldsymbol{\sigma}_{zz(k)}}{3\kappa}+3\alpha T_{(k)} \tag{2.52}$$

式中，法向应变张量为 $(\boldsymbol{\varepsilon}_{xx(k)},\boldsymbol{\varepsilon}_{yy(k)},\boldsymbol{\varepsilon}_{zz(k)})$。式（2.52）能用不同的形式被改写为

$$\theta_{(k)}=\frac{\frac{1}{2}\boldsymbol{\sigma}_{xx(k)}+\frac{1}{2}\boldsymbol{\sigma}_{xx(k)}+\frac{1}{2}\boldsymbol{\sigma}_{yy(k)}+\frac{1}{2}\boldsymbol{\sigma}_{yy(k)}+\frac{1}{2}\boldsymbol{\sigma}_{zz(k)}+\frac{1}{2}\boldsymbol{\sigma}_{zz(k)}}{3\kappa}+3\alpha T_{(k)} \tag{2.53}$$

式（2.53）中的每一项都对应着物质点 $k+1$、$k-1$、$k+m$、$k-m$、$k+n$ 和 $k-n$ 对物质点 k 所施加的近场动力学力。通过把式（2.44）代入式（2.53），膨胀率能被用近场动力学力密度的形式再次表达为

$$\theta_{(k)}=\frac{1}{3\kappa}\left(\sum_{j=k-1,k+1,k-m,k+m,k-n,k+n}(\boldsymbol{t}_{(k)(j)}\cdot(\boldsymbol{x}_{(j)}-\boldsymbol{x}_{(k)}))V_{(j)}\right)+3\lambda T_{(k)} \tag{2.54}$$

就如同应变能密度的表达式一样，式（2.54）能被用物质点 k 和其他 6 个物质点之间的对点力的形式表达为

$$\theta_{(k)} = \frac{1}{6\kappa}\left(\sum_{j=k-1,k+1,k-m,k+m,k-n,k+n} (\boldsymbol{f}_{(k)(j)} \cdot (\boldsymbol{x}_{(j)} - \boldsymbol{x}_{(k)}))V_{(j)}\right) + 3\lambda T_{(k)} \tag{2.55}$$

把式（2.49）代入式（2.55）可得

$$\theta_{(k)} = \frac{c}{6\kappa}\left(\sum_{j=k-1,k+1,k-m,k+m,k-n,k+n}\left((s_{(k)(j)} - \lambda T_{(k)})\frac{\boldsymbol{y}_{(j)} - \boldsymbol{y}_{(k)}}{|\boldsymbol{y}_{(j)} - \boldsymbol{y}_{(k)}|} \cdot (\boldsymbol{x}_{(j)} - \boldsymbol{x}_{(k)})\right)V_{(j)}\right) + 3\alpha T_{(k)} \tag{2.56}$$

式（2.56）的一个广义的既适用于键为基础的近场动力学又适用于状态为基础的近场动力学的公式为

$$\theta_{(k)} = d\left(\sum_{j=k-1,k+1,k-m,k+m,k-n,k+n}\left((s_{(k)(j)} - \lambda T_{(k)})\frac{\boldsymbol{y}_{(j)} - \boldsymbol{y}_{(k)}}{|\boldsymbol{y}_{(j)} - \boldsymbol{y}_{(k)}|} \cdot (\boldsymbol{x}_{(j)} - \boldsymbol{x}_{(k)})\right)V_{(j)}\right) + 3\alpha T_{(k)} \tag{2.57}$$

式中，d 为近场动力学参数。物质点 k 的膨胀率 $\theta_{(k)}$ 和应变能密度 $W_{(k)}$ 的表达式在普通的状态为基础的近场动力学框架内采用统一的形式，在该框架内相互作用的数目不像在传统的连续性力学理论中那样被限制在物质点周围紧挨的区域内。

2.11 二维各项同性物质的近场动力学理论

2.11.1 物质参数

在式（2.48）中的辅助参数 C 等通过物质点 k 的力密度矢量和应变能密度 $W_{(k)}$ 之间的关系来确定，具体的表达式为

$$\boldsymbol{t}_{(k)(j)}(\boldsymbol{u}_{(j)} - \boldsymbol{u}_{(k)}, \boldsymbol{x}_{(j)} - \boldsymbol{x}_{(k)}, t) = \frac{1}{V_{(j)}}\frac{\partial W_{(k)}}{\partial(\boldsymbol{y}_{(j)} - \boldsymbol{y}_{(k)})}\frac{\boldsymbol{y}_{(j)} - \boldsymbol{y}_{(k)}}{|\boldsymbol{y}_{(j)} - \boldsymbol{y}_{(k)}|} \tag{2.58}$$

式中，$V_{(j)}$代表物质点j的体积，同时在变形结构中力密度矢量的方向和相对位置矢量对齐。物质点j在物质点k上施加了力密度矢量$\boldsymbol{t}_{(k)(j)}$，而辅助参数的确定需要应变能密度函数的一个具体表达式。

对于一个各项同性的弹性物质，在物质点$x_{(k)}$的应变能密度$W_{(k)}$的具体表达式能用统一的表达式（2.51）再次表达为

$$W_{(k)} = \alpha\theta_{(k)}^2 - \alpha_2\theta_{(k)}T_{(k)} + \alpha_3 T_{(k)}^2 + \sum_{j=1}^{N} b\left(\left(\left|\boldsymbol{y}_{(j)} - \boldsymbol{y}_{(k)}\right| - \left|\boldsymbol{x}_{(j)} - \boldsymbol{x}_{(k)}\right|\right) - \lambda T_{(k)}\left|\boldsymbol{x}_{(j)} - \boldsymbol{x}_{(k)}\right|\right)^2 \cdot V_{(j)} \quad (2.59)$$

式中，N指在物质点$x_{(k)}$的域内物质点的数目；无维影响函数$\omega_{(k)(j)} = \omega\left(\left|\boldsymbol{x}_{(j)} - \boldsymbol{x}_{(i)}\right|\right)$提供了一种控制远离目前的物质点$x_{(k)}$的物质点影响力的方法；在物质点$k$的温度变化为$T_{(k)}$；$\alpha$代表热膨胀系数。类似地，膨胀率$\theta_{(k)}$的具体表达式为

$$\theta_{(k)} = d\left(\sum_{j=1}^{N}\left((s_{(k)(j)} - \alpha T_{(k)})\frac{\boldsymbol{y}_{(j)} - \boldsymbol{y}_{(k)}}{\left|\boldsymbol{y}_{(j)} - \boldsymbol{y}_{(k)}\right|} \cdot (\boldsymbol{x}_{(j)} - \boldsymbol{x}_{(k)})\right)V_{(j)}\right) + 3\lambda T_{(k)} \quad (2.60)$$

式中，近场动力学参数d确保了膨胀率$\theta_{(k)}$是无维的，在式（2.59）中的近场动力学参数α、α_2、α_3和b通过考虑简单的荷载条件能和传统的连续性力学理论中工程的物质参恒量（如剪切模量μ、体积模量κ、热膨胀系数λ）联系起来。

把式（2.60）代入式（2.59）的应变能密度的表达式中，然后利用式（2.58）对它进行微分，力密度矢量$\boldsymbol{t}_{(k)(j)}$能被用近场动力学物质参数表达为

$$\boldsymbol{t}_{(k)(j)}(\boldsymbol{u}_{(j)} - \boldsymbol{u}_{(k)}, \boldsymbol{x}_{(j)} - \boldsymbol{x}_{(k)}, t) = \frac{1}{2}A\frac{\boldsymbol{y}_{(j)} - \boldsymbol{y}_{(k)}}{\left|\boldsymbol{y}_{(j)} - \boldsymbol{y}_{(k)}\right|} \quad (2.61)$$

式中

$$\begin{aligned} A = 4w_{(k)(j)}\Bigg(& d\frac{\boldsymbol{y}_{(j)} - \boldsymbol{y}_{(k)}}{\left|\boldsymbol{y}_{(j)} - \boldsymbol{y}_{(k)}\right|} \cdot \frac{\boldsymbol{x}_{(j)} - \boldsymbol{x}_{(k)}}{\left|\boldsymbol{x}_{(j)} - \boldsymbol{x}_{(k)}\right|}\left(\alpha\theta_{(k)} - \frac{1}{2}\alpha_2 T_{(k)}\right) \\ & + b\left(\left(\left|\boldsymbol{y}_{(j)} - \boldsymbol{y}_{(k)}\right| - \left|\boldsymbol{x}_{(j)} - \boldsymbol{x}_{(k)}\right|\right) - \alpha T_{(j)}\left|\boldsymbol{x}_{(k)} - \boldsymbol{x}_{(j)}\right|\right)\Bigg) \end{aligned} \quad (2.62)$$

类似地，力密度矢量$\boldsymbol{t}_{(j)(k)}(\boldsymbol{u}_{(k)} - \boldsymbol{u}_{(j)}, \boldsymbol{x}_{(k)} - \boldsymbol{x}_{(j)}, t)$能被表达为

$$\boldsymbol{t}_{(j)(k)}(\boldsymbol{u}_{(k)}-\boldsymbol{u}_{(j)},\boldsymbol{x}_{(k)}-\boldsymbol{x}_{(j)},t)=-\frac{1}{2}B\frac{\boldsymbol{y}_{(j)}-\boldsymbol{y}_{(k)}}{\left|\boldsymbol{y}_{(j)}-\boldsymbol{y}_{(k)}\right|} \tag{2.63}$$

式中

$$B=4w_{(j)(k)}\left(d\frac{\boldsymbol{y}_{(k)}-\boldsymbol{y}_{(j)}}{\left|\boldsymbol{y}_{(k)}-\boldsymbol{y}_{(j)}\right|}\cdot\frac{\boldsymbol{x}_{(k)}-\boldsymbol{x}_{(j)}}{\left|\boldsymbol{x}_{(k)}-\boldsymbol{x}_{(j)}\right|}\left(\alpha\theta_{(j)}-\frac{1}{2}\alpha_2T_{(j)}\right)\right.$$
$$\left.+b\left(\left(\left|\boldsymbol{y}_{(k)}-\boldsymbol{y}_{(j)}\right|-\left|\boldsymbol{x}_{(k)}-\boldsymbol{x}_{(j)}\right|\right)-\alpha T_{(j)}\left|\boldsymbol{x}_{(k)}-\boldsymbol{x}_{(j)}\right|\right)\right) \tag{2.64}$$

虽然式（2.62）和式（2.64）是相似的，但是因为$(\theta_{(k)},T_{(k)})$和$(\theta_{(j)},T_{(j)})$分别是物质点$x_{(k)}$和$x_{(j)}$的参数，它们的值不一定相等，因此式（2.62）和式（2.64）是不同的。然而对于键为基础的近场动力学，参数A和B是相等的，因此式（2.62）和式（2.64）中的$\theta_{(k)}$和$\theta_{(j)}$项等于0，可知：

$$ad=0 \tag{2.65}$$

因此在公式（2.48）的参数C能被表达为

$$C=4bw_{(k)(j)}\left(\left(\left|\boldsymbol{y}_{(j)}-\boldsymbol{y}_{(k)}\right|-\left|\boldsymbol{x}_{(j)}-\boldsymbol{x}_{(k)}\right|\right)-\alpha T_{(k)}\left|\boldsymbol{x}_{(j)}-\boldsymbol{x}_{(k)}\right|\right) \tag{2.66}$$

力密度矢量能被再次写为

$$\boldsymbol{t}_{(k)(j)}=2bw_{(k)(j)}\left(\left(\left|\boldsymbol{y}_{(j)}-\boldsymbol{y}_{(k)}\right|-\left|\boldsymbol{x}_{(j)}-\boldsymbol{x}_{(k)}\right|\right)-\alpha T_{(k)}\left|\boldsymbol{x}_{(j)}-\boldsymbol{x}_{(k)}\right|\right)\frac{\boldsymbol{y}_{(j)}-\boldsymbol{y}_{(k)}}{\left|\boldsymbol{y}_{(j)}-\boldsymbol{y}_{(k)}\right|} \tag{2.67}$$

基于式（2.48），在物质点$x_{(k)}$和$x_{(j)}$之间的键为基础的力密度矢量能被表达为

$$\boldsymbol{f}_{(k)(j)}=4bw_{(k)(j)}\left|\boldsymbol{x}_{(j)}-\boldsymbol{x}_{(k)}\right|(s_{(k)(j)}-\lambda T_{(k)})\frac{\boldsymbol{y}_{(j)}-\boldsymbol{y}_{(k)}}{\left|\boldsymbol{y}_{(j)}-\boldsymbol{y}_{(k)}\right|} \tag{2.68}$$

将式（2.68）和式（2.48）所定义的键为基础的力密度矢量定义相比较，可获得影响函数的具体表达式为

$$w_{(k)(j)}=\frac{c}{4b}\frac{1}{\left|\boldsymbol{x}_{(j)}-\boldsymbol{x}_{(k)}\right|} \tag{2.69}$$

对式（2.69）做量纲分析可知参数 b 有量纲“力/长度 ^{7}”，因此式（2.49）中参数 $c=c_1$ 有量纲“力/长度 ^{6}”。因此 $\frac{c}{b}$ 的比值有一个长度的量纲，同时也可推出影响函数是无量纲的。域 δ 能被视为在一个域内包括其他物质点影响的长度量纲。因此对状态为基础的近场动力学影响函数变为

$$w_{(k)(j)}=\frac{\delta}{\left|\boldsymbol{x}_{(j)}-\boldsymbol{x}_{(k)}\right|} \tag{2.70}$$

从式（2.70）可知，$\frac{c}{b}$ 的比值被表达为

$$\frac{c}{b}=4\delta \tag{2.71}$$

把影响函数的表达式代入力密度矢量，可得出力密度矢量的最终表达式为

$$\boldsymbol{t}_{(k)(j)}=2\delta\left(d\frac{\Lambda_{(k)(j)}}{\left|\boldsymbol{x}_{(j)}-\boldsymbol{x}_{(k)}\right|}\left(\alpha\theta_{(k)}-\frac{1}{2}\alpha_2 T_{(k)}\right)+b\left(s_{(k)(j)}-\lambda T_{(k)}\right)\right)\frac{\boldsymbol{y}_{(j)}-\boldsymbol{y}_{(k)}}{\left|\boldsymbol{y}_{(j)}-\boldsymbol{y}_{(k)}\right|} \tag{2.72}$$

式中，$\Lambda_{(k)(j)}$ 被定义为

$$\Lambda_{(k)(j)}=\frac{\boldsymbol{y}_{(j)}-\boldsymbol{y}_{(k)}}{\left|\boldsymbol{y}_{(j)}-\boldsymbol{y}_{(k)}\right|}\cdot\frac{\boldsymbol{x}_{(j)}-\boldsymbol{x}_{(k)}}{\left|\boldsymbol{x}_{(j)}-\boldsymbol{x}_{(k)}\right|} \tag{2.73}$$

而对于键为基础的近场动力学来说，膨胀率项 $\theta_{(k)}$ 必定为 0，导致

$$\boldsymbol{t}_{(k)(j)}=2\delta b(s_{(k)(j)}-\lambda T_{(k)})\frac{\boldsymbol{y}_{(j)}-\boldsymbol{y}_{(k)}}{\left|\boldsymbol{y}_{(j)}-\boldsymbol{y}_{(k)}\right|} \tag{2.74}$$

由式（2.48）和式（2.71）可得键为基础的近场动力学力密度矢量 $\boldsymbol{f}_{(k)(j)}$ 的表达式为

$$\boldsymbol{f}_{(k)(j)}=c(s_{(k)(j)}-\lambda T_{(k)})\frac{\boldsymbol{y}_{(j)}-\boldsymbol{y}_{(k)}}{\left|\boldsymbol{y}_{(j)}-\boldsymbol{y}_{(k)}\right|} \tag{2.75}$$

式中，$f_{(k)(j)}=\dfrac{T_{(k)}+T_{(j)}}{2}$；参数 c 被称为键为基础的近场动力学的键恒量。

虽然所有的结构本质上都是三维的，但是为了简化计算，在特定的假设情况下它们被理想化为一维或二维的。例如，长梁常常被视为一维结构；类似地，薄板常常被视为二维结构。而近场动力学物质恒量必须要反映这些理想化。一个二维板能被离散为在厚度方向只有一层物质点。积分 H 的球域在二维中就变成一个域为δ、厚度为 h 的圆盘。由于本书仅专注于二维方向的研究，因此下面仅推导二维的近场动力学结构。

2.11.2 二维结构

在理想的二维情况下，应力和应变张量$\boldsymbol{\sigma}_{(k)}$和$\boldsymbol{\varepsilon}_{(k)}$能被定义为

$$\boldsymbol{\sigma}_{(k)}^{\mathrm{T}}=\left\{\boldsymbol{\sigma}_{xx(k)} \quad \boldsymbol{\sigma}_{yy(k)} \quad \boldsymbol{\sigma}_{zz(k)}\right\} \tag{2.76}$$

$$\boldsymbol{\varepsilon}_{(k)}^{\mathrm{T}}=\left\{\boldsymbol{\varepsilon}_{xx(k)} \quad \boldsymbol{\varepsilon}_{yy(k)} \quad \boldsymbol{\varepsilon}_{zz(k)}\right\} \tag{2.77}$$

对于各项同性物质，应力和应变分量通过以下本构方程被联系起来：

$$\boldsymbol{\sigma}_{(k)}=\boldsymbol{C}\boldsymbol{\varepsilon}_{(k)} \tag{2.78}$$

式中

$$\boldsymbol{C}=\begin{bmatrix}\kappa+\mu & \kappa-\mu & 0\\ \kappa-\mu & \kappa+\mu & 0\\ 0 & 0 & \mu\end{bmatrix} \tag{2.79}$$

由于二维的理想化，体积模量的表达式被下式表达：

$$\kappa=\frac{E}{2(1-\nu)} \tag{2.80}$$

如图 2.5 所示，若一个二维圆盘被离散为在厚度方向只有一层物质点，积分域 H 就变为半径为δ、厚度为 h 的圆盘面。就如同前面的例子，为了得到各项同性膨胀和纯剪切过程，施加两个不同的荷载条件以求得近场动力学参数。

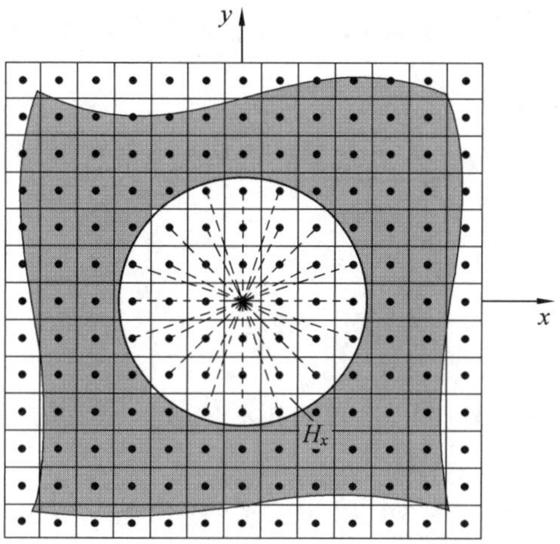

图 2.5　二维圆盘的近场动力学域以及物质点 x 和在域内其他物质点的近场动力学作用

如图 2.6 所示，各项同性膨胀能通过在所有的方向施加一个相等的法向应变ζ和一个均质的温度变化 T 获得。因此在一个物体内应变分量为

$$\begin{cases}\boldsymbol{\varepsilon}_{xx(k)}=\boldsymbol{\varepsilon}_{yy(k)}=\zeta+\alpha T\\ \gamma_{xy(k)}=0\end{cases}\tag{2.81}$$

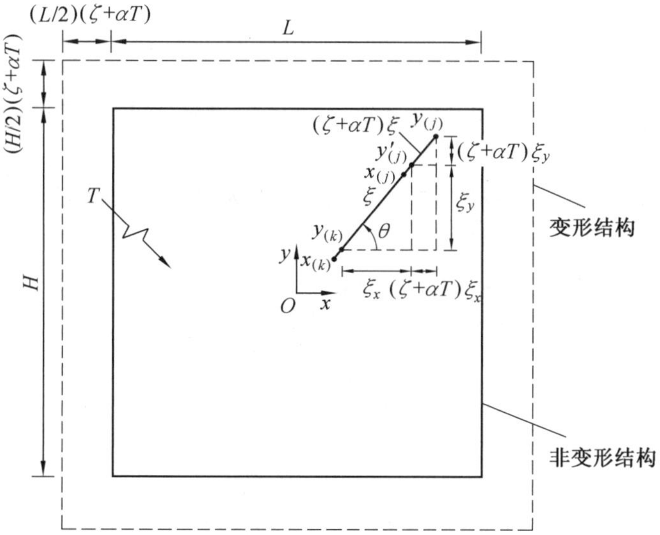

图 2.6　承受各项同性膨胀的二维板

对于膨胀率$\theta_{(k)}$和应变能密度 $W_{(k)}$，在传统的连续性力学理论的范围内，表达式为

$$\theta_{(k)} = \boldsymbol{\varepsilon}_{xx(k)} + \boldsymbol{\varepsilon}_{yy(k)} = 2\zeta + \lambda T_{(k)} \tag{2.82}$$

和

$$W_{(k)} = 2\kappa\zeta^2 \tag{2.83}$$

在变形结构中，物质点 $x_{(j)}$和 $x_{(k)}$间的相对位置矢量变为

$$\left|\boldsymbol{y}_{(j)} - \boldsymbol{y}_{(k)}\right| = \boldsymbol{\varepsilon}_{xx(k)} + \boldsymbol{\varepsilon}_{yy(k)} = 2\zeta + 2\lambda T_{(k)} \tag{2.84}$$

式中，$T_{(k)} = T$ 。

在物质点 $x_{(k)}$与在半径为δ、厚度为 h 的圆盘面内，其他的物质点相互作用的应变能密度 $W_{(k)}$的表达式为

$$W_{(k)} = d\theta_{(k)}^2 - a_2\theta_{(k)}T_{(k)} + a_3T_{(k)}^2 + bh\int_0^{\delta}\int_0^{2\pi}(((1+\zeta+\alpha T_{(k)})\xi - \xi) - \alpha T_{(k)}\xi)^2\xi\,\mathrm{d}\theta\,\mathrm{d}\xi \tag{2.85}$$

式中，(ξ,θ) 为极坐标。把式（2.82）代入式（2.85），进一步得到应变能密度 $W_{(k)}$的表达式为

$$W_{(k)} = a(2\zeta + 2\alpha T_{(k)})^2 + a_3T_{(k)}^2 - a_2(2\zeta + 2\alpha T_{(k)})T_{(k)} + \frac{2}{3}\pi bh\delta^4\zeta^2 \tag{2.86}$$

由式（2.83）和式（2.86）相等可求得近场动力学参数和工程物质恒量之间的关系为

$$4a + \frac{2\pi}{3}bh\delta^4 = 2\kappa \tag{2.87}$$

$$a_2 = 4\alpha a \tag{2.88}$$

$$a_3 = 4\alpha^2 a \tag{2.89}$$

类似地，来自式（2.60）的膨胀率$\theta_{(k)}$的表达式被改写为

$$\theta_{(k)} = dh\int_0^{\delta}\int_0^{2\pi}\frac{\delta}{\xi}(((1+\zeta+\alpha T)\xi-\xi)-\alpha T\xi)\left(\frac{\xi}{\xi}\cdot\frac{\xi}{\xi}\right)\xi\mathrm{d}\theta\mathrm{d}\xi+2\alpha T_{(k)} \tag{2.90}$$

由式（2.90）可得出它的具体表达式为

$$\theta_{(k)} = \pi dh\delta^3\zeta + 2\alpha T_{(k)} \tag{2.91}$$

由式（2.82）和式（2.91）相等，可得：

$$d = \frac{2}{\pi h\delta^3} \tag{2.92}$$

如图 2.7 所示，一个纯剪切荷载的例子能通过施加如下表达式被获得：

$$\begin{cases}\gamma_{xy(k)} = \zeta \\ \boldsymbol{\varepsilon}_{xx(k)} = \boldsymbol{\varepsilon}_{yy(k)} = T_{(k)} = 0\end{cases} \tag{2.93}$$

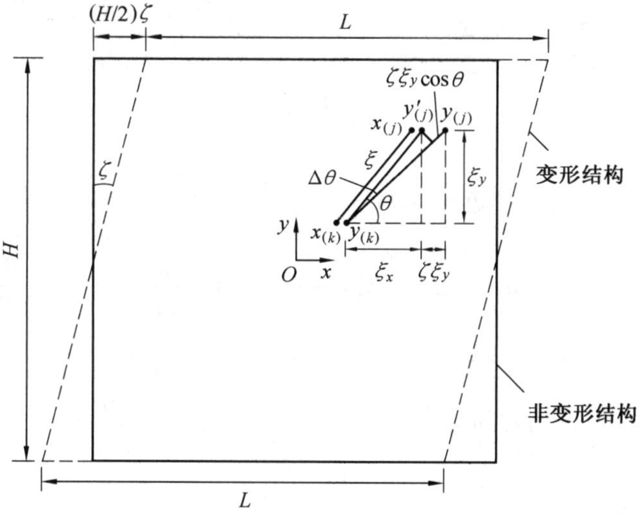

图 2.7　承受简单的剪切的二维板

在式（2.93）中，在传统的连续性力学范围内，膨胀率 $\theta_{(k)}$ 和应变能密度 $W_{(k)}$ 的表达式为

$$\begin{cases}\theta_{(k)}=0\\ W_{(k)}=\dfrac{1}{2}\mu\zeta^2\end{cases} \tag{2.94}$$

变形状态相对位置矢量为

$$\left|\boldsymbol{y}_{(j)}-\boldsymbol{y}_{(k)}\right|=(1+(\sin\theta\cos\theta)\zeta)\left|\boldsymbol{x}_{(j)}-\boldsymbol{x}_{(i)}\right| \tag{2.95}$$

因此，来自式（2.59）的应变能密度被表达为

$$W_{(k)}=\frac{\pi h\delta^4\zeta^2}{12}b \tag{2.96}$$

由式（2.93）的传统的连续性力学理论获得的应变能密度和式（2.96）的近场动力学获得应变能密度相等，可得到近场动力学参数 b 和剪切模量μ的表达式为

$$b=\frac{6\mu}{\pi h\delta^4} \tag{2.97}$$

把式（2.97）代入式（2.87），可求得近场动力学参数 a 与体积模量κ、剪切模量μ之间的关系式为

$$a=\frac{1}{2}(\kappa-2\mu) \tag{2.98}$$

总之，一个二维分析的近场动力学参数被表达为

$$a=\frac{1}{2}(\kappa-2\mu)\text{，}\ a_2=4\alpha a\text{，}\ a_3=4\alpha^2 a\text{，}\ b=\frac{6\mu}{\pi h\delta^4}\text{，}\ d=\frac{2}{\pi h\delta^3} \tag{2.99}$$

根据式（2.65）和式（2.71），对键为基础的近场动力学来说，一个限制性条件为 $\kappa-2\mu$ 或者 $\nu=\dfrac{1}{3}$，而键的恒量标准为 $c=\dfrac{24\mu}{\pi h\delta^3}$ 或 $c=\dfrac{12\kappa}{\pi h\delta^3}$。

2.11.3 表面效果

在近场动力学的本构关系中所出现的近场动力学参数 a、b 和 d 主要是通过计算完全镶嵌在物质域内的一个物质点的膨胀率和应变能密度来确定的；参数 b 和 d 的值均取决于物质点的积分域。因此，当物质点靠近自由表面或者物质交接面时

（图 2.8），就需要校正参数 b 和 d。物质参数的矫正方法一般是在简单的荷载条件下对物体内每个物质点的膨胀率和应变能密度进行数值积分，同时把它们和由传统的连续性力学所获得的结果进行比较。

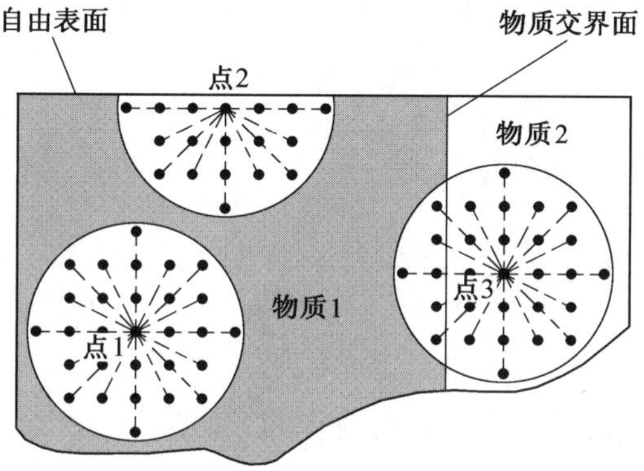

图 2.8　在物质点域内的表面效果

对第一个简单的荷载条件，在二维情况下物体在全局坐标系中的 x 轴负方向和 y 轴负方向上承受了单轴拉伸荷载，例如 $\boldsymbol{\varepsilon}_{xx} \neq \mathbf{0}$ 、$\boldsymbol{\varepsilon}_{\alpha\alpha} = \boldsymbol{\gamma}_{\alpha\beta} = \mathbf{0}$ 和 $\boldsymbol{\varepsilon}_{yy} \neq \mathbf{0}$ 、$\boldsymbol{\varepsilon}_{\alpha\alpha} = \boldsymbol{\gamma}_{\alpha\beta} = \mathbf{0}$ ，这里 $\alpha, \beta = x, y$ 。

在 x 轴负方向和 y 轴负方向所施加的单轴伸长用恒定的位移梯度表示为

$$\frac{\partial \boldsymbol{u}_{\alpha}^{*}}{\partial \alpha} = \zeta$$

式中，$\alpha = x, y$ 。在物质点 x 引起这个荷载的位移场能被表达为

$$\boldsymbol{u}_1^{\mathrm{T}}(x) = \left\{ \frac{\partial \boldsymbol{u}_x^{*}}{\partial x} x \quad 0 \quad 0 \right\} \tag{2.100}$$

$$\boldsymbol{u}_2^{\mathrm{T}}(x) = \left\{ 0 \quad \frac{\partial \boldsymbol{u}_x^{*}}{\partial x} x \quad 0 \right\} \tag{2.101}$$

式中，下标 1 和 2 分别代表着 x 轴负方向和 y 轴负方向的单轴拉伸。由于这个位移场，在物质点 $x_{(k)}$ 相应的膨胀率 θ_m^{PD} （m=1，2）能被公式表达为

$$\theta_m^{\mathrm{PD}}(\boldsymbol{x}_{(k)}) = d\delta\sum_{j=1}^{N} s_{(k)(j)}\Lambda_{(k)(j)}V_{(j)} \tag{2.102}$$

式中，N 代表在物质点 $x_{(k)}$ 的域内物质点的数目。基于传统的连续性力学理论，膨胀率 θ_m^{CM} 在整个域内是均质的，同时它被表达为

$$\theta_m^{\mathrm{CM}}(\boldsymbol{x}_{(k)}) = \zeta \tag{2.103}$$

膨胀率的校正项能被定义为

$$D_{m(k)} = \frac{\theta_m^{\mathrm{CM}}(\boldsymbol{x}_{(k)})}{\theta_m^{\mathrm{PD}}(\boldsymbol{x}_{(k)})} = \frac{\zeta}{d\delta\sum_{j=1}^{N} s_{(k)(j)}\Lambda_{(k)(j)}V_{(j)}} \tag{2.104}$$

膨胀率的最大值发生在荷载的方向，而荷载的方向是分别和全局坐标 x 轴负方向和 y 轴负方向一致的。

类似地，在简单的剪切荷载条件下，$x'-y'$ 平面任何物质点的应变能密度均可被计算，例如 $\boldsymbol{\gamma}_{x'y'} \neq \mathbf{0}$，$\boldsymbol{\varepsilon}_{\alpha\alpha} = \boldsymbol{\gamma}_{\alpha\beta} = \mathbf{0}$。这个荷载通过恒定的位移梯度 $\frac{\partial \boldsymbol{u}_\alpha^*}{\partial \beta} = \zeta$ 获得，其中 $\alpha \neq \beta$ 且 $\alpha, \beta = x', y'$。这个平面被定位在全局坐标系的 $x-y$ 平面内$-45°$ 角的方向。

在 $x-y$ 平面施加简单的剪切荷载的物质点 x 的位移场在全局坐标系中能被表达为

$$\boldsymbol{u}_1^{\mathrm{T}}(x) = \left\{ \frac{1}{2}\frac{\partial \boldsymbol{u}_{x'}^*}{\partial y'}x \quad -\frac{1}{2}\frac{\partial \boldsymbol{u}_{x'}^*}{\partial y'}y \quad 0 \right\} \tag{2.105}$$

式中，下标 1 代表着在 $x'-y'$ 平面内施加了简单的剪切荷载。

由于这些被施加的位移场，在物质点 $x_{(k)}$ 的近场动力学应变能密度 $W_{(k)}$ 能被表达为

$$W_m^{\mathrm{PD}}(\boldsymbol{x}_{(k)}) = a(\theta_m^{\mathrm{PD}}(\boldsymbol{x}_{(k)}))^2 + b\delta\sum_{j=1}^{N}\frac{1}{\left|\boldsymbol{x}_{(j)} - \boldsymbol{x}_{(i)}\right|}\left(\left|\boldsymbol{y}_{(j)} - \boldsymbol{y}_{(i)}\right| - \left|\boldsymbol{x}_{(j)} - \boldsymbol{x}_{(i)}\right|\right)^2 V_{(j)} \tag{2.106}$$

式中，m=1，2。

在简单的剪切荷载作用下，利用传统的连续性力学理论，膨胀率和应变能密度表达为

$$\theta_m^{\mathrm{CM}}(\boldsymbol{x}_{(k)})=0$$

$$W_m^{\mathrm{CM}}(\boldsymbol{x}_{(k)})=\frac{1}{2}\mu\zeta^2 \tag{2.107}$$

式中，m=1，2。

在这种荷载条件下，膨胀率 $\theta_{\mathrm{m}}^{\mathrm{PD}}(\boldsymbol{x}_{(k)})$ 为 0，这是因为它在式（2.104）中已经被校正了，因此应变能密度的表达式变为

$$W_m^{\mathrm{PD}}(\boldsymbol{x}_{(k)})=b\delta\sum_{j=1}^{N}\frac{1}{\left|\boldsymbol{x}_{(j)}-\boldsymbol{x}_{(i)}\right|}\left(\left|\boldsymbol{y}_{(j)}-\boldsymbol{y}_{(i)}\right|-\left|\boldsymbol{x}_{(j)}-\boldsymbol{x}_{(i)}\right|\right)^2 V_{(j)} \tag{2.108}$$

因此，包括参数 b 这项的校正是必须进行的，它的表达式为

$$S_{m(k)}=\frac{W_m^{\mathrm{CM}}(\boldsymbol{x}_{(k)})}{W_m^{\mathrm{PD}}(\boldsymbol{x}_{(k)})}=\frac{\frac{1}{2}\mu\zeta^2}{b\delta\sum_{j=1}^{N}\frac{1}{\left|\boldsymbol{x}_{(j)}-\boldsymbol{x}_{(i)}\right|}\left(\left|\boldsymbol{y}_{(j)}-\boldsymbol{y}_{(i)}\right|-\left|\boldsymbol{x}_{(j)}-\boldsymbol{x}_{(i)}\right|\right)^2 V_{(j)}} \tag{2.109}$$

在物质点 $x_{(k)}$的膨胀率和应变能密度表达式积分项的校正因子矢量可写为

$$\boldsymbol{g}_{(d)}(\boldsymbol{x}_{(k)})=\{\boldsymbol{g}_{x(d)(k)}\quad \boldsymbol{g}_{y(d)(k)}\}^{\mathrm{T}}=\{D_{1(k)}\quad D_{2(k)}\}^{\mathrm{T}} \tag{2.110}$$

$$\boldsymbol{g}_{(b)}(\boldsymbol{x}_{(k)})=\{\boldsymbol{g}_{x(b)(k)}\quad \boldsymbol{g}_{y(b)(k)}\}^{\mathrm{T}}=\{S_{1(k)}\quad S_{2(k)}\}^{\mathrm{T}} \tag{2.111}$$

这些校正因子在 x 轴负方向和 y 轴负方向上才是有效的。在物质点 $x_{(i)}$和 $x_{(j)}$相互作用所引起的校正因子能被在它们的单位相对位置方向矢量 $\boldsymbol{n}=\dfrac{\boldsymbol{x}_{(j)}-\boldsymbol{x}_{(i)}}{\left|\boldsymbol{x}_{(j)}-\boldsymbol{x}_{(i)}\right|}=\{\boldsymbol{n}_x\quad \boldsymbol{n}_y\}$ 所决定。

在物质点 $x_{(j)}$关于膨胀率与应变能密度表达式积分项的校正因子矢量同样能被写为

$$\boldsymbol{g}_{(d)(j)}(\boldsymbol{x}_{(j)})=\{\boldsymbol{g}_{x(d)(j)}\quad \boldsymbol{g}_{y(d)(j)}\}^{\mathrm{T}}=\{D_{1(j)}\quad D_{2(j)}\}^{\mathrm{T}} \tag{2.112}$$

$$\boldsymbol{g}_{(b)(j)}(\boldsymbol{x}_{(j)})=\{\boldsymbol{g}_{x(b)(j)}\quad \boldsymbol{g}_{y(b)(j)}\}^{\mathrm{T}}=\{S_{1(j)}\quad S_{2(j)}\}^{\mathrm{T}} \tag{2.113}$$

总之，在物质点 $x_{(i)}$和 $x_{(j)}$的校正因子是不同的。因此，在物质点 $x_{(k)}$和 $x_{(j)}$相互作用的校正因子能用它们的平均值获得，为

$$\overline{\boldsymbol{g}}_{(\beta)(k)(j)}=\{\boldsymbol{g}_{x(\beta)(k)(j)}\quad \boldsymbol{g}_{y(\beta)(k)(j)}\}^{\mathrm{T}}=\frac{\boldsymbol{g}_{(\beta)(k)}+\boldsymbol{g}_{(\beta)(j)}}{2} \tag{2.114}$$

式中，$\beta=d,b$。

因此，物质点 $x_{(i)}$和 $x_{(j)}$的校正因子的表达式为

$$G_{(\beta)(k)(j)}=\left(\left(\frac{\boldsymbol{n}_x}{\overline{\boldsymbol{g}}_{x(\beta)(k)(j)}}\right)^2+\left(\frac{\boldsymbol{n}_y}{\overline{\boldsymbol{g}}_{y(\beta)(k)(j)}}\right)^2\right)^{-\frac{1}{2}} \tag{2.115}$$

在考虑了表面效果后，膨胀率和应变能密度的离散形式被校正为

$$\theta_{(k)}=d\delta\sum_{j=1}^{N}G_{(d)(k)(J)}s_{(k)(j)}\Lambda_{(k)(j)}V_{(j)} \tag{2.116}$$

$$W_{(k)}=a\theta_{(k)}^2-a_2\theta_{(k)}T_{(k)}+a_3T_{(k)}^2+b\delta\sum_{j=1}^{N}G_{(\beta)(k)(j)}\frac{1}{\left|\boldsymbol{x}_{(j)}-\boldsymbol{x}_{(i)}\right|}\left(\left|\boldsymbol{y}_{(j)}-\boldsymbol{y}_{(i)}\right|-\left|\boldsymbol{x}_{(j)}-\boldsymbol{x}_{(i)}\right|\right)^2V_{(j)} \tag{2.117}$$

2.12 本章小结

（1）本章首先介绍了近场动力学基本概念（如变形、力密度、近场动力学状态和应变能密度等），并通过虚功原理对近场动力学的动力方程进行了理论推导，证明了该动力方程符合线性动量守恒、角动量守恒和能量守恒定律。

（2）利用局部作用理论推导了传统的连续性理论的动力方程并和近场动力学理论进行了对比分析，推导出了高斯应力和近场动力学力状态之间的关系，由此导出并确定了连续性理论的应变能和膨胀率的另一种表达形式，为后面章节的理论推导和数值模拟提供了理论基础。

（3）由于本书是针对近场动力学理论的二维数值模拟，因此利用物质点力密度矢量和应变能密度之间的关系推导出了均质各项同性二维近场动力学参数的表达形式，并通过其和传统的连续性力学理论所求出的参数的对比，求得了近场动力学参数和宏观物质恒量（如弹性模量、体积模量、剪切模量等）之间的关系，为近场动力学理论模拟宏观裂纹扩展提供了理论基础。

（4）当域内的粒子处于物质自由表面或者两种物质交界面时，存在着影响模拟精度的表面效果，因此利用两个不同的荷载条件对每个物质点的力密度矢量和应变能密度进行了校正，求出了二维结构下的近场动力学校正因子的表达式，为后续提高裂纹的模拟精度打下了良好的基础。

第3章　二维键为基础的近场动力学理论及数值模拟

3.1　以键为基础的近场动力学基本理论

3.1.1　基本公式

以键为基础的近场动力学是近场动力学理论的一个特例，力密度矢量不仅在数量上是相等的，而且在变形状态方面相对位置也是平行的，如图 3.1 所示。

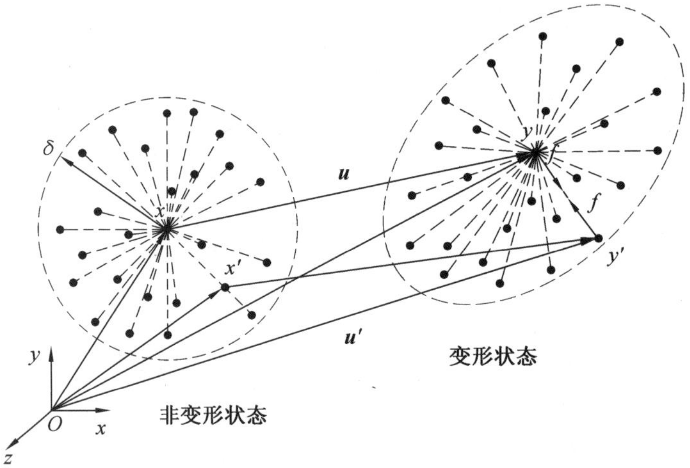

图 3.1　近场动力学物质点 x 和 x'的变形

为了满足角动量守恒定理，力密度矢量表达为

$$\boldsymbol{t}(\boldsymbol{u}'-\boldsymbol{u},\boldsymbol{x}'-\boldsymbol{x},t)=\underline{\boldsymbol{T}}(\boldsymbol{x},t)\langle\boldsymbol{x}'-\boldsymbol{x}\rangle=\frac{1}{2}C\frac{\boldsymbol{y}'-\boldsymbol{y}}{|\boldsymbol{y}'-\boldsymbol{y}|}=\frac{1}{2}\boldsymbol{f}(\boldsymbol{u}'-\boldsymbol{u},\boldsymbol{x}'-\boldsymbol{x},t) \tag{3.1}$$

$$\boldsymbol{t}'(\boldsymbol{u}-\boldsymbol{u}',\boldsymbol{x}-\boldsymbol{x}',t)=\underline{\boldsymbol{T}}(\boldsymbol{x}',t)\langle \boldsymbol{x}-\boldsymbol{x}'\rangle=-\frac{1}{2}C\frac{\boldsymbol{y}'-\boldsymbol{y}}{|\boldsymbol{y}'-\boldsymbol{y}|}=-\frac{1}{2}\boldsymbol{f}(\boldsymbol{u}'-\boldsymbol{u},\boldsymbol{x}'-\boldsymbol{x},t) \tag{3.2}$$

在式（3.1）和式（3.2）中，C 为一个依赖于 x 和 x' 间的相对伸长率、域及工程物质恒量的未知的辅助参数，这种力状态特殊形式被称为“键为基础的近场动力学”。把式（3.1）、式（3.2）代入式（2.20）可得键为基础的近场动力学的动力方程为

$$\rho(\boldsymbol{x})\ddot{\boldsymbol{u}}(\boldsymbol{x},t)=\int_H \boldsymbol{f}(\boldsymbol{u}'-\boldsymbol{u},\boldsymbol{x}'-\boldsymbol{x})\mathrm{d}H+\boldsymbol{b}(\boldsymbol{x},t) \tag{3.3}$$

式中，H 为 x 的邻域；$\boldsymbol{u}$ 为物质点位移矢量场；$\boldsymbol{b}$ 为施加的体力密度场；$\boldsymbol{\rho}$为参考结构物质点的密度；$\boldsymbol{f}$为一个对点力函数，它的值是粒子 x' 施加于粒子 x 上的每单位体积平方的力矢量。在接下来的讨论中，在参考结构中两个物质点的相对位置和相对位移分别用$\boldsymbol{\varepsilon}$和$\boldsymbol{\eta}$表示，即

$$\boldsymbol{\varepsilon}=\boldsymbol{x}'-\boldsymbol{x} \tag{3.4}$$

$$\boldsymbol{\eta}=\boldsymbol{u}'-\boldsymbol{u} \tag{3.5}$$

式中，$\boldsymbol{\varepsilon}+\boldsymbol{\eta}$代表目前的颗粒间相对位置矢量。

对粒子 x 和 x' 直接的物理作用称为键，或者把它想象为弹簧中的一个弹性力。因为传统的连续性力学是以粒子间直接接触的力为基础的，一个有限距离的键的概念是近场动力学理论和传统连续性力学理论的根本差别。

对于某个给定的物质，存在一个正数δ，称它为邻域半径，有

$$|\boldsymbol{\varepsilon}|>\delta \Rightarrow \boldsymbol{f}(\boldsymbol{\eta},\boldsymbol{\varepsilon})=\boldsymbol{0} \tag{3.6}$$

换句话说，x 不能超出这个域，H_x意味着在 R 中域半径为δ的 x 点的球域半径，如图 3 .2 所示。

对点力函数$\boldsymbol{f}$有以下性质：

$$\boldsymbol{f}(-\boldsymbol{\eta},-\boldsymbol{\xi})=-\boldsymbol{f}(\boldsymbol{\eta},\boldsymbol{\xi}) \quad \forall \boldsymbol{\eta},\boldsymbol{\xi} \tag{3.7}$$

式（3.7）确保了线性动量守恒，并有

$$(\boldsymbol{\xi}+\boldsymbol{\eta})\times \boldsymbol{f}(\boldsymbol{\eta},\boldsymbol{\xi})=\boldsymbol{0} \quad \forall \boldsymbol{\eta},\boldsymbol{\xi} \tag{3.8}$$

式（3.8）也确保了角动量守恒，它也意味着在粒子之间的力矢量和它们目前的相对位置矢量是平行的。

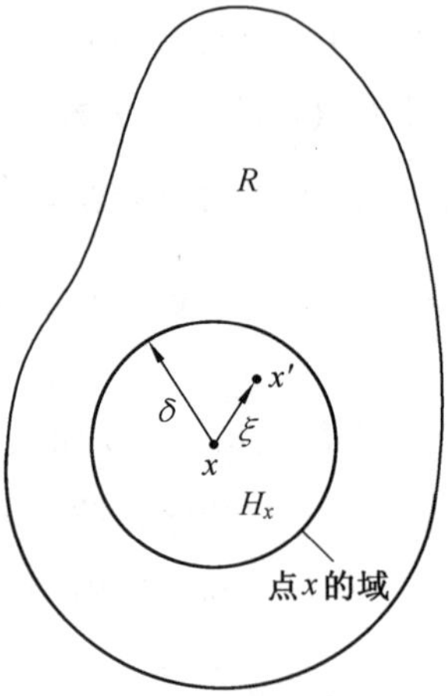

图 3.2　物质点 x 和域内其他物质点的相互作用

如果对点力满足下式，该物质就被认为是微弹性的。

$$\boldsymbol{f}(\boldsymbol{\eta},\boldsymbol{\varepsilon})=\frac{\partial w}{\partial \boldsymbol{\eta}}(\boldsymbol{\eta},\boldsymbol{\varepsilon}) \tag{3.9}$$

式中，w 为标量势函数，它是单个键的能量，单位是每单位体积平方的能量，对于一个给定的点每单位体积的能量被表达为

$$W=\frac{1}{2}\int_{H_x} w(\boldsymbol{\eta},\boldsymbol{\xi})\mathrm{d}V_{\xi} \tag{3.10}$$

式中，因子 $\frac{1}{2}$ 表明一个键的顶点仅拥有这个键能量的一半。

假如一个物体是由微弹性物质组成的，就如同传统的弹性理论，被外力所做的功以可恢复的形式储存在物质内；而且它能显示出微势能仅依赖于相对位置矢量$\boldsymbol{\eta}$，因此有一个标量值函数 $\hat{w}$ 为

$$\hat{w}(y,\boldsymbol{\xi})=w(\boldsymbol{\eta},\boldsymbol{\xi}) \qquad \forall \boldsymbol{\xi},\boldsymbol{\eta} \qquad y=|\boldsymbol{\eta}+\boldsymbol{\xi}| \tag{3.11}$$

因此在一个微弹性物质里任何两点之间的相互作用被认为一个弹簧；它的弹性特征依赖于参考结构中的位置矢量$\boldsymbol{\xi}$；由式（3.9）和式（3.11）可得

$$\boldsymbol{f}(\boldsymbol{\eta},\boldsymbol{\xi})=\frac{\boldsymbol{\xi}+\boldsymbol{\eta}}{|\boldsymbol{\xi}+\boldsymbol{\eta}|}f\left(|\boldsymbol{\xi}+\boldsymbol{\eta}|,\boldsymbol{\xi}\right)\quad\forall\boldsymbol{\xi},\boldsymbol{\eta}\tag{3.12}$$

式中，f 被称为标量值函数，它被定义为

$$f(y,\boldsymbol{\xi})=\frac{\partial\hat{w}}{\partial y}(y,\boldsymbol{\xi})\quad\forall y,\boldsymbol{\eta}\tag{3.13}$$

如果

$$\hat{w}(y,-\boldsymbol{\xi})=\hat{w}(y,\boldsymbol{\xi})\quad\forall y,\boldsymbol{\xi}\tag{3.14}$$

式（3.13）将满足线性动量守恒定律和角动量守恒定律。

一个近场动力学线性化的版本采用以下形式：

$$\boldsymbol{f}(\boldsymbol{\eta},\boldsymbol{\xi})=C(\boldsymbol{\xi})\boldsymbol{\eta}\quad\forall\boldsymbol{\xi},\boldsymbol{\eta}\tag{3.15}$$

式中，C 为物质的微模量函数，即

$$C(\boldsymbol{\xi})=\frac{\partial\boldsymbol{f}}{\partial\boldsymbol{\eta}}(0,\boldsymbol{\xi})\quad\forall\boldsymbol{\xi}\tag{3.16}$$

这个函数满足了以下要求：

$$C(-\boldsymbol{\xi})=C(\boldsymbol{\xi})\quad\forall\boldsymbol{\xi}\tag{3.17}$$

刚度 C 的特性具体见参考文献[42]。

3.1.2　本构方程

为了模拟在变形体中的断裂问题，在前面被提到的非线性微弹性物质模型中引入了断裂的概念；为了简化假设标量键对点力 $\boldsymbol{f}$ 的大小仅取决于键的伸长率，它被表达为

$$s=\frac{|\boldsymbol{\xi}+\boldsymbol{\eta}|-|\boldsymbol{\xi}|}{|\boldsymbol{\xi}|}=\frac{y-|\boldsymbol{\xi}|}{|\boldsymbol{\xi}|}\tag{3.18}$$

当键处于拉伸状态时，s 是正的；既然对点力函数 $\boldsymbol{f}$ 不依赖于 $\boldsymbol{\xi}$ 的方向，可知这个物质是各项同性的。引入断裂进入本构模型最简单的方法是当键的伸长量超过一个预先设置的极限时允许键断裂；在键断裂后，键中就不存在可持续的拉伸力，也就是说，一旦键断裂，它就永远地断裂了，这使得该模型具有历史依赖性。本章考虑微弹脆性物质，它的对点力表达式为

$$\boldsymbol{f}(y(t),\boldsymbol{\xi}) = g(s(t,\boldsymbol{\xi}))\mu(t,\boldsymbol{\xi}) \tag{3.19}$$

式中，g 为线性标量值函数，它的表达式为

$$g(s) = c(s - \alpha\Delta T) \qquad \forall s \tag{3.20}$$

式中，c 为常量；α 为温度膨胀系数；ΔT 为温度变化量；μ 为历史依赖的标量值函数，它的值为 0 或 1。

$$\mu(t,\boldsymbol{\xi}) = \begin{cases} 1 & s(t,\boldsymbol{\xi}) < s_0 \\ 0 & \text{其他} \end{cases} \tag{3.21}$$

式中，s_0 为键断裂的临界伸长率，在具体的时刻它被认为是固定的，微弹脆性物质的本构模型如图 3.3 所示。

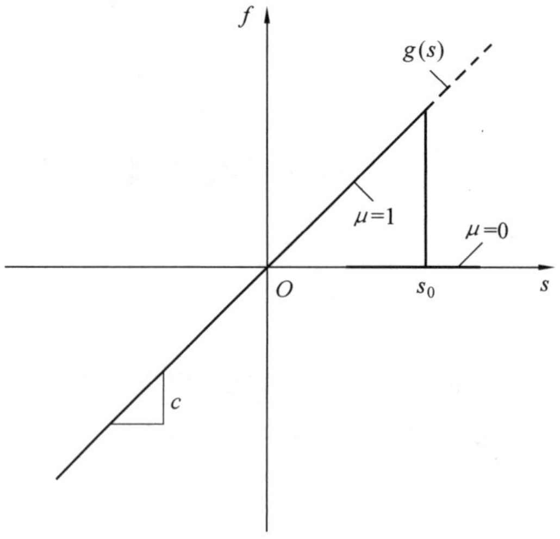

图 3.3 微弹脆性物质的本构模型

虽然微弹性物质在初始状态是各向同性的，但是在一些键断裂后将产生各项异性；在键的断裂上引入ϕ的一个优势就是它在一个点上引起了局部损伤的一个明确概念，它被定义为

$$\phi(\boldsymbol{x},t)=1-\frac{\int_{H_x}\mu(\boldsymbol{x},t,\boldsymbol{\xi})\mathrm{d}V_{\xi}}{\int_{H_x}\mathrm{d}V_x} \tag{3.22}$$

式中，$\boldsymbol{x}$ 为μ的一个参数；μ是参考体中一个位置的函数；$0\leqslant\phi\leqslant1$，其中 0 代表初始的物质，1 代表一个点周围所有的键都断裂。

因为断裂键不再承受拉力，所以在物体中一些点的键断裂导致了物质的软化现象；这可能引起损伤的演化，断裂的键扩展、连接最后形成一个断裂面。对相同的物质和相同的变形，根据近场动力学理论考虑一个各向同性的拉伸下的大变形体，例如对所有的$\boldsymbol{\xi}$，s 都是一个常量，则$\boldsymbol{\eta}=s\boldsymbol{\xi}$，利用式（3.9）可得

$$\boldsymbol{f}=cs=\frac{c\boldsymbol{\eta}}{\boldsymbol{\xi}}$$

同理可知

$$w=\frac{c\boldsymbol{\eta}^2}{2\boldsymbol{\xi}}=\frac{cs^2\boldsymbol{\xi}}{2}$$

从图 3.3 可以看出，在微弹脆性物质中有两个参数：弹簧法向刚度 c 和临界键伸长率 s_0，c 的值和体积模量κ有关。

对于二维结构来说，刚度 c 的确定主要应考虑两种不同的荷载条件。第一种是通过对每一个键施加均匀伸长率 $s=\zeta$，使得一个无限大域屈服于各向同性的膨胀荷载，具体如图 3.4 所示。利用公式 $w=\frac{c\boldsymbol{\eta}^2}{2\boldsymbol{\xi}}=\frac{cs^2\boldsymbol{\xi}}{2}$，受均匀膨胀荷载的厚度为 t 的二维结构的应变能密度表达式为

$$W=\frac{1}{2}t\int_0^{2\pi}\int_0^{\delta}\left(\frac{cs^2\boldsymbol{\xi}}{2}\right)\boldsymbol{\xi}\mathrm{d}\boldsymbol{\xi}\mathrm{d}\theta=\frac{\pi tc\zeta^2\delta^3}{6} \tag{3.23}$$

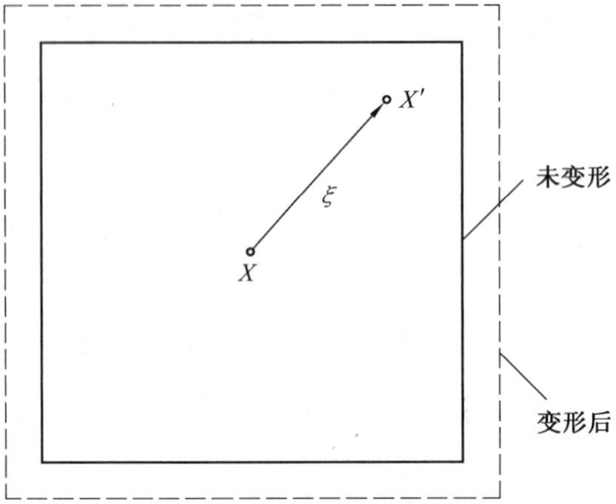

图 3.4　在各向同性膨胀荷载作用下的二维板

基于传统的连续性力学理论可知，同样条件下一个物质点的应变能密度表达式如下所示：

$$W = \frac{E}{1-\nu}\boldsymbol{\xi}^2 \tag{3.24}$$

对于第二个荷载条件，通过对所有的键施加$\boldsymbol{\xi}_{XX}=\zeta$，$\boldsymbol{\xi}_{YY}=-\zeta$的伸长率，使得一个无限大域屈服于纯剪切荷载$\gamma_{XY}=\dfrac{\boldsymbol{\xi}}{2}$，在纯剪切荷载作用下的二维板如图 3.5 所示。

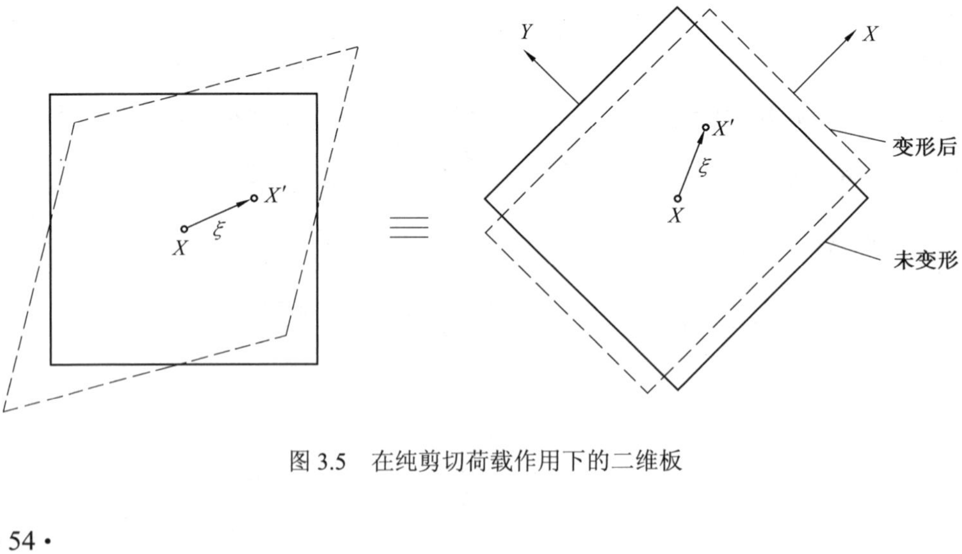

图 3.5　在纯剪切荷载作用下的二维板

在这个荷载条件下，在物质点 X 和 X' 之间的伸长率表达式为

$$s=\frac{\boldsymbol{\eta}_{\xi}}{\boldsymbol{\xi}} \tag{3.25}$$

这里对小位移来说，$\boldsymbol{\eta}_{\xi}$ 是在它们起始的相对位置矢量 $\boldsymbol{\xi}$ 的方向上点 X 和 X' 之间的相对位移；相对位移 $\boldsymbol{\eta}_{\xi}$ 能被用位移矢量分量的形式在物质点 X 和 X' 分别被表达为 $\boldsymbol{u}^{\mathrm{T}}=\{\boldsymbol{u}_X \quad \boldsymbol{u}_Y\}^{\mathrm{T}}$ 和 $\boldsymbol{u}'^{\mathrm{T}}=\{\boldsymbol{u}'_X \quad \boldsymbol{u}'_Y\}^{\mathrm{T}}$，相对位移 $\boldsymbol{\eta}_{\xi}$ 的表达式为

$$\boldsymbol{\eta}_{\xi}=(\boldsymbol{u}'_X-\boldsymbol{u}_X)\cos\theta+(\boldsymbol{u}'_Y-\boldsymbol{u}_Y)\sin\theta \tag{3.26}$$

归因于相应的施加的荷载，物质点 X 和 X' 在水平方向的和垂直方向的相对位移能被表达为

$$(\boldsymbol{u}'_X-\boldsymbol{u}_X)=\zeta\boldsymbol{\xi}_X \tag{3.27}$$

$$(\boldsymbol{u}'_Y-\boldsymbol{u}_Y)=\zeta\boldsymbol{\xi}_Y \tag{3.28}$$

式中，$\boldsymbol{\xi}_X=\boldsymbol{\xi}\cos\theta$, $\boldsymbol{\xi}_Y=\boldsymbol{\xi}\sin\theta$ 是初始的相对位置矢量 $\boldsymbol{\xi}$ 的分量；把式（3.27）和式（3.28）代入式（3.26）可得

$$s=\zeta(\cos^2\theta-\sin^2\theta) \tag{3.29}$$

对于带有恒定厚度的二维结构来说，基于近场动力学推导的应变能密度表达式为

$$W=\frac{1}{2}\int_0^{2\pi}\int_0^{\delta}\left(\frac{cs^2\boldsymbol{\xi}}{2}\right)\boldsymbol{\xi}\,\mathrm{d}\boldsymbol{\xi}\,\mathrm{d}\theta=\frac{\pi t\delta^3 c\zeta^2}{12} \tag{3.30}$$

基于传统的连续性力学理论可知应变能表达式为

$$W=\frac{E}{1+\nu}\zeta^2 \tag{3.31}$$

当式（3.24）和式（3.31）分别与近场动力学公式（3.23）和式（3.30）相等时，可得

$$\begin{cases} c=\dfrac{9E}{\pi t\delta^3} \\ \nu=\dfrac{1}{3} \end{cases} \tag{3.32}$$

键断裂的临界伸长率 s_0 和一个大的均质体内断裂面释放的断裂能有关，假设 w_0 是一个键断裂所需的能量，其表达式为

$$w_0(\boldsymbol{\xi}) = \int_0^{s_0} g(s)(\xi \mathrm{d}s), \quad \xi = |\boldsymbol{\xi}| \tag{3.33}$$

式中，$\xi \mathrm{d}s = \mathrm{d}\eta$，对于微弹脆性物质 $w_0 = \dfrac{cs_0^2\xi}{2}$，打破所有的键每单位断裂面积上所需要的功 G_0 的表达式为

$$G_0 = \int_0^{2\pi}\int_0^{\delta} \frac{cs_0^2\xi^3 \mathrm{d}\xi \mathrm{d}\theta}{2} \tag{3.34}$$

对式（3.34）积分，得

$$G_0 = \frac{\pi c s_0^2 \delta^4}{4} \tag{3.35}$$

把式（3.32）代入式（3.35）可得

$$s_0 = \sqrt{\frac{4G_0 t}{9E\delta}} \tag{3.36}$$

3.1.3 数值模拟

近场动力学域被离散为带有已知体积的节点，节点组成网络，键为基础的近场动力学基本方程被离散为

$$\rho \ddot{\boldsymbol{u}}_i^n = \sum_p \boldsymbol{f}(\boldsymbol{u}_p^n - \boldsymbol{u}_i^n, \boldsymbol{x}_p - \boldsymbol{x}_i)V_p + \boldsymbol{b}_i^n \tag{3.37}$$

式中，$\boldsymbol{f}$ 的表达式如式（3.12）所示；V_p 为节点 p 的体积；n 为时间步数；下标 i 为节点数，因此

$$\boldsymbol{u}_i^n = \boldsymbol{u}(\boldsymbol{x}_i, t^n) \tag{3.38}$$

线性化近场动力学模型表达式为

$$\rho \ddot{\boldsymbol{u}}_i^n = \sum_p C(\boldsymbol{x}_p - \boldsymbol{x}_i)(\boldsymbol{u}_p^n - \boldsymbol{u}_i^n)V_p + \boldsymbol{b}_i^n \tag{3.39}$$

式中，C 被式（3.16）定义。

在式（3.37）和式（3.39）中关于加速度的显性差分公式为

$$\ddot{\boldsymbol{u}}_i^n = \frac{\boldsymbol{u}_i^{n+1} - 2\boldsymbol{u}_i^n + \boldsymbol{u}_i^{n-1}}{\Delta t^2} \tag{3.40}$$

式中，Δt 是一个恒定的时间步。

式(3.39)中有数值方案的一个稳定性条件。对于一个冯·诺伊曼(Von Neumann)稳定性分析施加标准的假设：

$$\boldsymbol{u}_i^n = \zeta^n \exp(\kappa i\sqrt{-1}) \tag{3.41}$$

式中，κ 为一个正实数；ζ为一个复数。Δt 的取值取决于是否对所有的κ都有$|\zeta| \leqslant 1$，这里设$q = p - i$，$C_q = C(\boldsymbol{x}_p - \boldsymbol{x}_i)$，把这一假设施加到公式（3.41），从而得

$$\frac{\rho}{\Delta t^2}(\zeta - 2 + \zeta^{-1}) = \sum_{q=-\infty}^{\infty} AC_q(\exp(\kappa q\sqrt{-1}) - 1)\Delta x = \sum_{q=1}^{\infty} 2AC_q(\cos \kappa q - 1)\Delta x \tag{3.42}$$

式中，C 是一个偶函数。现在定义：

$$M_\kappa = \sum_{q=1}^{\infty} AC_q(1 - \cos \kappa q)\Delta x \tag{3.43}$$

将式（3.43）代入式（3.42），并用式（3.43）求解ζ，可得：

$$\zeta = 1 - \frac{M_\kappa \Delta t^2}{\rho} \pm \sqrt{\left(1 - \frac{M_\kappa \Delta t^2}{\rho}\right)^2 - 1} \tag{3.44}$$

由$|\zeta| \leqslant 1$可求得：

$$\Delta t < \sqrt{\frac{2\rho}{M_\kappa}} \qquad \forall \kappa \tag{3.45}$$

为了确保式（3.45）对所有的波数κ都适用，由式（3.44）可得：

$$M_\kappa \leqslant 2A\Delta x \sum_{q=1}^{\infty} C_q \tag{3.46}$$

因此，由式（3.45）可得：

$$\Delta t < \sqrt{\frac{\rho}{A\Delta x\sum_{q=1}^{\infty}C_q}} \tag{3.47}$$

式（3.47）又可以改写为

$$\Delta t < \sqrt{\frac{2\rho}{A\Delta x\sum_{p}V_p C_{ip}}} \tag{3.48}$$

式中，$C_{ip}=C(\boldsymbol{x}_p-\boldsymbol{x}_i)$。

3.1.4 程序算法流程图

由于键为基础的近场动力学理论是一种无网格粒子法，它的主要思想是把物质离散为带有一定体积和质量的一系列粒子，然后以各个粒子为研究对象进行分析。为了更好地描述键为基础的近场动力学理论模拟裂纹扩展和连接过程的程序实现，这里把键为基础的近场动力学模拟裂纹的算法流程图列出，如图 3.6 所示。

具体的程序流程步骤如下：

（1）具体化输入的参数并对参数进行初始化设置。

（2）对时间积分确定一个稳定的时间步，如果这个分析涉及自适应动力松弛方法，那么时间步一般取 1。

（3）对物体进行离散化，确定每个物质点的坐标并进行编号。

（4）确定每个物质点域内所有的其他物质点，并在物质点的域内初始化所有的键。

（5）假如要模拟裂纹的扩展，对于预先存在的裂纹，应首先移除穿过裂纹表面的对点力。

（6）对物体离散的每个物质点，要计算它们的表面校正因子。

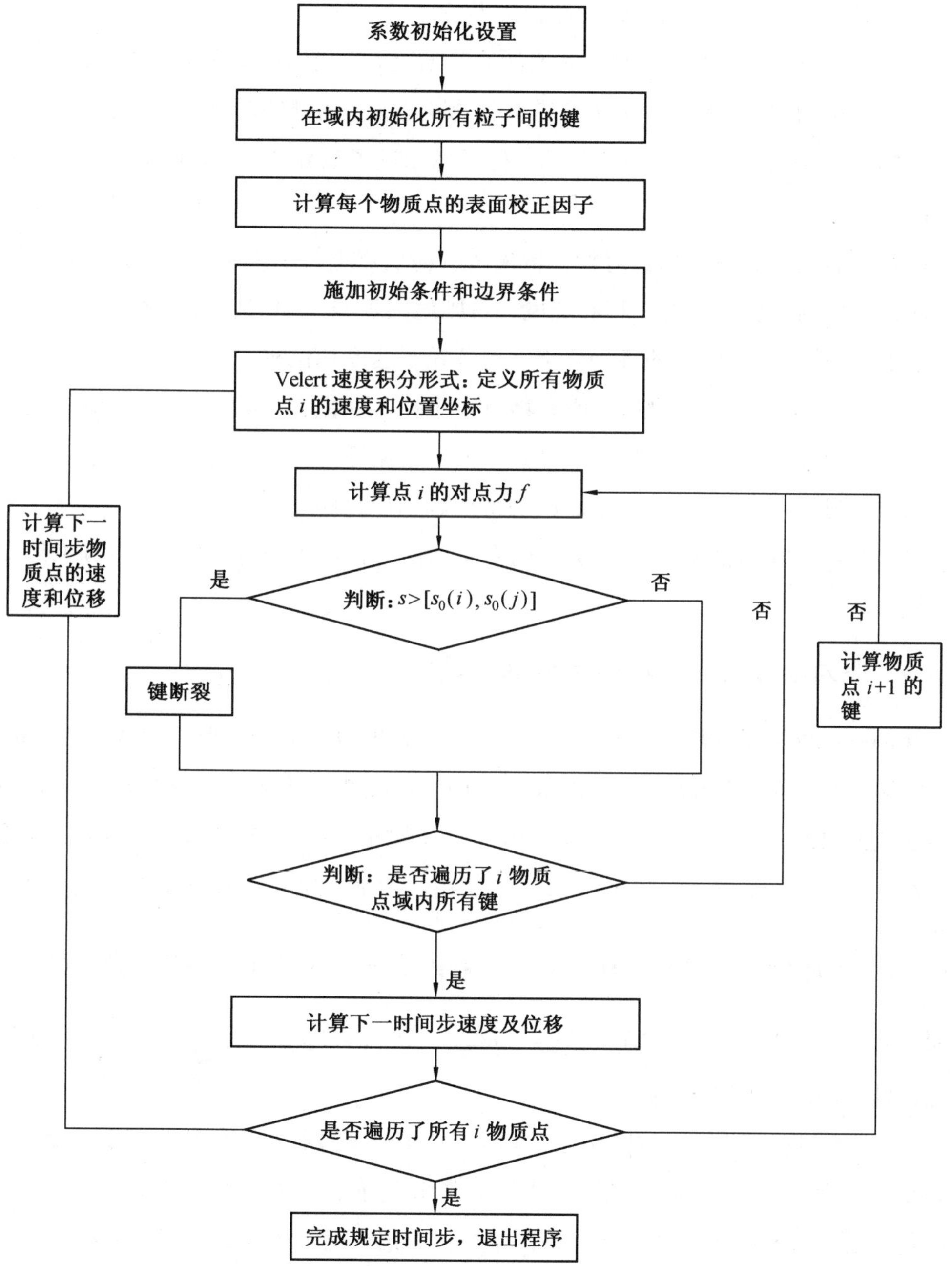

图 3.6　以键为基础的近场动力学算法流程图

（7）对离散的物体施加初始条件和边界条件。

（8）利用 Velert 速度积分形式定义所有物质点 i 的初始速度和位置坐标。

（9）计算物质点 i 和它的域内所有其他物质点 j 之间键的对点力 f。

（10）若近场动力学对点力引起的键伸长率超过了临界伸长率，则键断裂；否则键不断裂。

（11）判断步骤（8）是否对物体域内所有物质点进行了判断，如果是，则计算下一时间步域内的各粒子的位移和速度；否则返回步骤（9）重新进行循环。

（12）计算下一时间步的各物质点域内各粒子速度和位移。

（13）判断是否遍历了物质内所有物质点的键，如果是，则计算下一时间步物质内各粒子的速度和位移；否则返回步骤（9）继续循环。

（14）当达到规定的时间步或者收敛步时则退出程序。

以上为用 FORTRAN 95 进行编程的程序流程图和思路说明，下面将以详细的实例加以验证。

3.1.5 键为基础的近场动力学非断裂算例

算例一：单轴拉伸板。一板长度 L=0.8 m，宽度 W=0.4 m，厚度取 4×10^{-3} m，模型如图 3.7 所示。它被离散为 20 000 个节点，每个粒子体积 $\Delta V = 64\times10^{-9}\ \text{m}^3$，时间步长取 Δt=1.0 s，温度膨胀系数 $\alpha=0$，节点间距 $\Delta x = 4\times10^{-3}$ m，在两自由端施加的拉伸荷载 f=120 N，因此力密度 $b_x=\dfrac{f}{\Delta v}=1.2\times10^{11}\ \text{N}/\text{m}^3$，弹性模量 E=60 GPa，密度为 2 500 kg/m^3，δ=3Δx，泊松比 $\nu=\dfrac{1}{3}$。在运行 4 000 个时间步后，把模拟运行结果与位移解析解 $u_x(x,y=0)=\dfrac{fx}{AE}=0.002x$，$u_y(x=0,y)=-\nu\dfrac{fy}{AE}=-\dfrac{0.002}{3}y$ 进行对比，结果如图 3.8～3.10 所示。

从图 3.8 可以看出，当时间步运行到 1 000 步时垂直和水平位移都趋于稳定，也就是说在运行到 1 000 步时近场动力学的水平和垂直位移解都趋于收敛。图 3.9 所示为拉伸板的垂直和水平位移云图，从图中可以看出，它的位移云图基本对称，这是因为在编制程序时，取板的中心为坐标原点并且所加荷载对称，边界条件也对称。

从图 3.10 可以看出，当时间步运行到 4 000 步时，近场动力学所得稳定数值解与理论解析解相当吻合，证明了近场动力学在模拟拉伸板时结果的正确性。

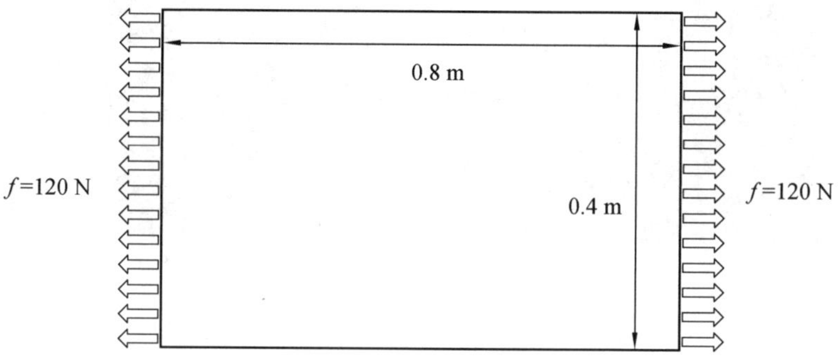

图 3.7　平板拉伸模型

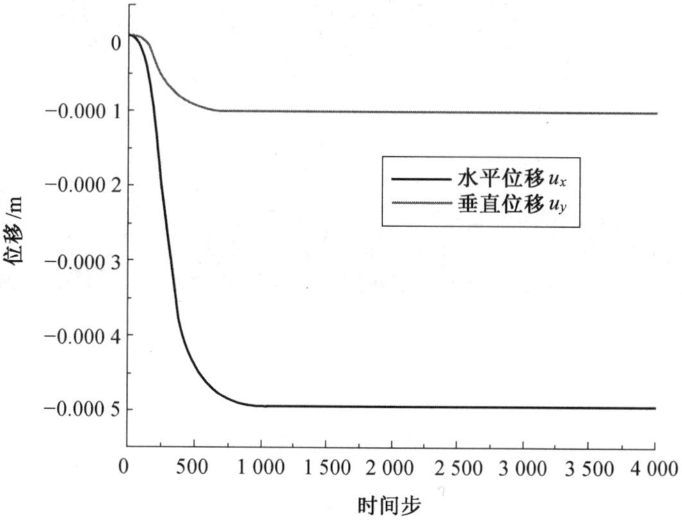

图 3.8　在 x=−0.246 m，y=0.154 m 的点位移分量 u_x 和 u_y 的收敛性

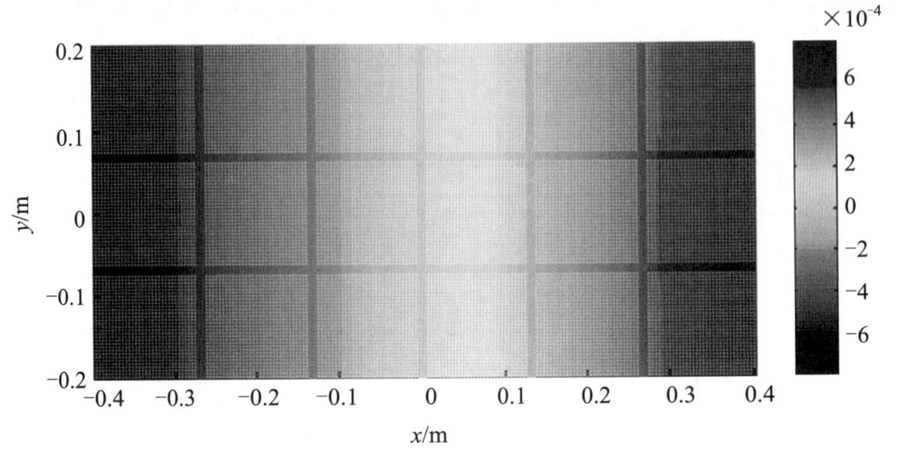

（a）拉伸板水平位移 u_x 云图

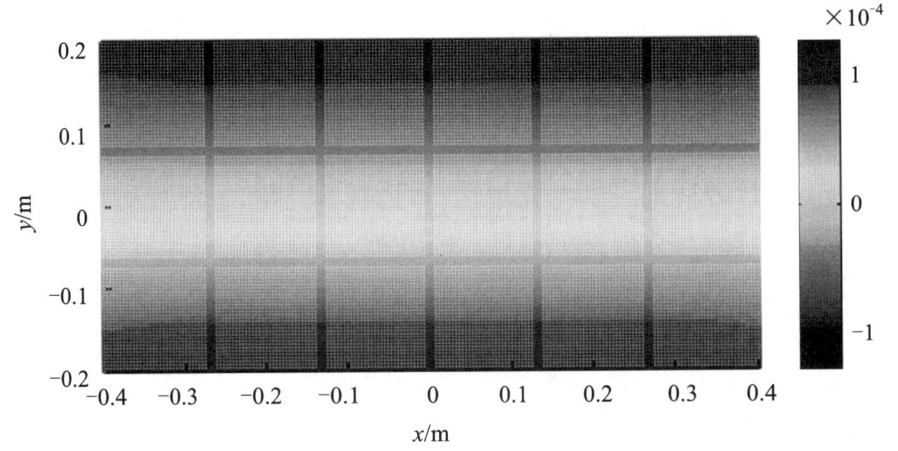

（b）拉伸板垂直位移 u_y 云图

图 3.9　拉伸板位移云图

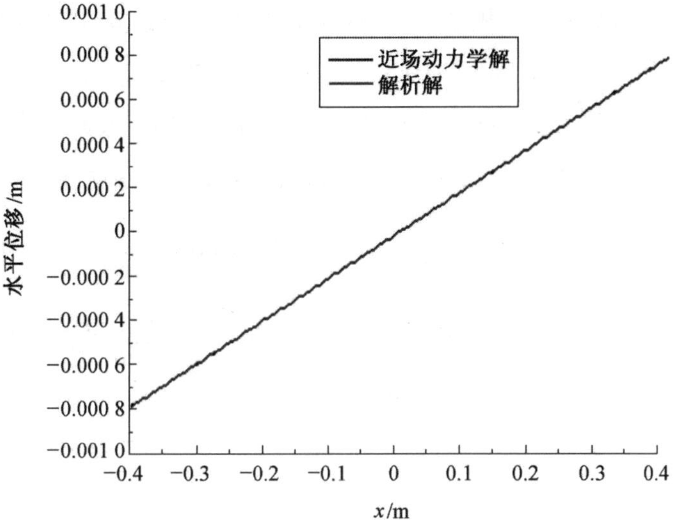

（a）$u_x(x, y=0)$

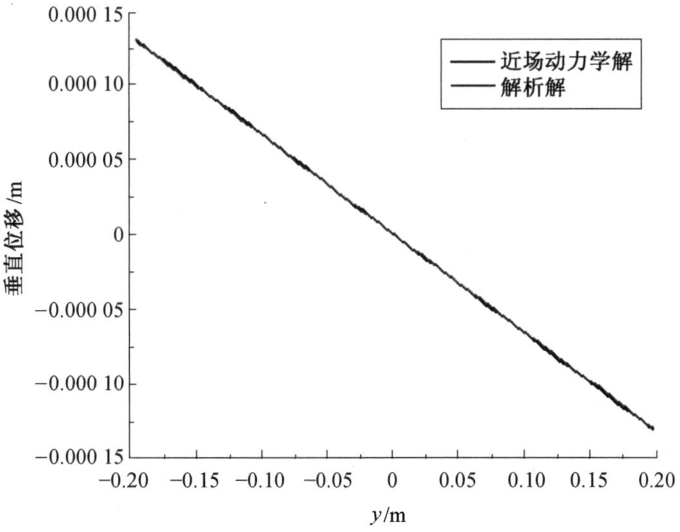

（b）$u_y(x=0, y)$

图 3.10　在拉伸荷载下板中心线的位移对比

算例二：单轴压缩板。一板长度 L=1.0 m，宽度 W=0.5 m，厚度取 5×10^{-3} m，模型如图 3.11 所示。它被离散为 20 000 个节点，每个粒子体积$\Delta V = 125\times10^{-9}\,\text{m}^3$，时间步长取$\Delta t$=1.0 s，节点间距 $\Delta x = 5\times10^{-3}$ m，在两自由端施加的拉伸荷载 f=100 N，因此力密度 $b_x = \dfrac{f}{\Delta v} = 1.0\times10^{11}\ \text{N}/\text{m}^3$，温度膨胀系数$\alpha = 0$，弹性模量 E = 60 GPa，密度为 2 500 kg/m^3，δ= 3Δx，泊松比$\nu = \dfrac{1}{3}$，在运行 4 000 时间步后，把模拟运行结果与位移解析解$u_x(x, y=0) = \dfrac{fx}{AE} = -0.001x$，$u_y(x=0, y) = -\nu\dfrac{fy}{AE} = 0.000\,33y$ 进行对比，其结果如图 3.12～3.14 所示。

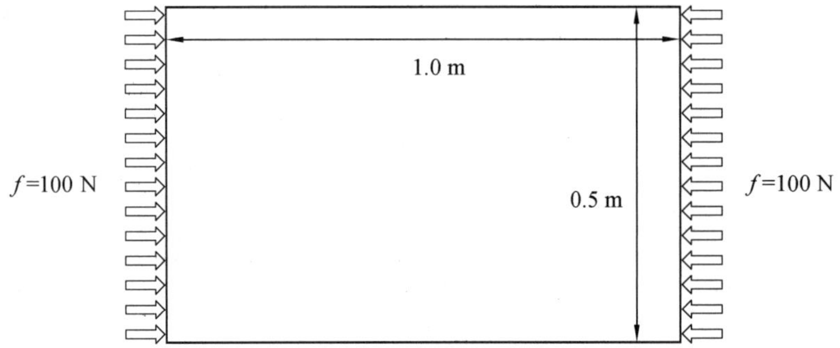

图 3.11　平板压缩模型

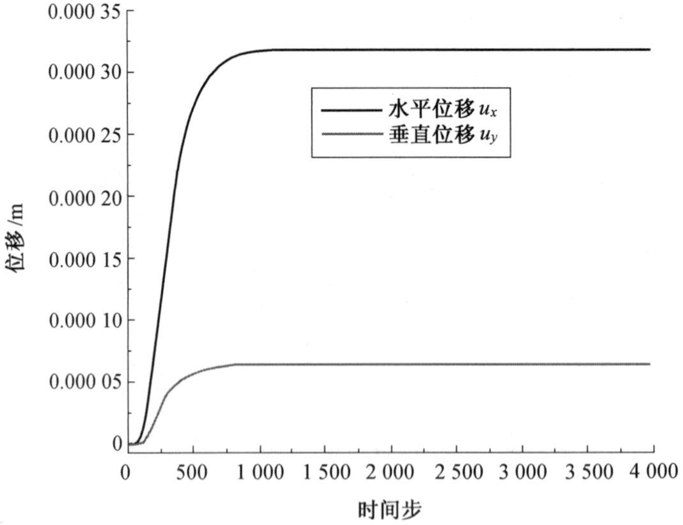

图 3.12　在 x=0.255 m，y=0.125 m 的点位移分量 u_x 和 u_y 的收敛性

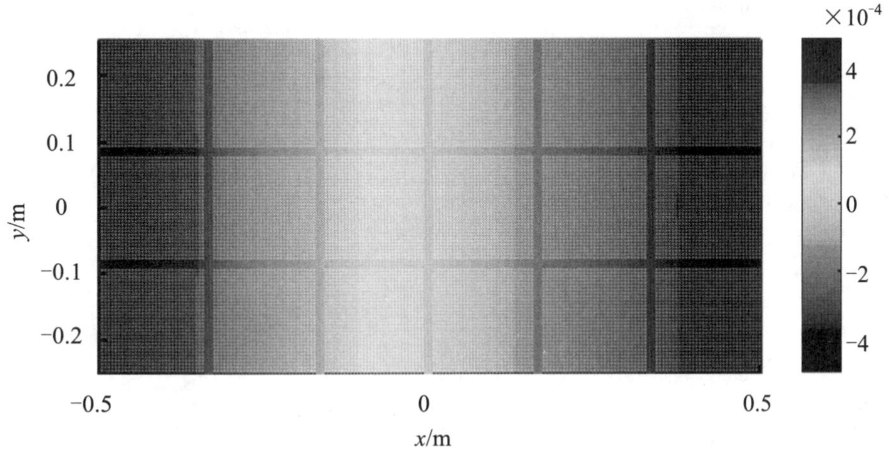

（a）压缩板水平位移 u_x 云图

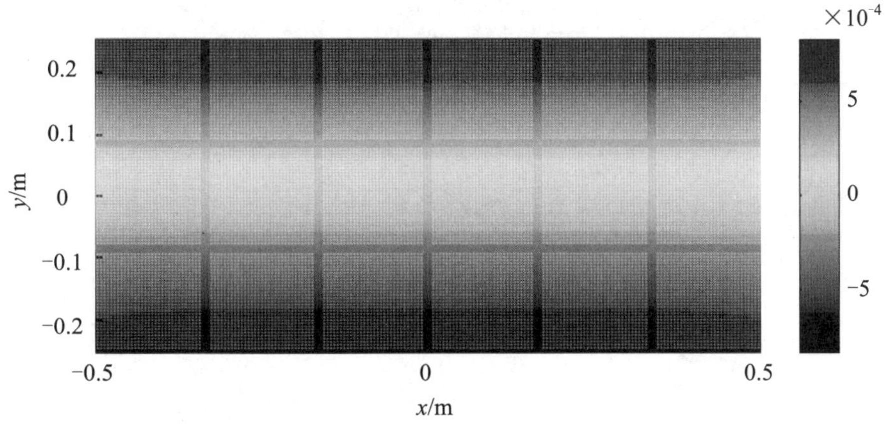

（b）压缩板垂直位移 u_y 云图

图 3.13　压缩板位移云图

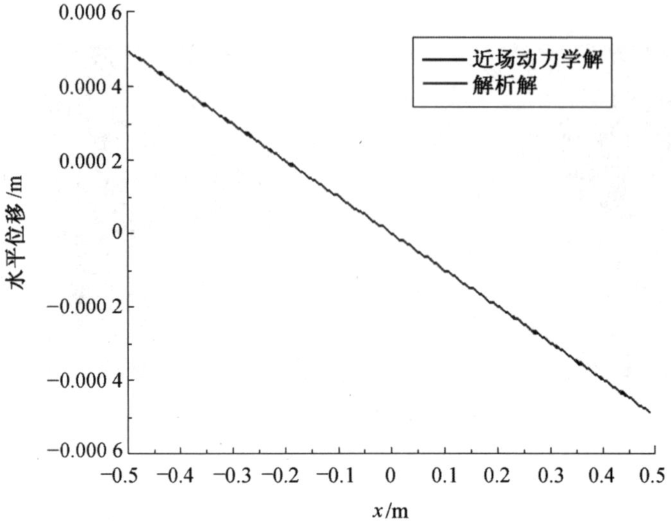

（a）$u_x(x, y=0)$

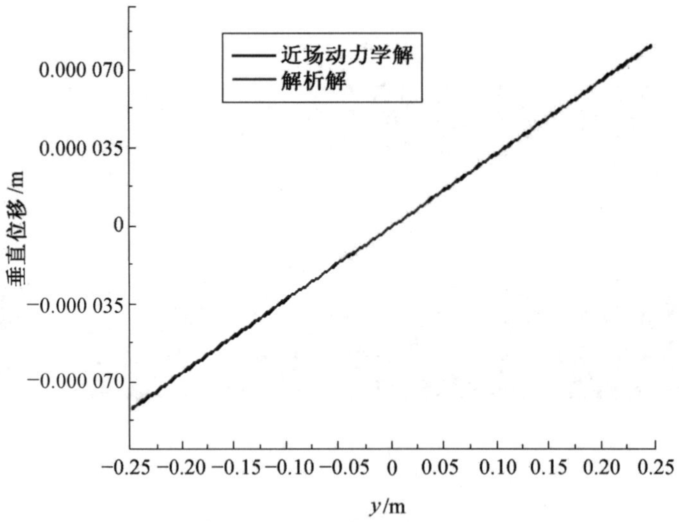

（b）$u_y(x=0, y)$

图 3.14 在压缩荷载下板在中心线的位移对比

和拉伸板一样，从图 3.12 可以看出，在二维板受压的情况下，当时间步运行到 750 步时，水平和垂直位移都趋于稳定，也就是说近场动力学位移解得到了收敛；从图 3.13（a）和图 3.13（b）可以看出，压缩板的位移云图是对称的，这同样是因为把坐标原点取在板的中心且板的边界条件是对称的，然而它和拉伸板的位移云图的差别仅仅是左右两边的位移方向不同；从图 3.14（a）和图 3.14（b）可以看出，近场动力学水平位移和垂直位移的模拟解与解析解基本趋于一致，误差很小，完全能够近似模拟板的单轴压缩问题，而且进一步说明了近场动力学在板的压缩模拟中的可行性。

算例三：在均质温度改变下的板。一板长度 L=1.0 m，宽度 W=0.5 m，厚度取 5×10^{-3} m，模型如图 3.11 所示。它被离散为 20 000 个节点，每个粒子体积$\Delta V = 125\times10^{-9}\,\mathrm{m}^3$，时间步长取$\Delta t = 1.0$ s，温度膨胀系数α=2.3×10^{-5}，节点间距$\Delta x = 5\times10^{-3}$ m，在两自由端未施加任何荷载，温度改变量ΔT=50 ℃，弹性模量 E = 60 GPa，密度为 2 500 kg/m^3，$\delta = 3\Delta x$，泊松比$\nu = \dfrac{1}{3}$，在运行 4 000 时间步后，把模拟运行结果与位移解析解$u_x(x, y=0) = \alpha(\Delta T)x$，$u_y(x=0, y) = \alpha(\Delta T)y$ 进行对比，其结果如图 3.15 和图 3.16 所示。

在均质板中当温度升高 50 ℃时，从图 3.15（a）和图 3.15（b）可以看出，在温度荷载的作用下，虽然板的水平位移和垂直位移都是对称的，水平位移云图和单轴拉伸板一样，但是垂直位移云图和单轴拉伸板有所不同，这说明在温度荷载作用下，板发生的是各向同性膨胀，而不存在纯剪切问题；从图 3.16 中同样可以看到在均质温度改变情况下近场动力学的数值解与解析解非常接近，这不但证明了温度的变化对板的位移场有巨大的影响，而且再次证明了近场动力学理论在预测温度改变对板的位移场影响时有较高的精确性。

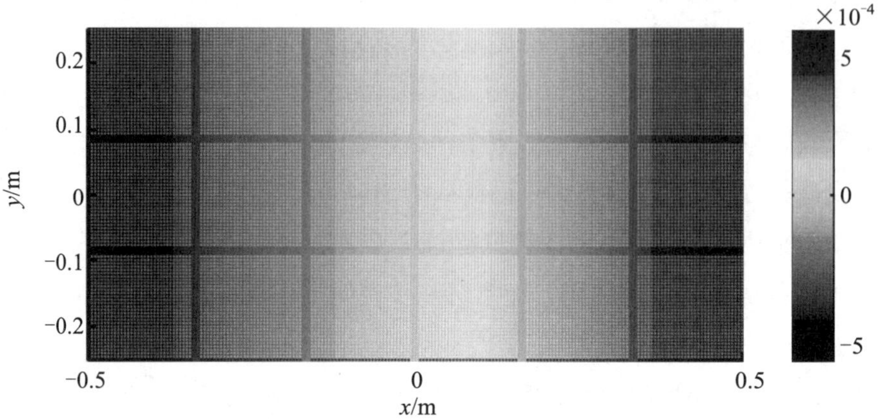

（a）水平位移 u_x 云图

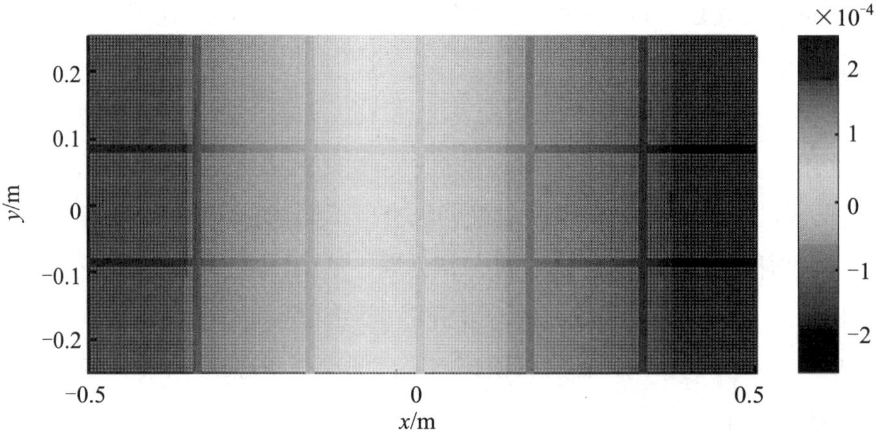

（b）垂直位移 u_y 云图

图 3.15　均匀温度变化下板位移云图

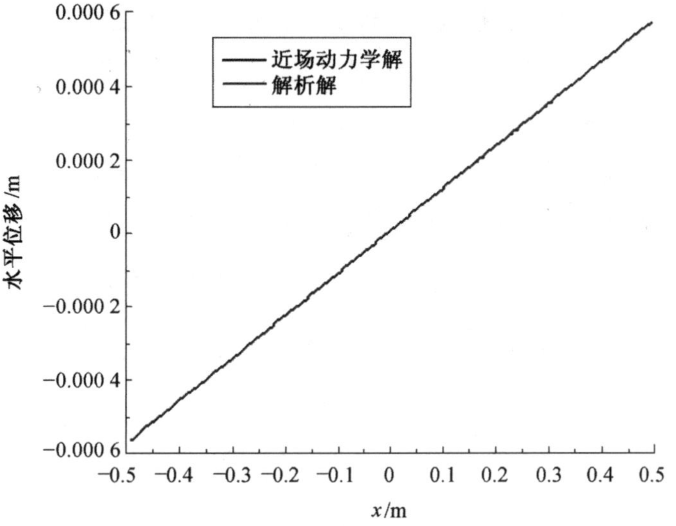

（a）$u_x(x, y=0)$

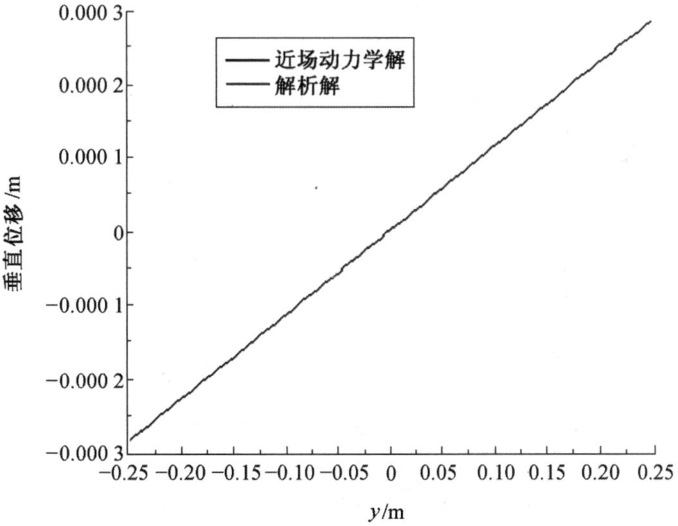

（b）$u_y(x=0, y)$

图 3.16　均匀温度变化下在板中心线的位移对比

算例四：带限制点单轴受拉板。一板长度 L=0.8 m，宽度 W=0.8 m，厚度取 8×10^{-3} m，在 x 轴方向的下边和上边的中点被固定，同时在 y 方向的左边和右边的中点也被固定，左右两边承受单轴拉伸荷载为 10 MPa，其模型如图 3.17 所示。它被离散为 10 000 个节点，每个粒子体积$\Delta V=512\times10^{-9}\ \mathrm{m}^3$，时间步长取$\Delta t$=1.0 s，温度膨胀系数$\alpha=0$，节点间距$\Delta x=8\times10^{-3}$ m，弹性模量 E=1 GPa，密度为 2 250 kg/m^3，$\delta=3\Delta x$，泊松比$\nu=\dfrac{1}{3}$。为了方便对比，在这个算例中把刚度分别取为圆锥形刚度和圆柱形刚度，在平面应力的情况下，它们的表达式分别为

$$c=\frac{6E}{\pi\delta^3(1-\nu)} \tag{3.49}$$

$$c(\xi)=\frac{24E}{\pi\delta^3(1-\nu)}\left(1-\frac{\|\xi\|}{\delta}\right) \tag{3.50}$$

在运行 4 000 时间步后，对比模拟运行结果，如图 3.18 所示。

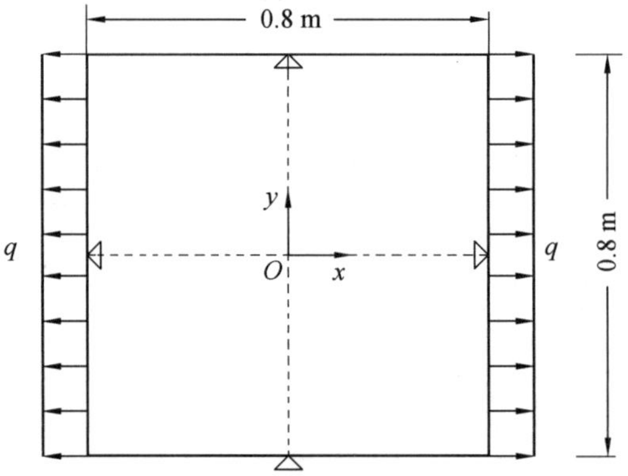

图 3.17　带限制点的单轴拉伸板模型

从图 3.18（a）～（d）中能看出近场动力学位移模拟解是对称的，且水平和垂直最大位移分别是 0.35 mm 和 0.125 mm，在边界处位移最大；从图 3.18（e）、图 3.18（f）中能看出近场动力学解有一个表面效应，也就是靠近边界处的位移有所偏移，表面效应产生的原因是在板的边界处的节点在一个域δ内的键丢失；当刚度

函数变得更局部化（如刚度函数是圆锥形刚度）时表面效应就减少；而且从图 3.18（a）和图 3.18（b）可以看出，位移场在中间是相对均匀的，在边界处却不是如此，在垂直位移云图表现得尤为明显，产生这一现象的原因同样是表面效应；同样地，从图 3.18（e）和图 3.18（f）可以看出，圆锥形刚度和圆柱形刚度所得位移解均表现出了不均匀性，但是由圆柱形刚度引起的位移解的表面效应要大于圆锥形刚度引起的位移解的表面效应；同样地，从两种刚度下近场动力学解和解析解的对比图可以看出，两种刚度情况下所获得的位移解都能较好地模拟和预测拉伸板的位移场，从而能较好地预测板的拉伸变形。

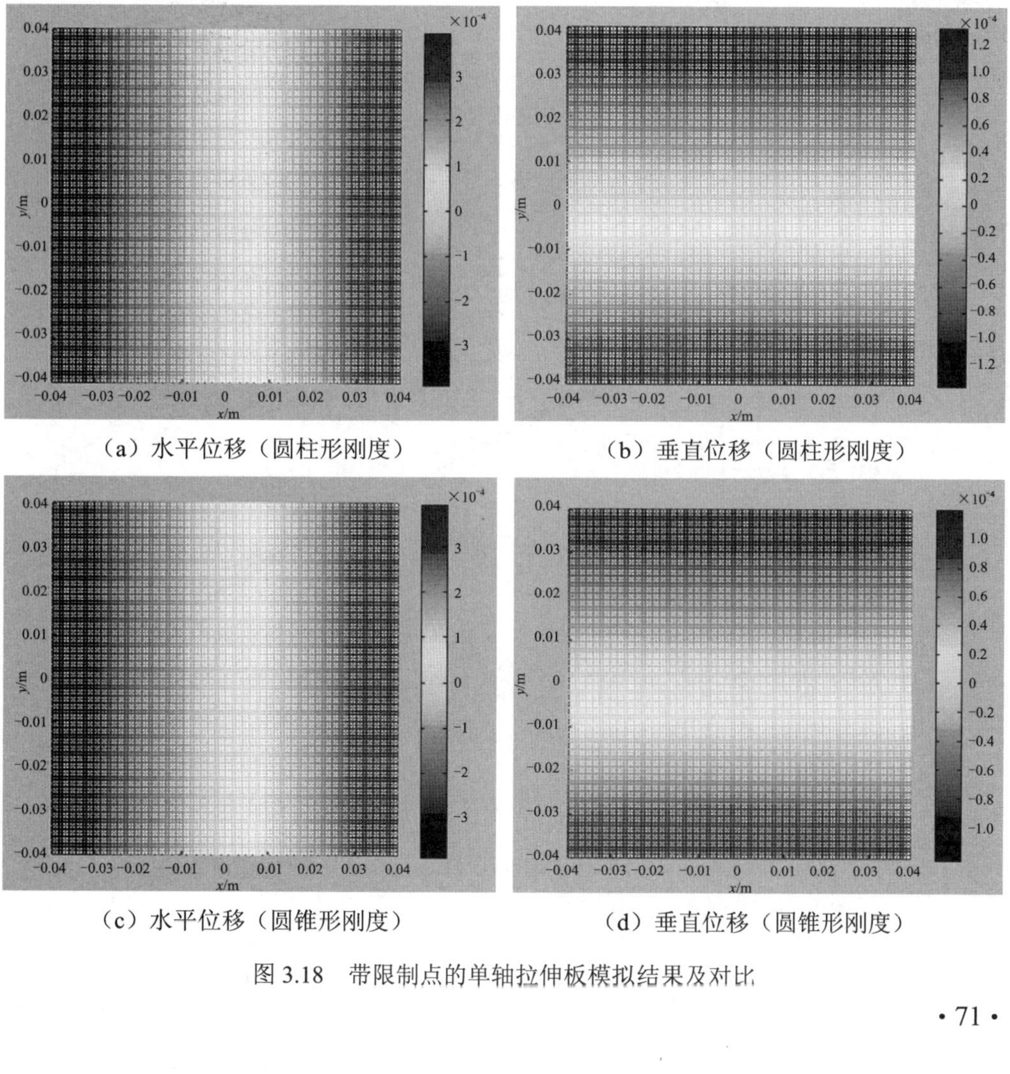

（a）水平位移（圆柱形刚度）　（b）垂直位移（圆柱形刚度）

（c）水平位移（圆锥形刚度）　（d）垂直位移（圆锥形刚度）

图 3.18　带限制点的单轴拉伸板模拟结果及对比

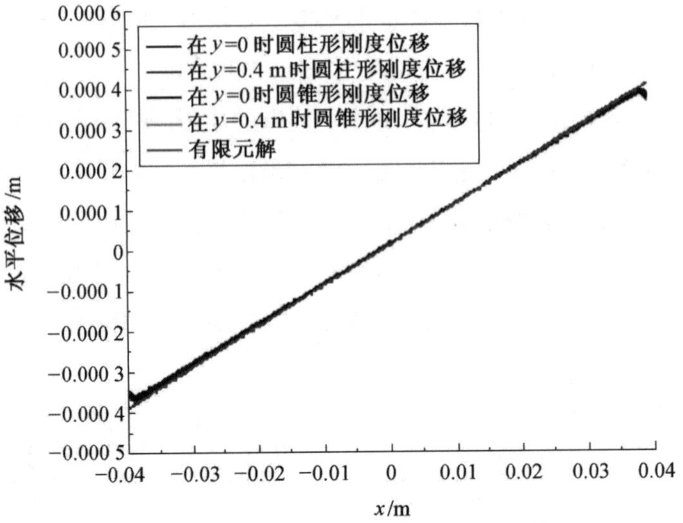

（e）两种刚度情况下近场动力学模拟的水平位移对比

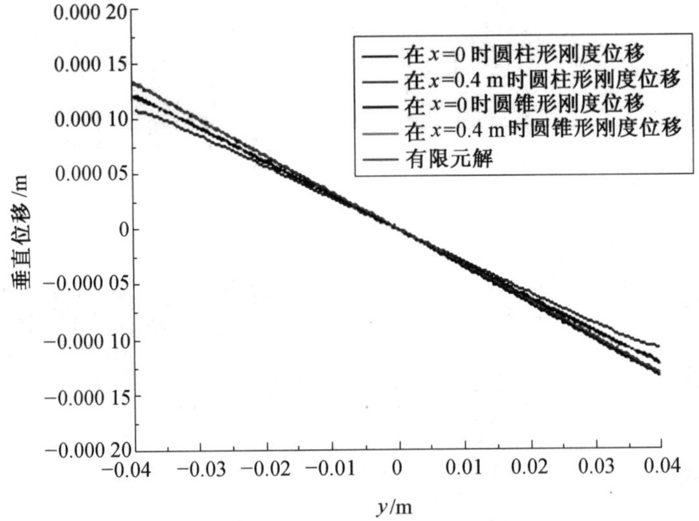

（f）两种刚度情况下近场动力学模拟的垂直位移对比

续图 3.18

算例五：单轴受拉带洞板。一板长度 L=0.10 m，宽度 W=0.10 m，厚度取 5×10^{-3} m，在板中间有一洞孔，其半径为 0.005 m，左右两边承受单轴拉伸荷载为 10 MPa，其模型如图 3.19 所示，位移解的收敛性如图 3.20 所示。它被离散为 40 000 个节点，每个粒子体积$\Delta V = 0.125\times10^{-9}\ \mathrm{m}^3$，时间步长取$\Delta t$ =1.0 s，温度膨胀系数α=0，节点间距$\Delta x = 5\times10^{-4}$ m，弹性模量 E =1 GPa，密度为 2 250 kg/m^3，δ=3Δx，泊松比$\nu = \dfrac{1}{3}$。当运行了 4 000 时间步时，为了对比分析，这里首先用 Abaqus 模拟了水平位移和垂直位移场，如图 3.21 所示；然后分别用圆柱形刚度和圆锥形刚度的近场动力学模拟了带洞拉伸板的水平位移场和垂直位移场及应变能密度场，如图 3.22（a）～（f）所示；最后分析了域半径δ分别取 2Δx、3Δx、4Δx 时对模拟位移解的影响，其对比如图 3.22 所示。

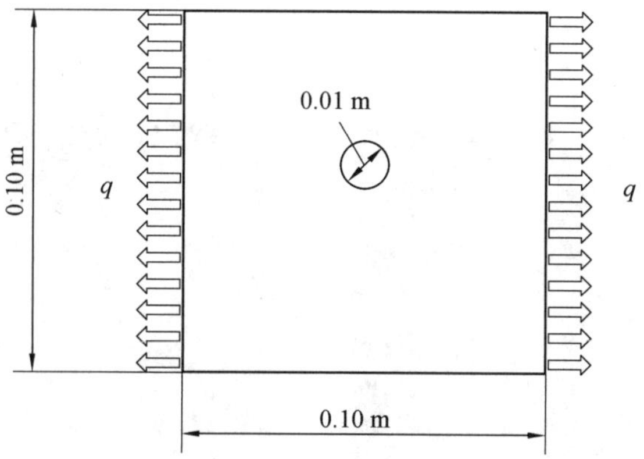

图 3.19　单轴受拉带洞板模型

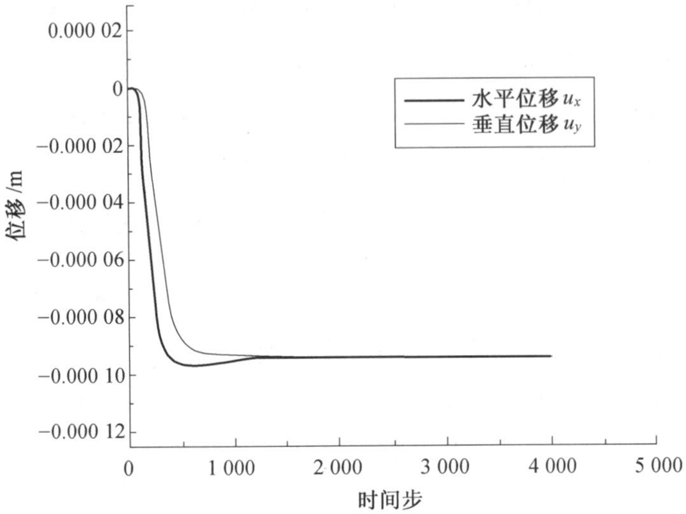

图 3.20　位移解的收敛性

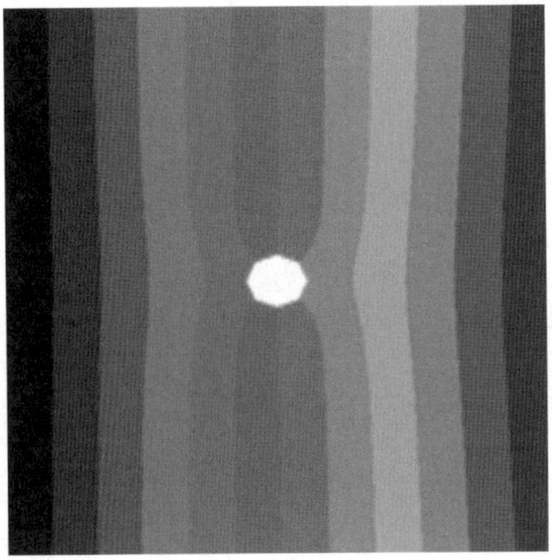

（a）水平位移 u_x

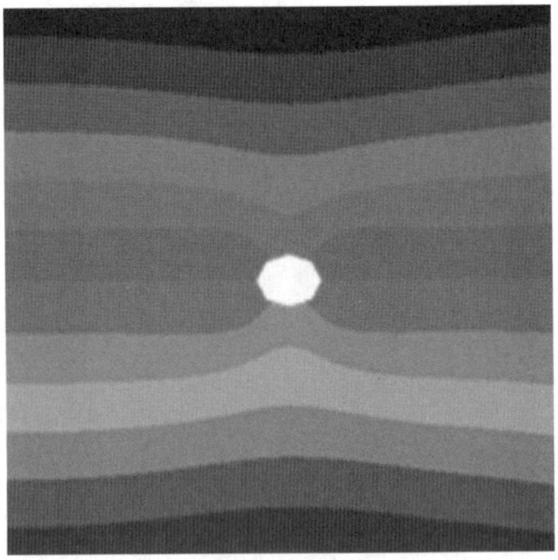

（b）垂直位移 u_y

图 3.21　Abaqus 模拟位移云图

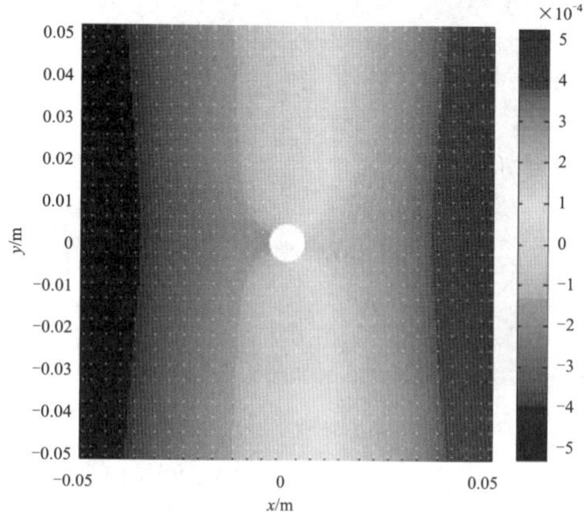

（a）水平位移 u_x 云图（圆柱刚度）

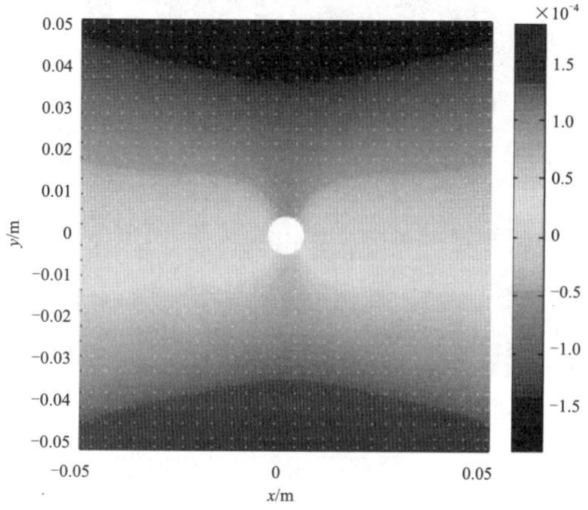

（b）垂直位移 u_y 云图（圆柱刚度）

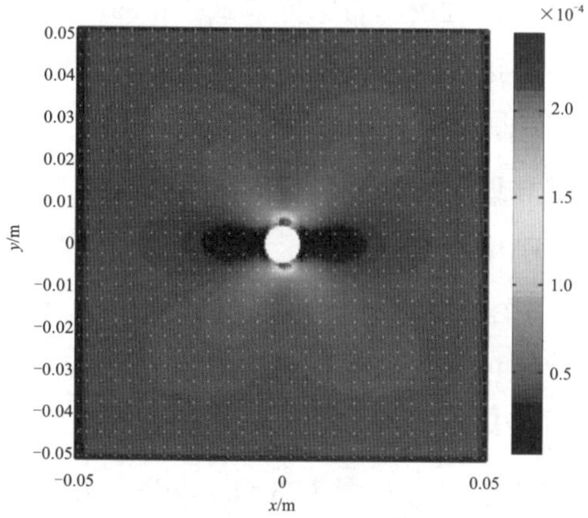

（c）应变能密度云图（圆柱刚度）

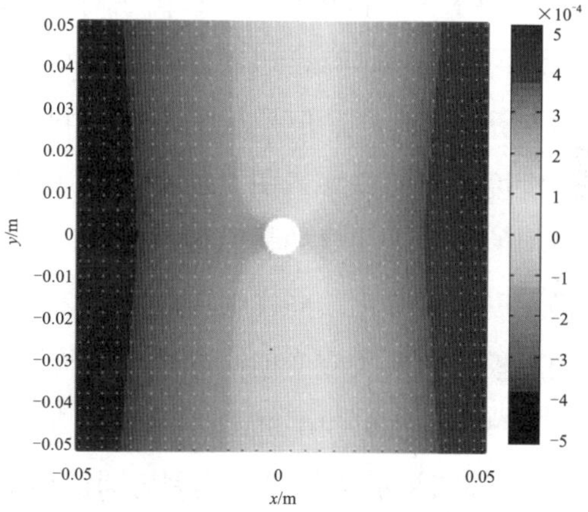

（d）水平位移 u_x 云图（圆锥刚度）

图 3.22　两种刚度情况下近场动力学位移及应变能密度云图

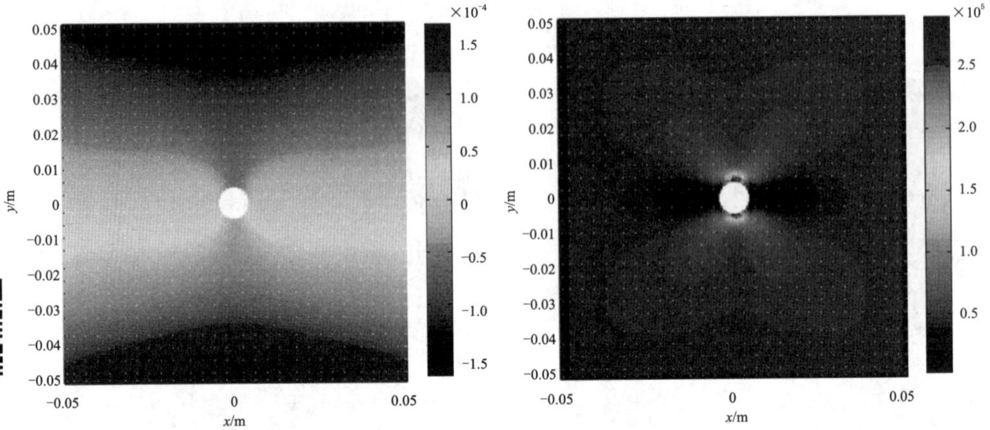

（e）垂直位移 u_y 云图（圆锥刚度）　　（f）应变能密度云图（圆锥刚度）

续图 3.22

在模拟结果中，从图 3.20 可以看出当运行到 1 300 步时，水平位移和垂直位移都趋于平稳，也就是在 1 300 步时水平位移和垂直位移解都趋于收敛；从图 3.21 和图 3.22 中水平位移和垂直位移云图对比可以看出，近场动力学位移云图相对有限元云图均匀性较差，靠近边界处表现得尤为明显，这是由于近场动力学的表面效应，理由和算例四一样；但是从图 3.22 的对比可看出，圆柱形刚度模拟的位移云图比圆锥形刚度模拟的位移云图更加不均匀（尤其是靠近边界处），也由此可知圆柱形刚度模拟的结果受边界的表面效应影响比圆锥形刚度更深，产生这种结果的原因是圆锥形刚度更局部化；同样地，从图 3.22（c）和图 3.22（f）的对比可以看出，圆锥形刚度模拟的最大应变能密度达到了约 2.8×10^5 Pa·m，而圆锥形刚度模拟的最大应变能密度为约 2.4×10^5 Pa·m，这说明圆锥形刚度模拟出的洞顶的应变能密度集中程度大于圆柱形刚度，这同样是因为圆锥形刚度更局部化；从图 3.23（a）和图 3.23（b）可以看出，$\delta=2\Delta x$ 最靠近有限元解（即误差越小），$\delta=3\Delta x$ 次之，$\delta=4\Delta x$ 离有限元解最远（即误差最大），也就是说域半径取得范围越小越接近于有限元解，当 δ 趋近于 0 时结果就可视为有限元解，因此可以看出 δ 的取值对近场动力学的位移解具有重大影响；同样地，在图 3.23（a）、图 3.23（b）中靠近边界处位移有一定的突变，这是边界表面效应的缘故，且可看出 δ 越小，其表面效应越不明显，当 δ 趋近于

0 时完全没有了表面效应，因此在考虑到表面效应的影响及计算效率和计算精度等多重因素情况下，一般取$\delta=3\Delta x$。

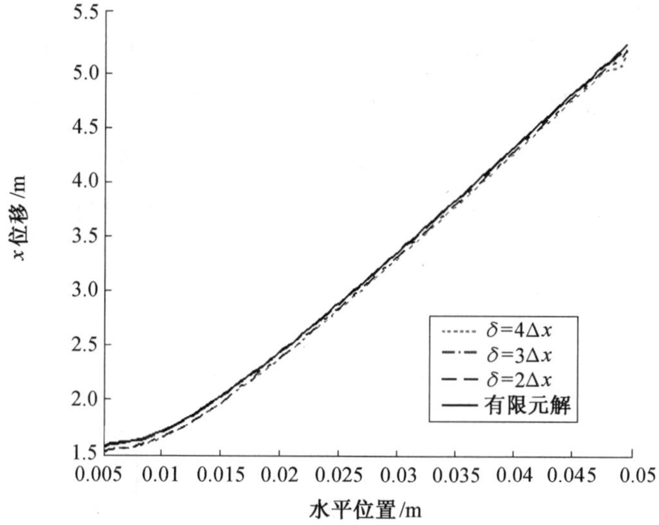

（a）在孔右侧中心水平位移 u_x

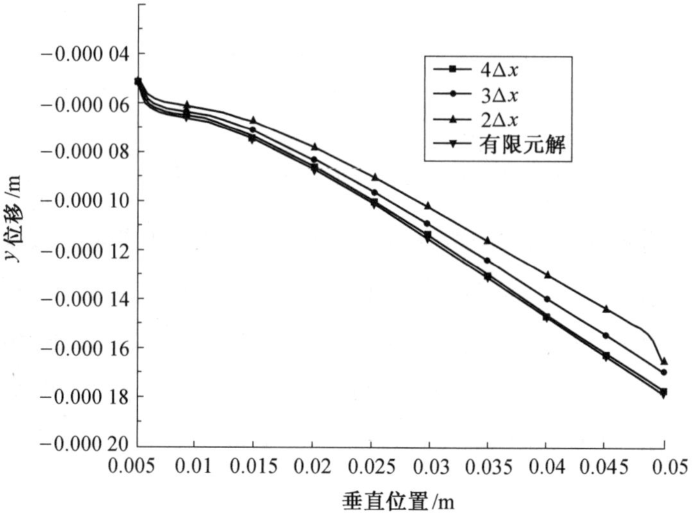

（b）在孔上方中心垂直位移 u_y

图 3.23　不同域情况下位移对比

3.1.6 键为基础的近场动力学断裂算例

算例六：一板长 L=0.06 m，宽 W=0.06 m，厚度为 3×10^{-4} m，在岩石板中间有一孔洞，其直径为 0.012 m，左右两边施加速度为 6 m/s，其模型如图 3.24 所示。它被离散为 40 000 个节点，每个粒子体积 $\Delta V=2.7\times10^{-11}\ \mathrm{m}^3$，时间步长取$\Delta t$ =1.0 s，温度膨胀系数α =0，节点间距$\Delta x=3\times10^{-4}$ m，弹性模量 E = 120 GPa，密度为 2 200 kg/m^3，当$\delta=3\Delta x$，泊松比$\nu=\dfrac{1}{3}$时，s_0=0.02，当运行时间步为 1 200 步时，其断裂过程如图 3.25 所示。

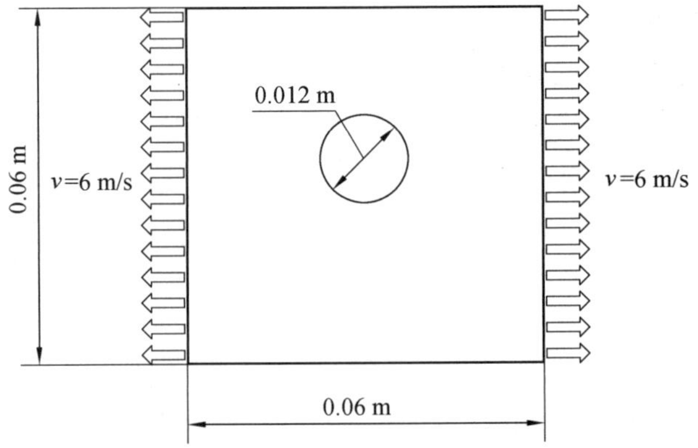

图 3.24　带孔拉伸岩石板断裂模型

图 3.25（a）所示为初始时刻断裂图；当时间步达到 750 步时，裂纹沿着圆孔端部开始启裂（图 3.25（b））；当时间步达到 825 步时，裂纹进一步扩展，且沿着垂直方向继续伸长（图 3.25（c））；当时间步达到 1 200 步时，裂纹完全贯通岩石板，岩石板完全断裂（图 3.25（d））。整个过程的模拟不需要任何外部断裂准则，能够自发模拟裂纹扩展的方向，且与实际情况基本吻合，证明了近场动力学在预测裂纹扩展时具有巨大的优势。

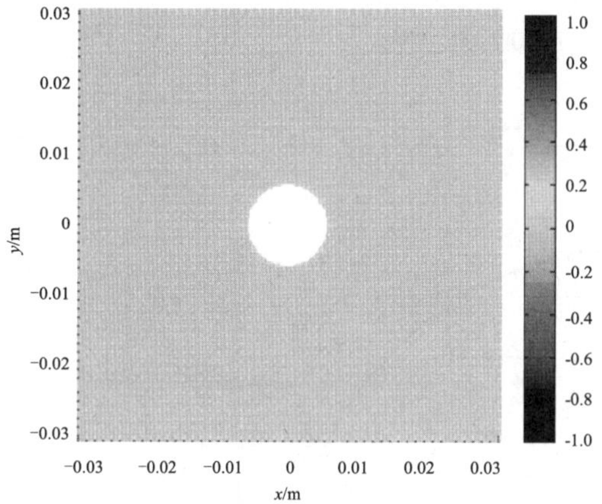

（a）时间步为 1 步

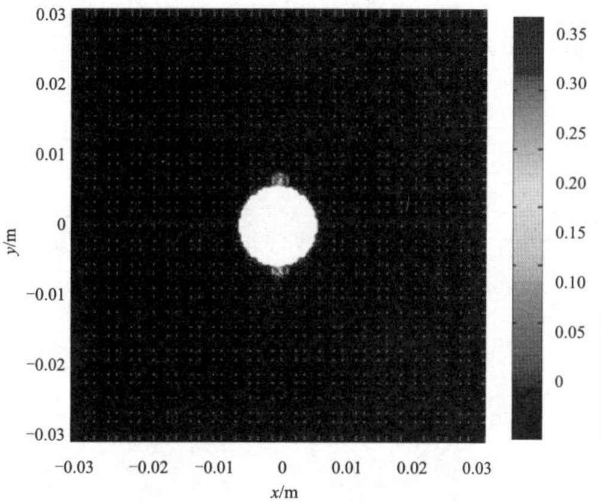

（b）时间步为 750 步

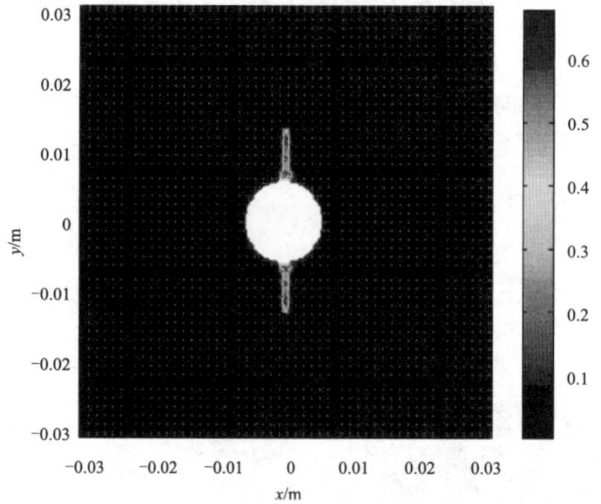

（c）时间步为 825 步

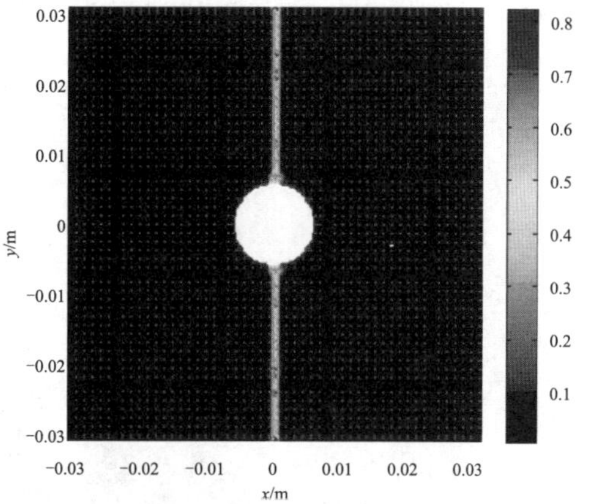

（d）时间步为 1 200 步

图 3.25　带孔拉伸岩石板断裂过程

算例七：半圆形巴西花岗岩的数值模拟。此次近场动力学模拟的数值算例涉及在三点弯曲条件下带有一个锯齿的半圆形巴西花岗岩，它的几何模型如图 3.26（a）所示。此模型被离散为 20 000 个节点，相邻节点间距 $\Delta x=4\times10^{-4}$ μm，域尺寸 $\delta=3.015\Delta x$；为了在近场动力学里实现此次数值模拟，巴西花岗岩被认为是脆性物质，弹性模量 E=32.2 GPa，密度 ρ=2 265 kg/m^3，泊松比 $\nu=\dfrac{1}{3}$，临界伸长率 s_0=0.002 23。p_1 是嵌入梁样本表面的荷载，p_2 是输出梁样本表面的荷载；由动力分析得出每个时间步为 5.33×10^{-8} s，整个过程运行时间步为 1 200 步。

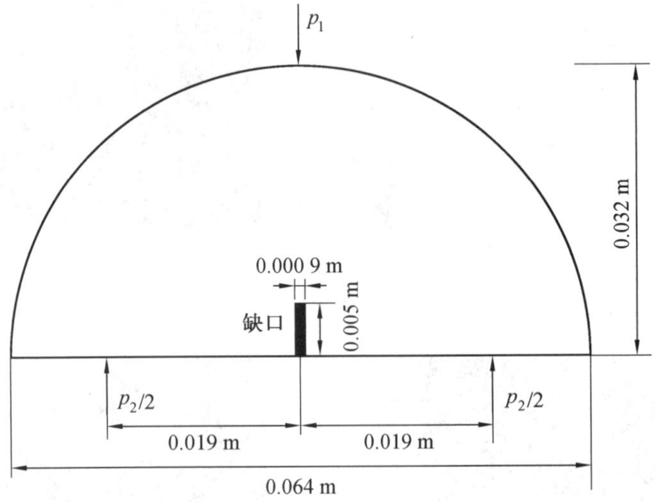

（a）几何模型

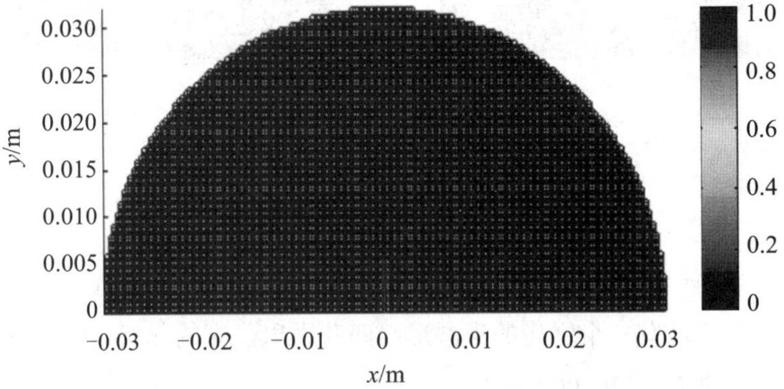

（b）0.053 3 μs

图 3.26　在 NSCB 试验中裂纹的启裂和扩展

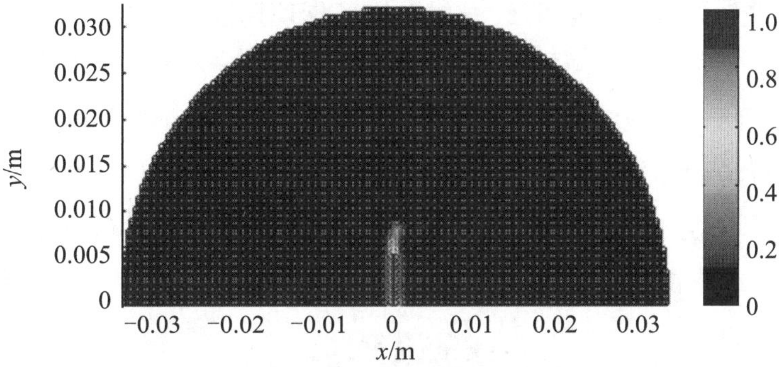

（c）58.63 μs

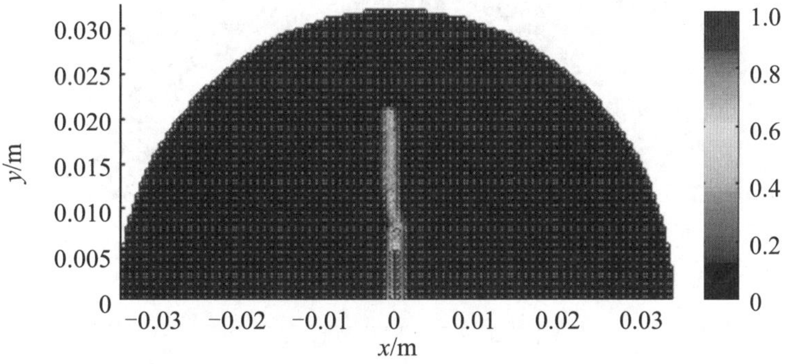

（d）71.955 μs

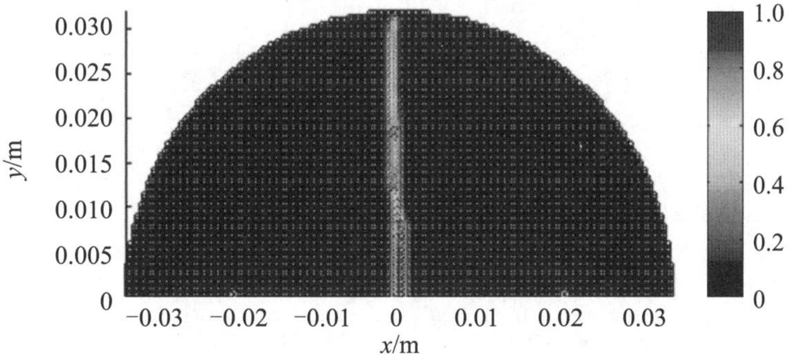

（e）106.6 μs

续图 3.26

近场动力学理论预测裂纹的扩展和连接过程如图 3.26（b）～（e）所示。0.053 3 μs 为起始时间，当时间到达 58.63 μs 时，裂纹首先沿着锯齿的尖端启裂；当时间到达 71.955 μs 时，裂纹继续扩展；当时间到达 106.6 μs 时，半圆形巴西花岗岩完全断裂。由近场动力学理论模拟的裂纹扩展路径与图 3.27 所示试验结果一致。图 3.28 所示为近场动力学模拟的与建议的方法所得的断裂韧度随荷载速度的变化的对比图，从图 3.28 中能看出由两种方法所得出的断裂韧度的值的误差是很小的。

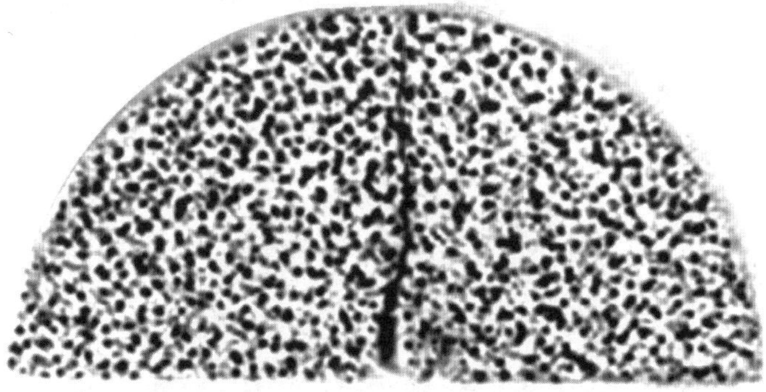

图 3.27　在 NSCB 试验中巴西花岗岩试验结果

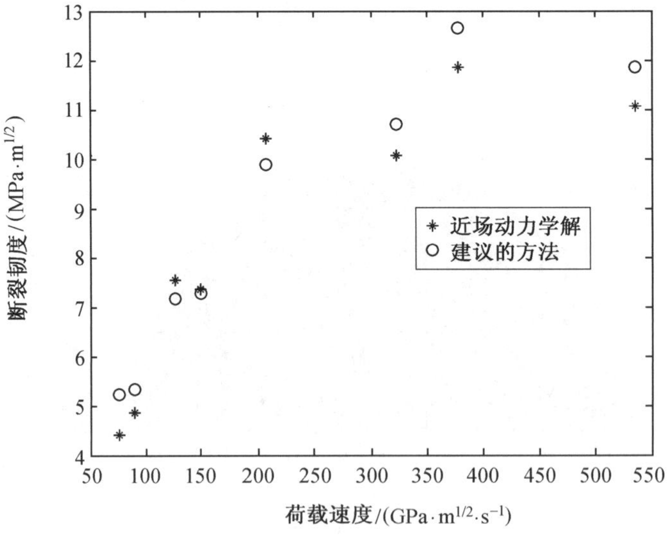

图 3.28　断裂韧度随荷载速率的变化

算例八：拉伸-剪切岩石样本的混合模式断裂数值模拟。双锯齿形岩石样本的几何模型如图 3.29（a）所示，岩样的长和宽都是 0.2 m，在边缘的锯齿长为 0.025 m、宽为 0.005 m。这个样本被离散为 2 500 个点，相邻点之间间距为Δx =0.004 mm，域半径δ=3.015Δx，弹性模量 E=30 GPa，密度ρ =2 265 kg/m^3，泊松比$\nu=\dfrac{1}{3}$，s_0=5.527×10^{-4}。一个水平方向的 10 kN 的剪切荷载被施加在样本的左边界和右边界；垂直速度 v 被施加在岩石样本的上边界和下边界，它的数值恒为 0.01 m/s；时间步为Δt=1×10^{-7} s，这小于稳定所需要的临界时间步。

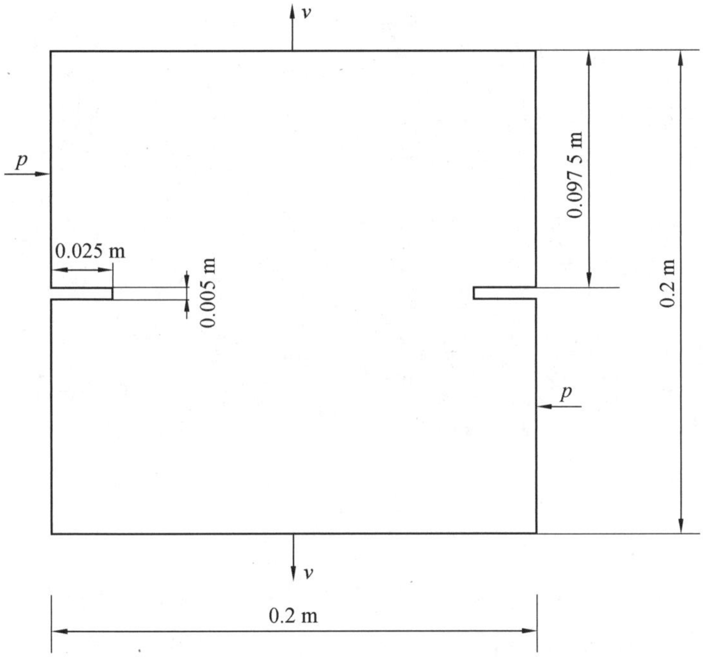

（a）双锯齿形岩石样本的几何模型

图 3.29　在拉伸-剪切岩石样本的混合模式断裂的数值模拟

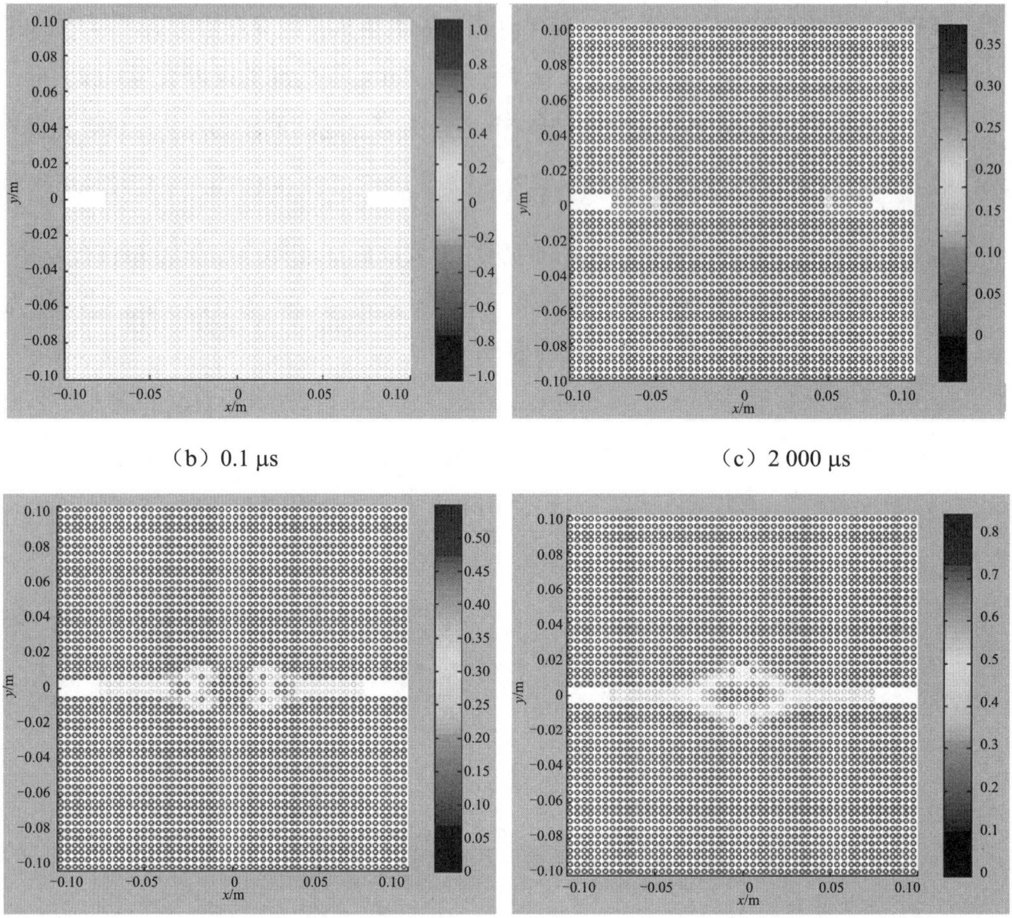

（b）0.1 μs

（c）2 000 μs

（d）2 035 μs

（e）2 050 μs

续图 3.29

混合模式裂纹的启裂、扩展和连接过程如图 3.29（b）～（e）所示。0.1 μs 为起始时间，当时间到达 2 000 μs 时，在左锯齿和右锯齿的尖端裂纹发生启裂，如图 3.29（b）所示；当时间到达 2 035 μs 时，裂纹分叉发生，如图 3.29（c）所示；当时间到达 2 050 μs 时，在两个曲线裂纹间逐渐形成一个闭合面积，如图 3.29（d）所示。由近场动力学理论获得的裂纹生长模式和以前的理论结果（图 3.30）是一致的。同时，图 3.31 显示了点 x=−35 mm，y=0 mm 在近场动力学模拟和试验结果时剪切变形的位移对比，从图 3.31 可以看出，由近场动力学模拟所得的位移值与以前的试验所获得结果的误差是很小的，这又从定量方面证明了近场动力学模拟的准确性。

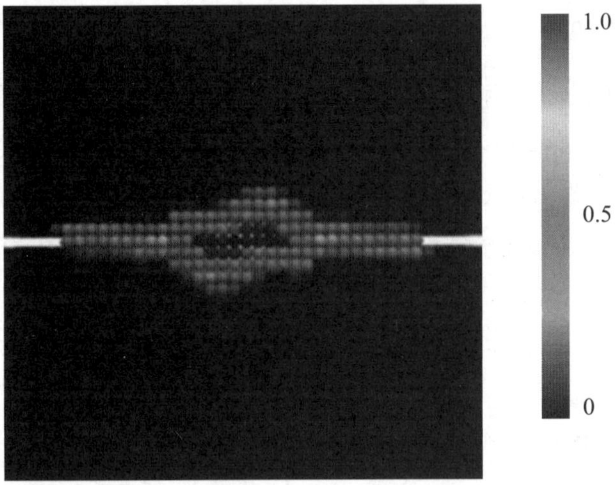

图 3.30　利用 VL 耦合方案进行裂纹生长路径的数值预测结果

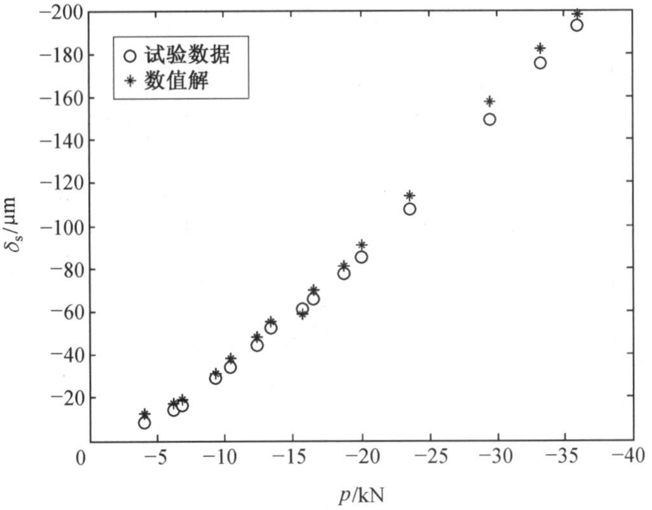

图 3.31　当 $\dfrac{\delta}{\delta_s}=1.0$ 时在点 x=−35 mm，y=0 mm 的试验数据和目前数值解的剪切变形的对比

算例九：三条平行等长等间距裂纹扩展。有一正方形岩石样本，长和宽都是 0.05 m。这个正方形岩石样本被离散为 200×200=40 000 个节点；相邻节点间距为 $\Delta x=2.5\times 10^{-4}$ m，模型计算参数如下所示：$\delta=3\Delta x$，s_0=0.044 72，杨氏模量 E=92 GPa，密度ρ=2 000 kg/m³，$\nu=\dfrac{1}{3}$，整个系统中温度保持恒定，T=100 K，温度系数为 $\alpha=2.3\times10^{-5}$，为了描述和讨论方便，预先存在的裂纹分别被标记为①、②和③，其模型尺寸如图 3.32（a）所示。我们把预先存在的裂纹称为裂纹，把已经启裂和扩展的裂纹称为裂隙；图 3.32（b）～（g）显示了三条具有同样长度和间距、倾角为 45°的锯齿形裂纹的扩展和连接过程，在这里时间步为 0.013 3 μs，这个时间步的选择符合稳定条件公式（3.47）。

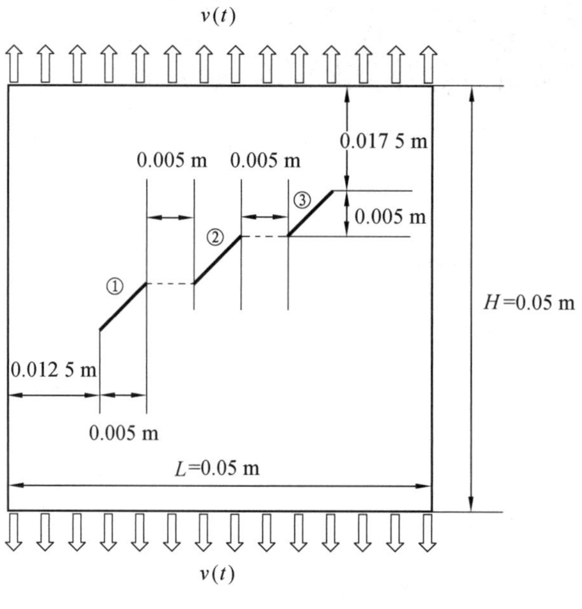

（a）锯齿形裂纹模型

图 3.32 带有相同间距和相同长度的三条锯齿形裂纹的扩展和连接

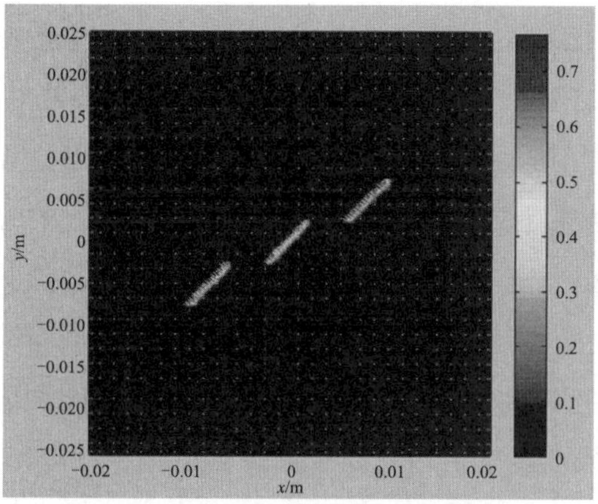

(b) 0.013 3 μs

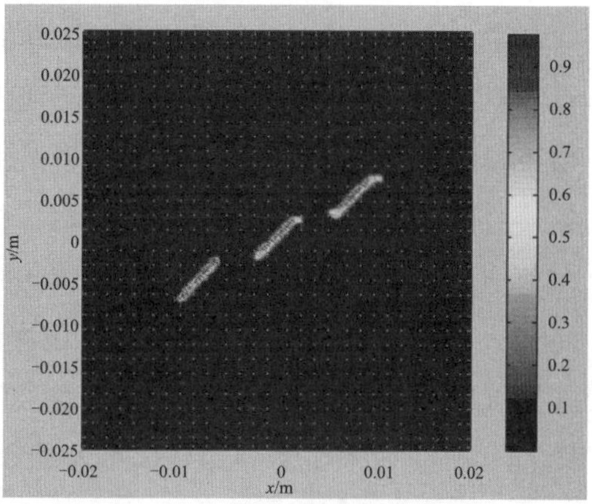

(c) 5.985 μs

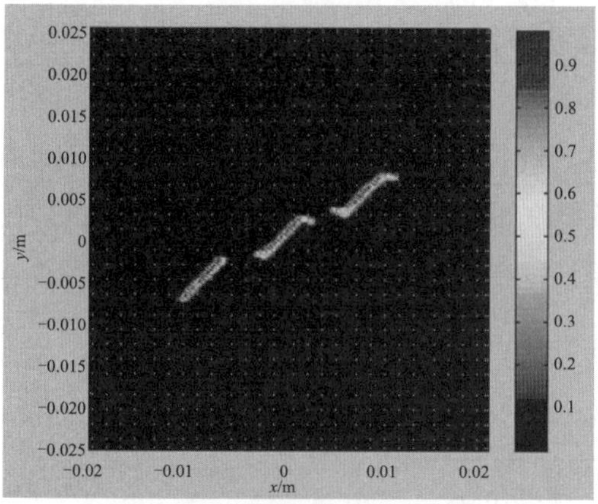

(d) 6.251 μs

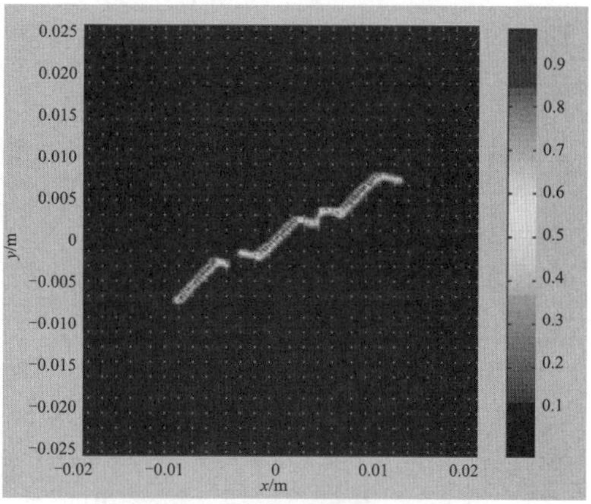

(e) 6.65 μs

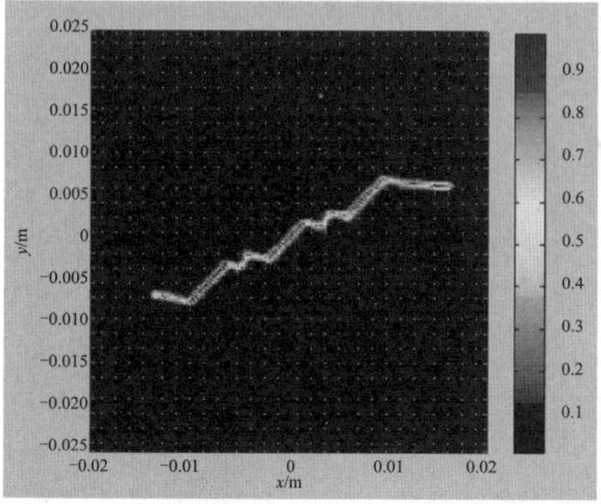

(f) 7.98 μs

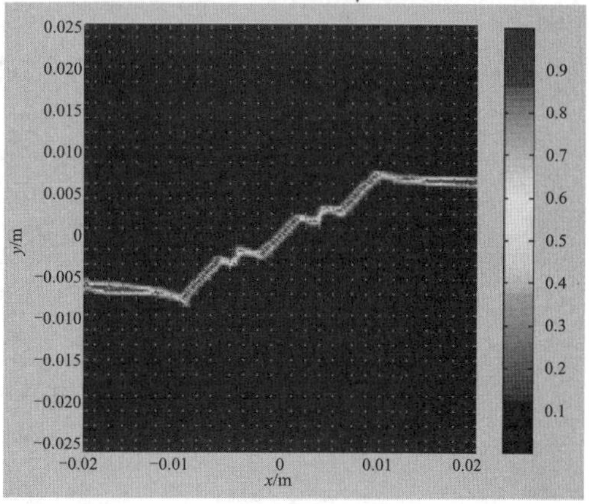

(g) 10.64 μs

续图 3.32

图 3.32（b）～（g）描述了在边界施加 40 m/s 速度的正方形岩石样本中三条锯齿形裂纹的扩展和连接过程。当时间到达 5.985 μs 时，拉伸裂纹首先从裂纹③的左端和右端启裂，同时裂纹②的右端也发生启裂，启裂的方向为垂直于施加速度边界条件的方向；当时间到达 6.251 μs 时，拉伸裂纹从裂纹②的左端开始启裂，它的方向与施加速度方向相垂直，同时裂纹③的左、右端及裂纹②的右端继续扩展；当时间到达 6.65 μs 时，裂纹③和裂纹②由次生裂纹连接，同时拉伸裂纹从裂纹①的右端开始启裂；当时间到达 7.98 μs 时，裂纹①和裂纹②由次生裂纹所连接；当时间到达 10.64 μs 时，拉伸裂纹从裂纹①的左端和裂纹③的右端开始扩展并到达左、右边界，岩样完全断裂。从图 3.32 可以看出，裂纹③首先启裂而裂纹①最后启裂，产生这种现象的主要原因是应力屏蔽效应导致裂纹扩展模式不同，这个数值模拟结果和这些理论结果一致。

算例十：具有不同间距且不共长度的 9 条锯齿形裂纹扩展和连接。该模型的几何尺寸及计算参数与算例九相同，仅仅是 9 条裂纹的布置方式不同，其模型如图 3.33（a）所示，断裂过程如图 3.33（b）～（g）所示。裂纹的扩展和连接的 5 种模式如图 3.34 所示。

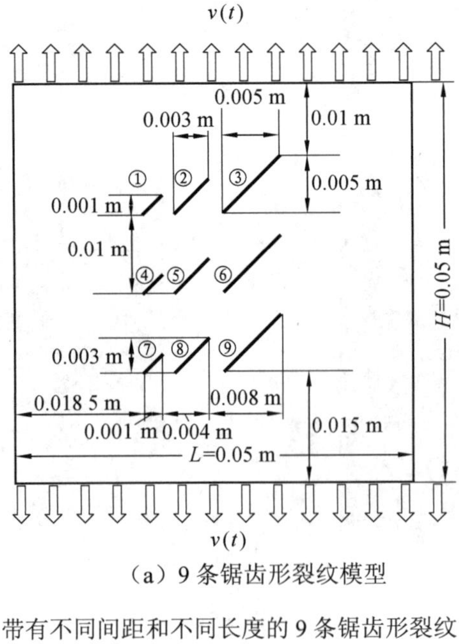

（a）9 条锯齿形裂纹模型

图 3.33　带有不同间距和不同长度的 9 条锯齿形裂纹的扩展和连接

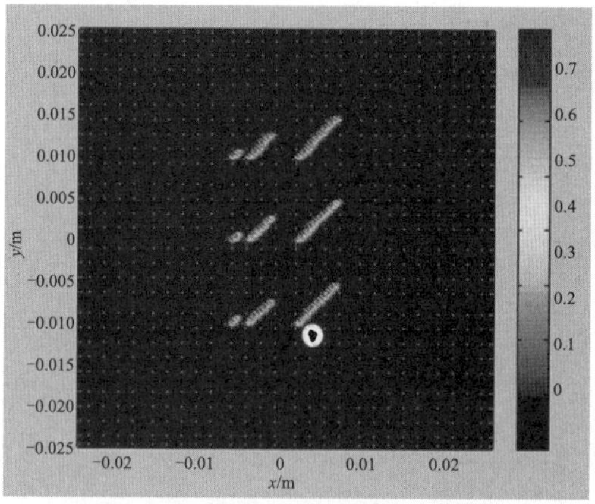

(b) 0.013 3 μs

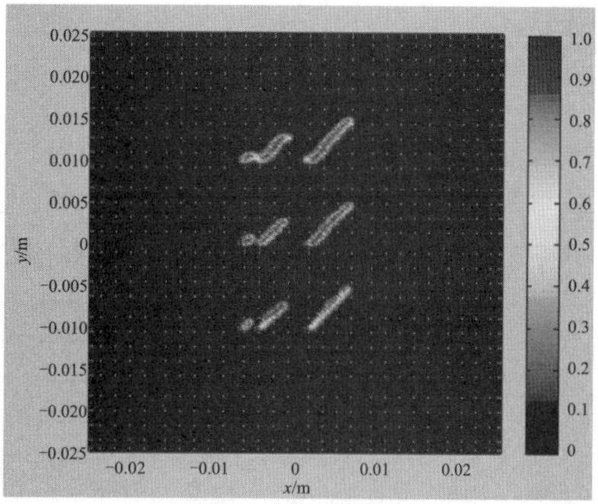

(c) 3.99 μs

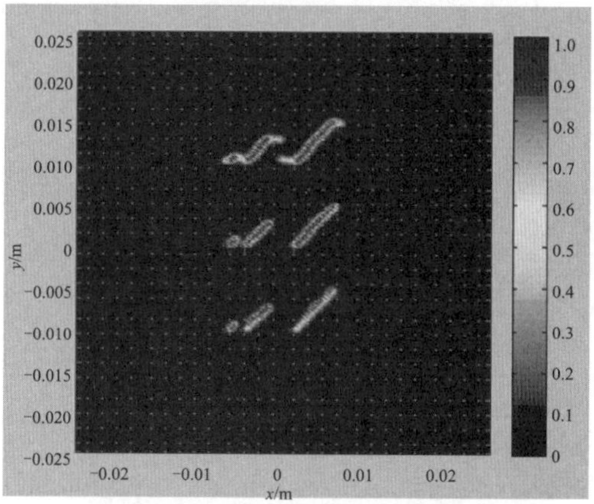

(d) 4.655 μs

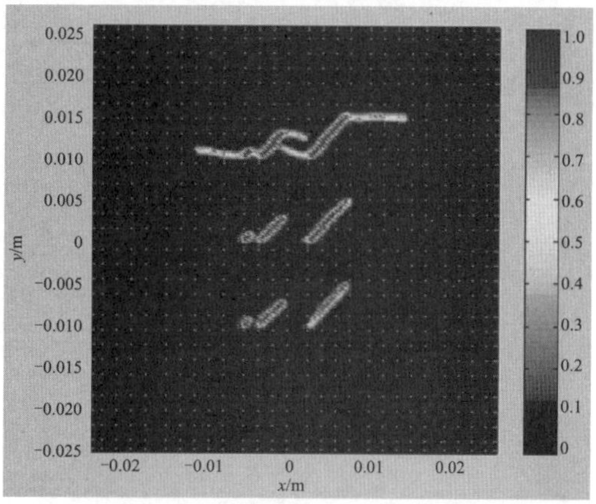

(e) 6.55 μs

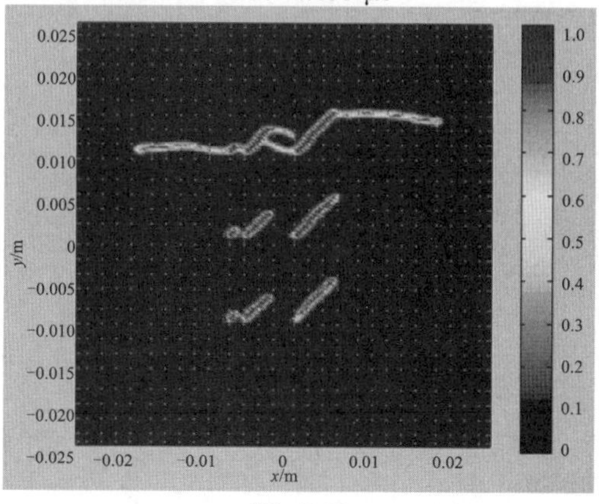

(f) 7.98 μs

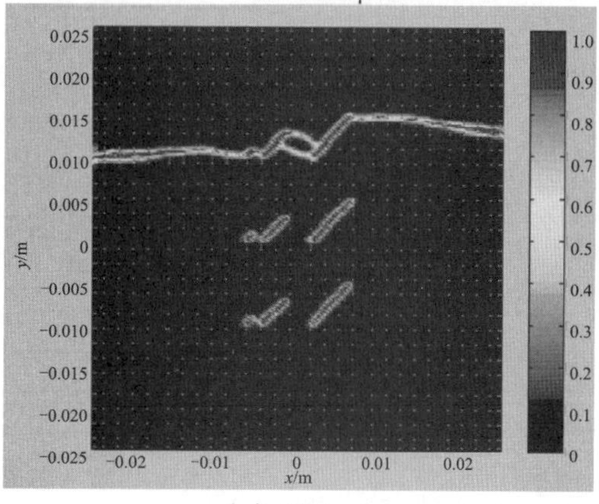

(g) 13.3 μs

续图 3.33

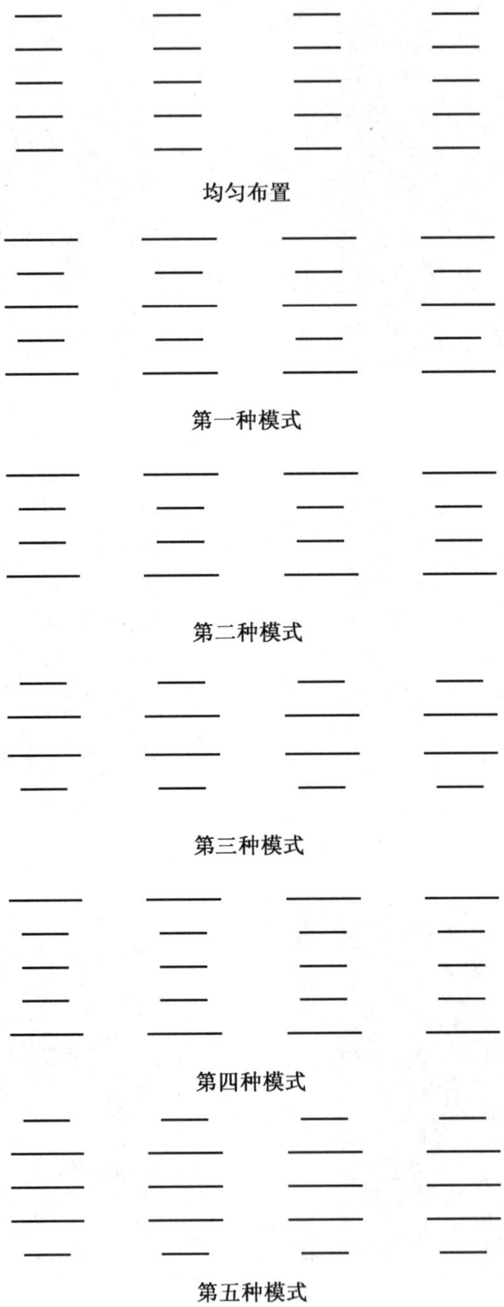

图 3.34　裂纹的扩展和连接的 5 种模式

图 3.33 显示了在承受 40 m/s 的速度拉伸的正方形岩石样本中带有 45° 倾角的 9 条锯齿形裂纹的扩展和连接过程。当时间到达 3.99 μs 时，拉伸裂纹首先从裂纹②的左端和右端及裂纹③的左端开始启裂，且沿着和所施加速度的方向相垂直的方向扩展；当时间到达 4.655 μs 时，裂纹①和裂纹②由次生裂纹相连接，同时拉伸裂纹从裂纹③的右端开始启裂；当时间到达 6.55 μs 时，拉伸裂纹从裂纹③的左端开始启裂并和裂纹②相连接；当时间到达 7.98 μs 时，拉伸裂纹继续扩展；当时间到达 13.3 μs 时，拉伸裂纹从裂纹②的右端启裂并和裂纹③相连接，同时裂纹①的左端和裂纹②的右端分别扩展到板的左侧和右侧，岩石样本完全断裂。从图 3.33 能看出裂纹④～⑨并没有启裂和扩展，主要原因是裂纹之间的相互作用导致应力屏蔽和放大效应，这又导致了裂纹的扩展模式不同；基于裂纹间的相互作用，Zhou 等发现了 5 种裂纹断裂模式（图 3.34），本次数值模拟结果与裂纹扩展的第二种模式一致。

算例十一：20 条平行裂纹的扩展和连接过程的数值模拟。有一长和宽都是 0.05 m 的正方形岩石样本，这个正方形岩石样本包括 20 条具有同样长度、同样间距和同样 0° 倾角的裂纹，在左右两边施加 50 m/s 的拉伸速度，模型如图 3.35（a）所示。

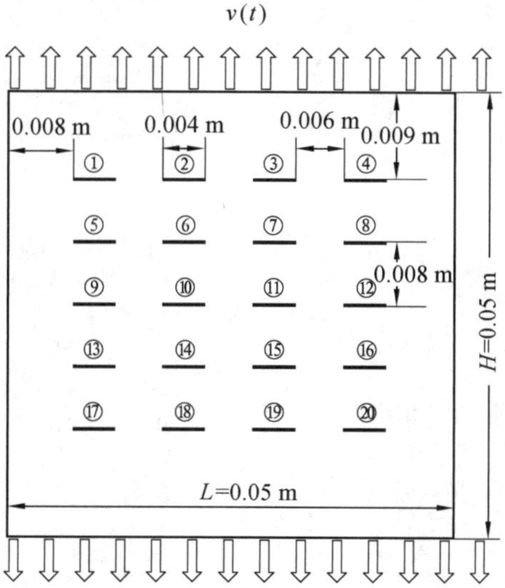

（a）20 条平行裂纹拉伸模型

图 3.35　20 条平行裂纹的扩展和连接过程

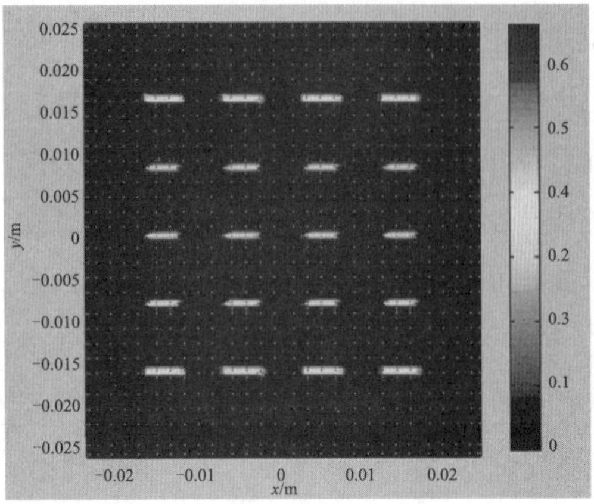

（b）0.013 3 μs

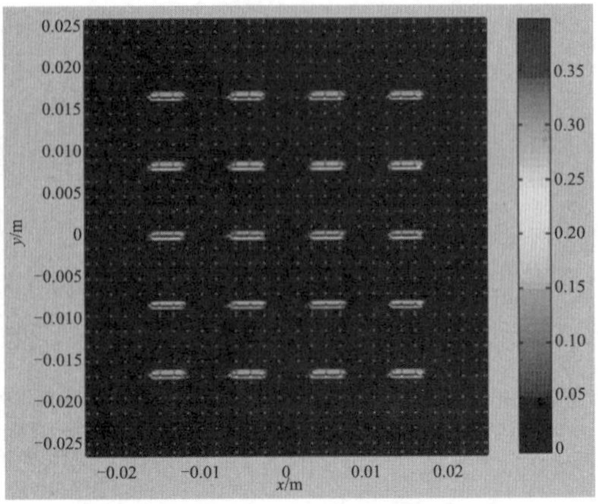

（c）1.33 μs

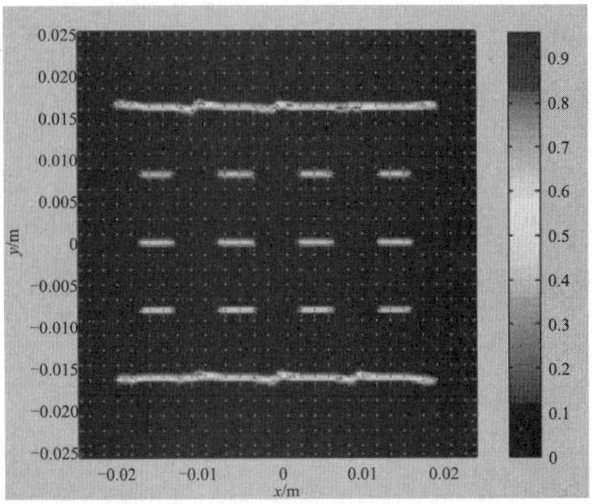

（d）2.328 μs

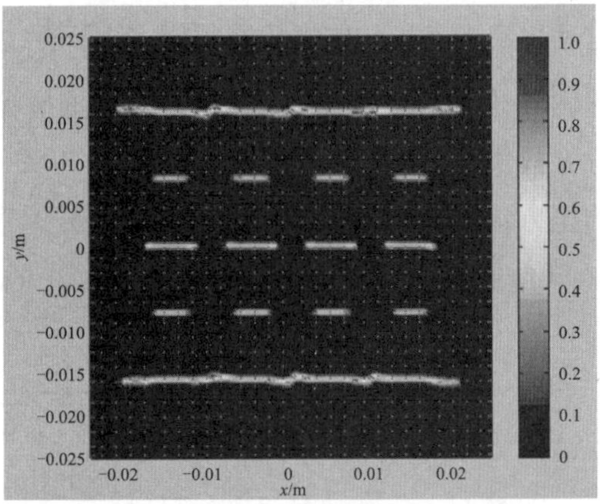

（e）2.66 μs

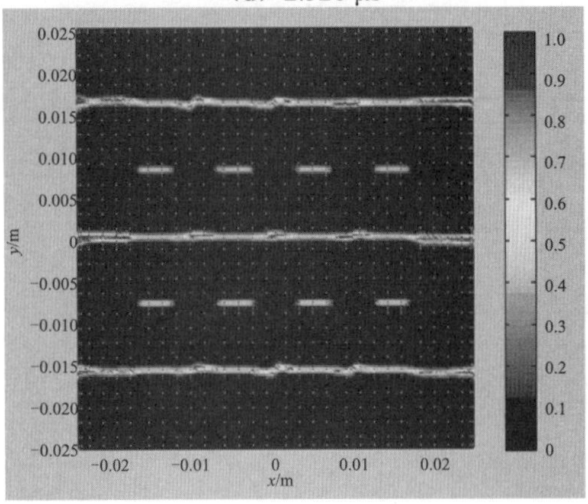

（f）3.325 μs

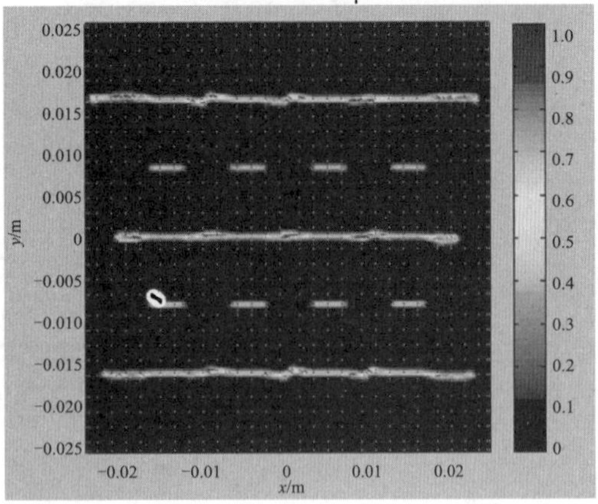

（g）4.256 μs

续图 3.35

图 3.35（b）～（g）显示了 20 条平行裂纹的扩展和连接过程。当间到达 1.33 μs 时，拉伸裂纹首先从裂纹①～④和裂纹⑰～⑳的左、右端沿着和施加速度相垂直的方向启裂，其他的裂纹并未启裂；当时间到达 2.328 μs 时，裂纹①～④和裂纹⑰～⑳同时发生连接，其他的裂纹并未发生启裂；当时间到达 2.66 μs 时，拉伸裂纹从裂纹⑨～⑫的左端和右端沿着和施加速度相垂直的方向启裂和扩展；当时间到达 3.325 μs 时，裂纹⑨～⑫发生连接，同时裂纹①和⑰的左端及裂纹④和⑳的右端继续扩展，裂纹⑤和⑬开始启裂；当时间到达 4.256 μs 时，裂纹①、⑨和⑰继续扩展到板的左边界，同时裂纹④、⑫和⑳继续扩展到板的右边界，而且裂纹⑤和⑬继续扩展，最终岩石样本断裂。基于“组理论分叉分析”，Oguni 等发现了在相邻的长裂纹和短裂纹间相互作用的模式。基于裂纹间的相互作用，Chau 和 Wang 也发现了长裂纹和短裂纹相互作用的模式；Zhou 等发现了包括相邻的长裂纹和短裂纹相互作用的裂纹扩展的 5 种模式。本次模拟结果和以前的理论分析结果是基本一致的。

图 3.36（b）～（g）所示在边界施加速度为 50 m/s 的正方形岩石样本中有 20 条倾角为 0° 的钻石型裂纹，模型如图 3.36（a）所示。当时间到达 1.33 μs 时，拉伸裂纹首先从裂纹①～④和⑰～⑳的左、右端沿着和边界施加速度相垂直的方向启裂和扩展，其他裂纹未启裂；当时间到达 2.328 μs 时，裂纹①～④和⑰～⑳同时发生连接，其他裂纹未启裂；当时间到达 2.66 μs 时，拉伸裂纹首先沿着裂纹⑨～⑫相垂直的方向启裂和扩展；当时间到达 3.325 μs 时，裂纹⑨～⑫的连接发生，裂纹 ①和⑰的左端及裂纹④和⑳的右端继续扩展，同时裂纹⑤和⑬开始启裂；当时间到达 4.256 μs 时，拉伸裂纹从裂纹①、⑨和⑰的左端及裂纹④、⑫和⑳的右端扩展到板的左边界和右边界，裂纹⑤和⑬继续扩展，岩石样本断裂。本次模拟结果与以前的理论结果完全一致。

钻石型裂纹和平行裂纹在拉伸情况下的主要区别是在钻石型裂纹中裂纹⑤和⑬发生了启裂和扩展，然而在平行裂纹情况下裂纹⑤和⑬并未发生启裂和扩展，这意味着裂纹的布置方式对裂纹的启裂、扩展和连接有重要影响。

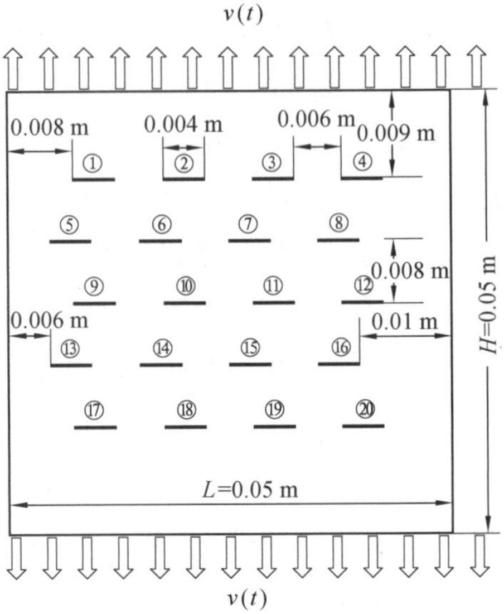

（a）20 条钻石型裂纹拉伸模型

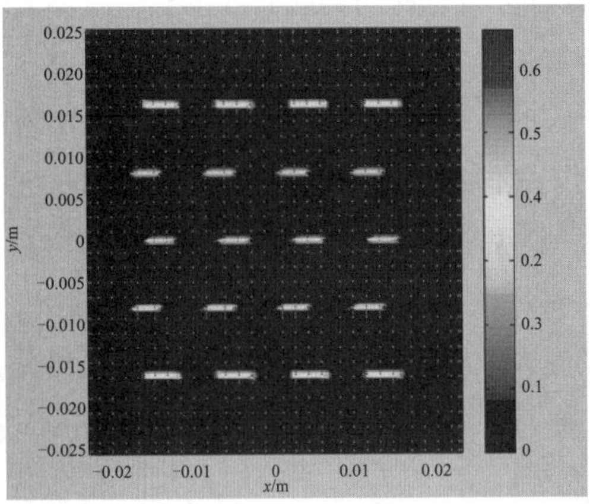

（b）0.013 3 μs

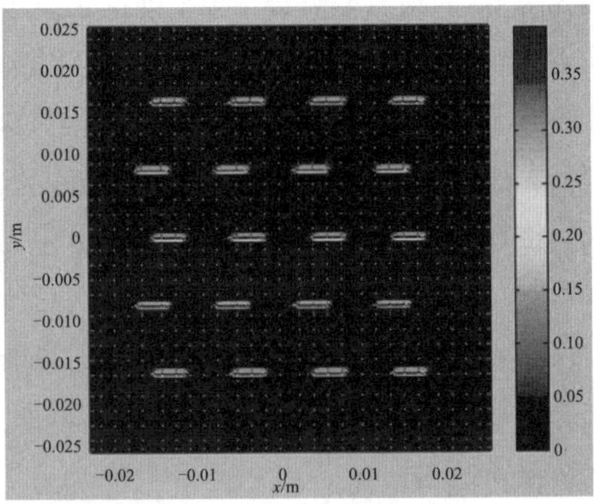

（c）1.33 μs

图 3.36　20 条钻石型裂纹的扩展和连接过程

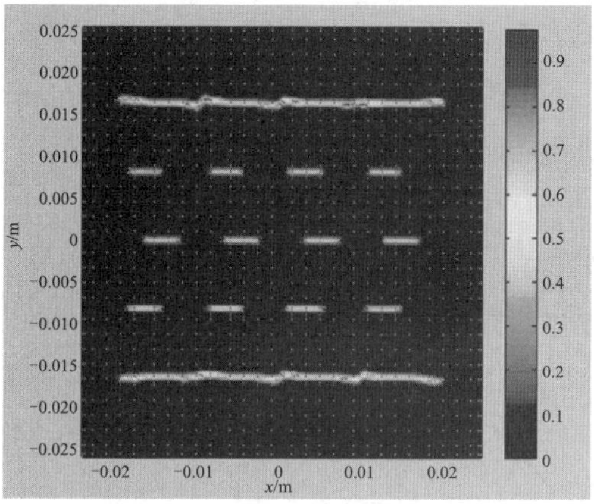

（d）2.328 μs

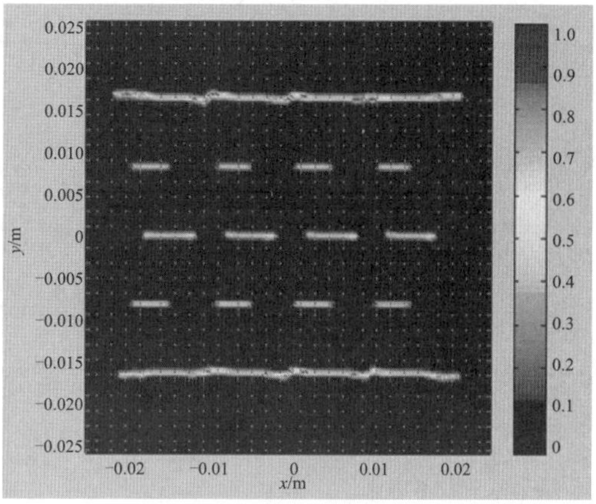

（e）2.66 μs

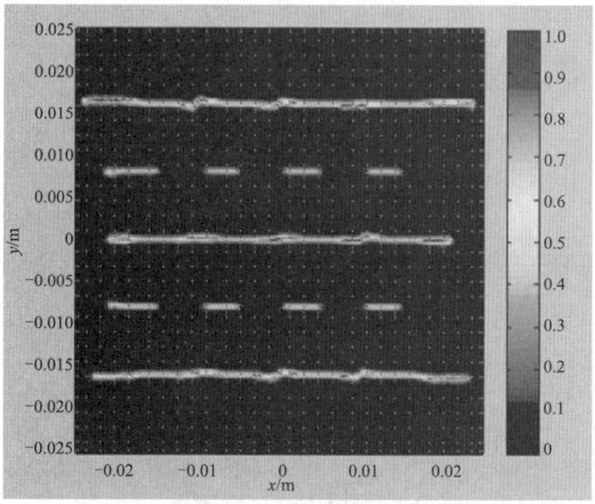

（f）3.325 μs

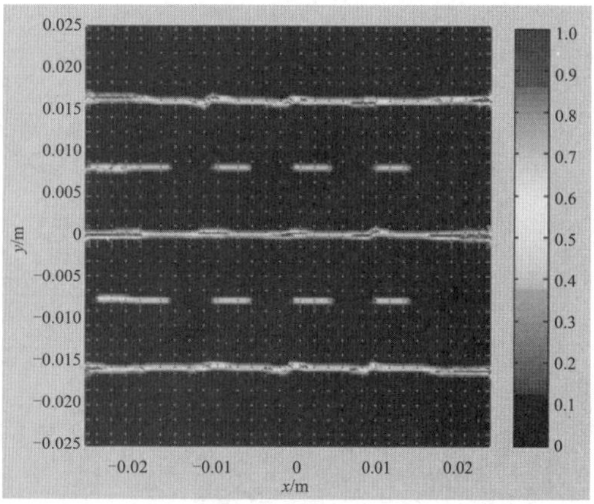

（g）4.256 μs

续图 3.36

算例十二：宏、微观裂纹扩展和连接过程的数值模拟。有一长和宽都是 6 m 的正方形岩石样本，该样本上有 2 条宏观裂纹，裂纹的长度为 1.2 m，倾角为 45°；同时有 7 条不同长度和倾角的随机微裂纹，模型如图 3.37（a）所示。微裂纹③的长度为 0.023 m，倾角为 60°；微裂纹④的长度为 0.029 m，倾角为 0°；微裂纹⑤的长度为 0.032 m，倾角为 50°；微裂纹⑥的长度为 0.047 m，倾角为 20°；微裂纹⑦的长度为 0.028 m，倾角为 80°；微裂纹⑧的长度为 0.02 m，倾角为 140°；微裂纹⑨的长度为 0.025 m，倾角为 110°。这个正方形岩石样本被离散为 200×200=40 000 个节点，相邻节点之间的距离Δx =3×10^{-2} m。计算参数与锯齿形裂纹参数相同，在屈服于速度为 40 m/s 的正方形岩石样本中宏、微观裂纹扩展和连接过程如图 3.37(b)～(g) 所示。

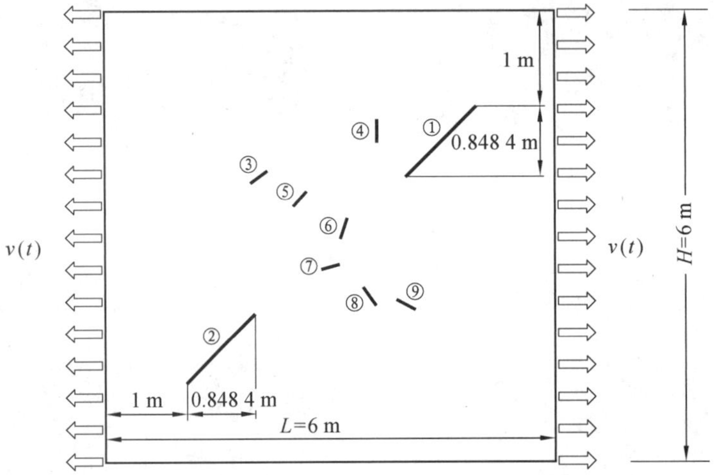

（a）宏、微观裂纹相互作用模型

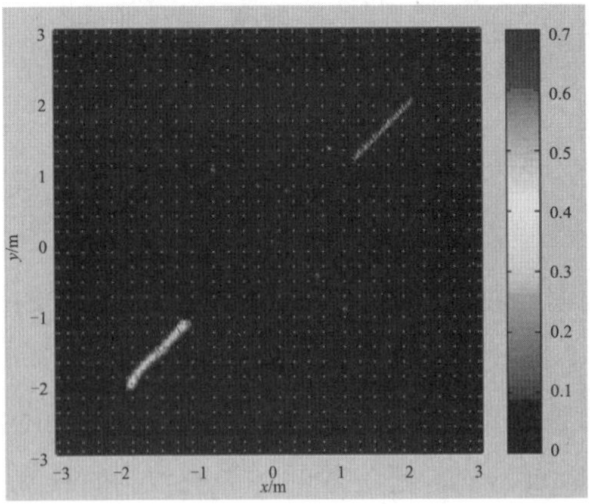

（b）0.013 3 μs

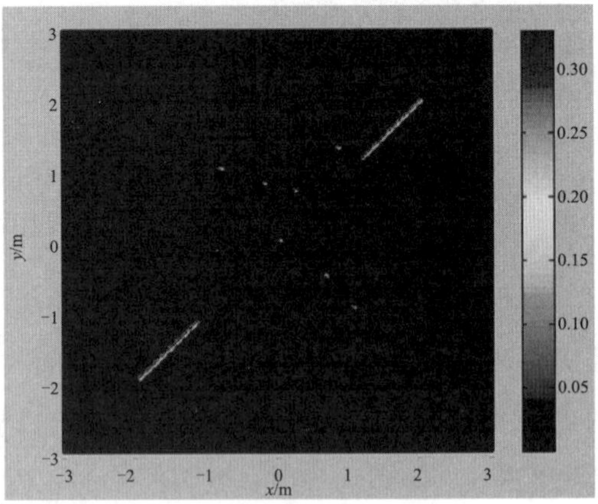

（c）11.7 μs

图 3.37　宏、微观裂纹的扩展和连接过程

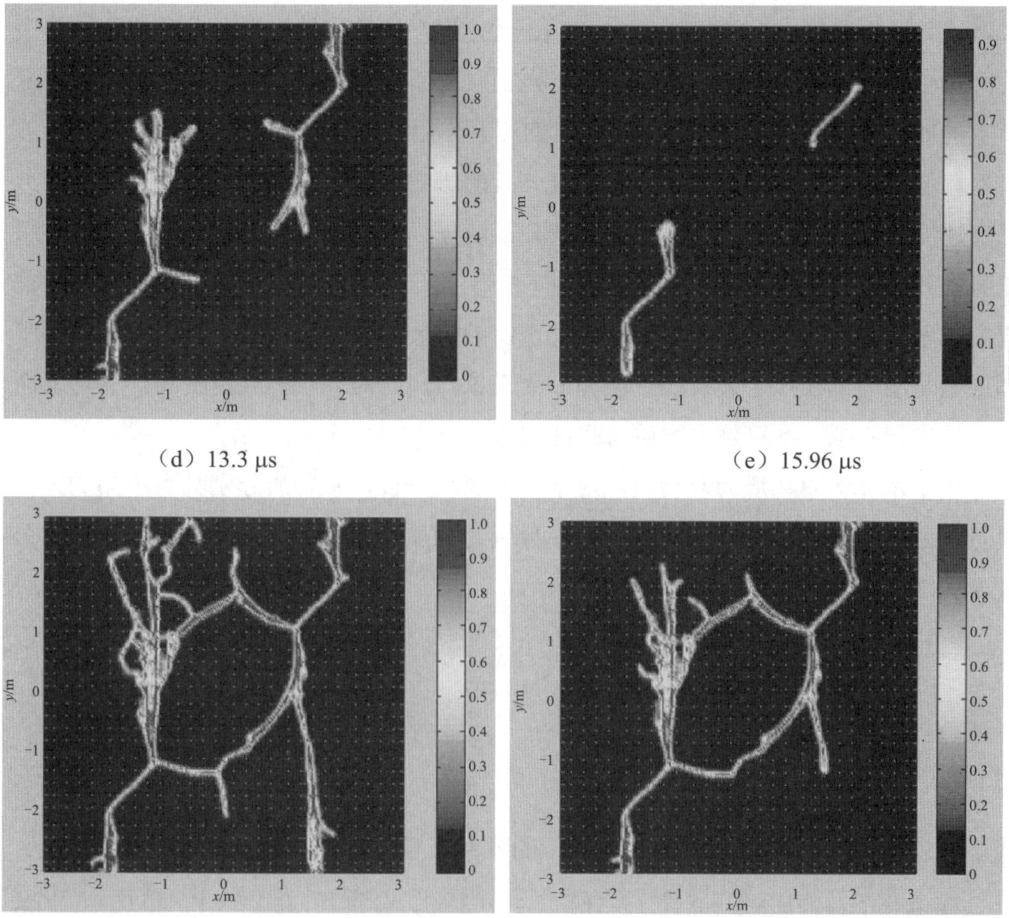

（d）13.3 μs　　（e）15.96 μs

（f）18.62 μs　　（g）23.94 μs

续图 3.37

当时间到达 11.7 μs 时，拉伸裂纹首先从宏观裂纹②的左端和右端沿着与施加速度相垂直的方向启裂；当时间达到 13.3 μs 时，拉伸裂纹从宏观裂纹①的左端和右端沿着与施加速度相垂直的方向启裂和扩展，同时裂纹②的左端和右端继续扩展；当时间到达 15.96 μs 时，宏观裂纹②和微观裂纹③连接，宏观裂纹①和微观裂纹④连接；同时宏观裂纹①的左端和宏观裂纹②的右端开始产生分叉；当时间到达 18.62 μs 时，微观裂纹③和④发生连接，宏观裂纹①和⑧发生连接，同时宏观裂纹②也和微观裂纹⑧发生连接；当时间到达 23.94 μs 时，宏观裂纹①的尖端和宏观裂纹②的尖端同时扩展到样本的下部和上部，岩石样本发生断裂。除此之外，其他的裂纹并未发生扩展，这表明宏观裂纹和微观裂纹的相互作用极大影响了裂纹的扩展路径。

算例十三：近场动力学参数对裂纹分叉的影响。对于脆性物质来说，在高应力和高速度的拉力下，裂纹会出现扩展及分叉现象，有时甚至会出现多个分叉；裂纹在脆性体和准脆性岩石体中高速扩展时的扩展及分叉现象是力学和工程界感兴趣的研究课题之一。研究者提出了很多研究裂纹的扩展和分叉问题的方法，在本算例中利用近场动力学模拟了裂纹的扩展和分叉现象，同时对裂纹扩展速度和扩展角度能正确地进行模拟。本算例中物质为脆性物质。

由于本算例中物质为双物质，对于平面物质来说，双物质分别具有不同的弹性模量、密度等参数，由此可知 $c_{(k)}$和 $c_{(j)}$分别为物质点 $x_{(k)}$和 $x_{(j)}$的刚度系数，根据公式（3.32）可知其表达式分别为

$$c_{(k)} = \frac{9E_{(k)}}{\pi\delta^4} \tag{3.51}$$

$$c_{(j)} = \frac{9E_{(j)}}{\pi\delta^4} \tag{3.52}$$

式中，$E_{(k)}$和 $E_{(j)}$分别为物质点 $x_{(k)}$和 $x_{(j)}$的弹性模量。

模拟一个双物质时，把式（3.51）、式（3.52）分别代入式（3.1）和式（3.2），再把结果代入式（3.3）就可得出最终的基本方程：

$$\rho(\boldsymbol{x})\ddot{\boldsymbol{u}}(\boldsymbol{x},t) = \int_H \left(\frac{1}{2}\mu\left(\boldsymbol{x}_{(k)} - \boldsymbol{x}_{(j)}, t\right)\left(\frac{9E_{(k)}}{\pi\delta^4} + \frac{9E_{(j)}}{\pi\delta^4}\right)\left(s_{(j)(k)} - \alpha\Delta T\right)\right)\mathrm{d}H + \boldsymbol{b}(\boldsymbol{x},t) \tag{3.53}$$

为了定量模拟裂纹分叉现象时计算各因素对裂纹扩展速度的影响，这里采用下式来计算裂纹扩展速度：

$$v_l = \frac{\left\|\boldsymbol{x}_l - \boldsymbol{x}_{l-1}\right\|}{t_l - t_{l-1}} \tag{3.54}$$

式中，$\boldsymbol{x}_l$ 和 $\boldsymbol{x}_{l-1}$ 分别为在目前时刻 t_l 和上一时刻 t_{l-1} 时裂纹尖端的位置，l=1，2，3，…；v_l 为裂纹在时刻 t_l 和 t_{l-1} 这段时间的裂纹平均扩展速度。

本例研究对象为一正方形物体，其边长为 0.04 m。将该物体划分为 200×200=40 000 个离散的物质点，相邻两点之间的间距为$\Delta x=2\times10^{-4}$ m，计算参数如下：$\delta=3\Delta x$，$\Delta t=1.33\times10^{-8}$ s，s_0=0.044 72，泊松比为 $v=\dfrac{1}{3}$，整个系统温度恒定 T =100 K，$\alpha=2.3\times10^{-5}$。以该正方形的正中间为坐标原点，左半边和右半边物质不同，即弹性模量 E 和密度不同，在其正中下部有一锯齿形裂纹，位于两种不同物质的交接面，左、右两边承受相同的拉伸速度 v = 50 m/s，双物质受拉模型如图 3.38 所示。

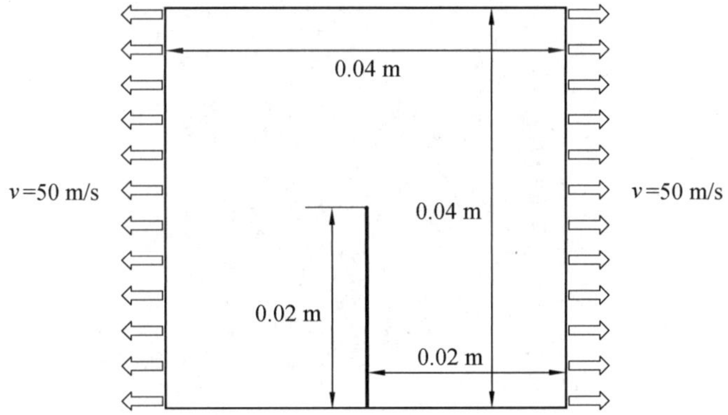

图 3.38　双物质受拉模型

1. 不同弹性模量对分叉的影响

当模型密度ρ=2 000 kg/m^3，左半边弹性模量取 50 MPa，右半边弹性模量分别取 50 MPa、60 MPa、70 MPa 时，运行时间步为 1 250 步的裂纹分叉示意图如图 3.39 所示。

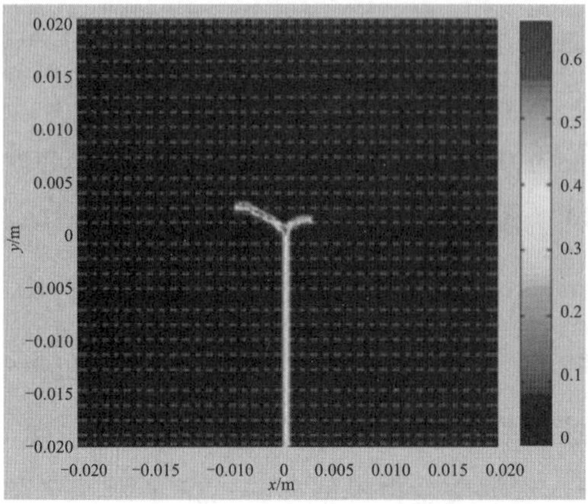

（a）$E_{右}$=50 MPa

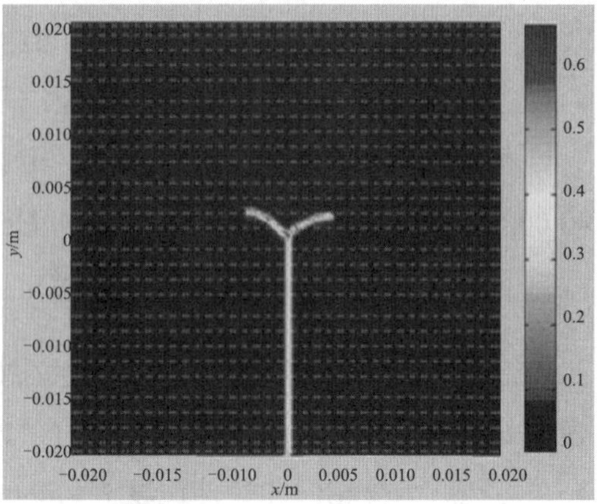

（b）$E_{右}$=60 MPa

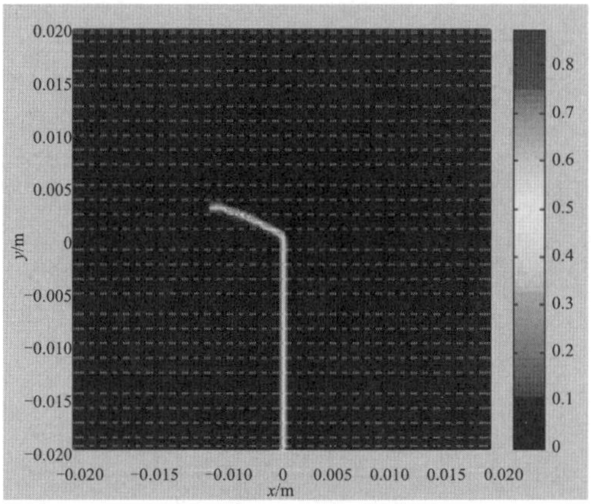

（c）$E_{右}$=70 MPa

图 3.39　弹性模量对裂纹分叉影响

从图 3.39 可以看出，当其他参数一定时，裂纹分叉方向往往偏向于弹性模量小的一边；左、右两边弹性模量差值越大，两边分叉的长度差也越大；弹性模量小的一边的分叉长度大于弹性模量大的一边的分叉长度，甚至当两边弹性模量相差 20 MPa 时，右边分叉消失，这一现象在图 3.39（c）中得到明显体现；按照公式（3.54）计算的各图裂纹扩展速度分别为 579 m/s、482 m/s、470 m/s，随着两边弹性模量差值的增大，裂纹扩展速度逐渐降低，但是从图中可以看出弹性模量对裂纹分叉角度影响不大。可见，处于接触面裂缝时，两边弹性模量的差值对裂纹的扩展速度和扩展长度有较大的影响，但是对裂纹扩展角度影响不大。

2. 不同密度对分叉的影响

当弹性模量取 50 MPa， 左半边模型密度ρ=2 000 kg/m^3，右半边模型密度分别取 2 200 kg/m^3、2 500 kg/m^3、2 000 kg/m^3 时，运行 1 250 步的裂纹分叉示意图如图 3.40 所示。

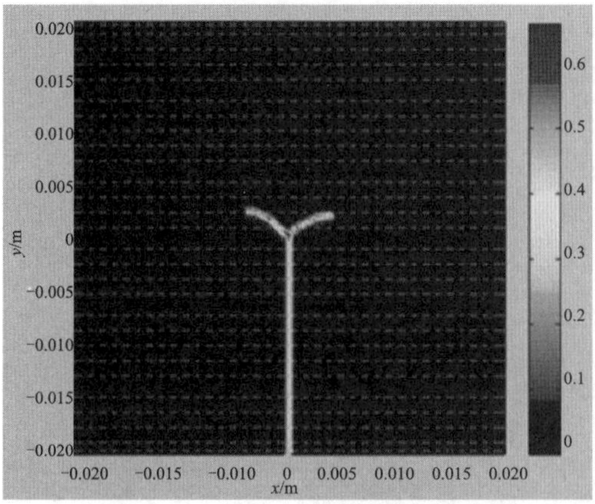

（a）$\rho_{右}$=2 000 kg/m^3

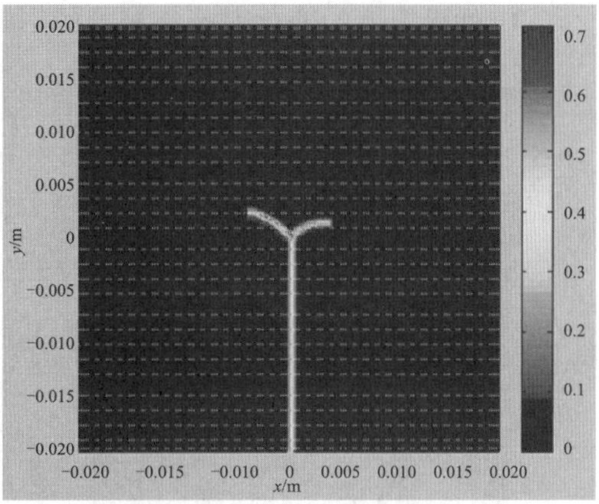

（b）$\rho_{右}$=2 200 kg/m^3

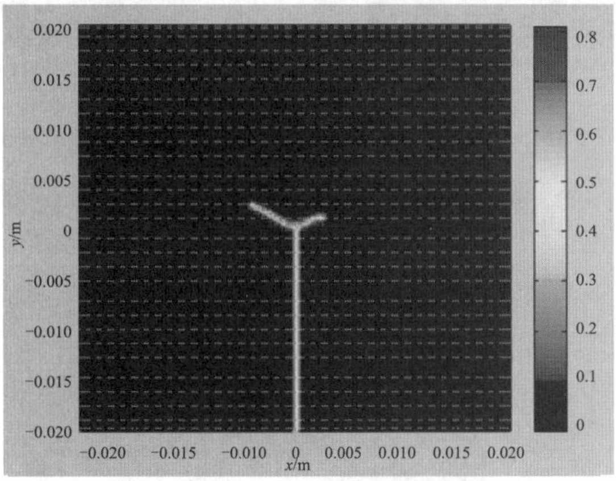

（c）$\rho_{右}$=2 500 kg/m^3

图 3.40　密度对裂纹分叉的影响

从图 3.40 中可以看出，当其他参数一定时，裂纹分叉方向往往偏向于密度较小的一边；当左右两边密度相差较大时，两边分叉长度的差值也较大；密度小的一边的分叉长度大于密度大的一边的分叉长度；通过计算可知，裂纹扩展速度随着两边密度差值的逐渐减小而增大，但是从图中也可以看出两边裂纹的密度差对裂纹分叉角度影响不大，且裂纹的分叉角大致都是钝角；可见对于一处于接触面裂缝时，两边密度的差值对裂纹的扩展速度和扩展方向有较大的影响，但是对裂纹扩展角度影响不大。

3. 外界温度的变化对裂纹扩展的影响

当弹性模量取 150 MPa， 模型密度ρ=2 000 kg/m^3，ΔT 分别取−50 ℃、0 ℃、50 ℃时，运行 1 250 步的裂纹分叉示意图如图 3.41 所示。

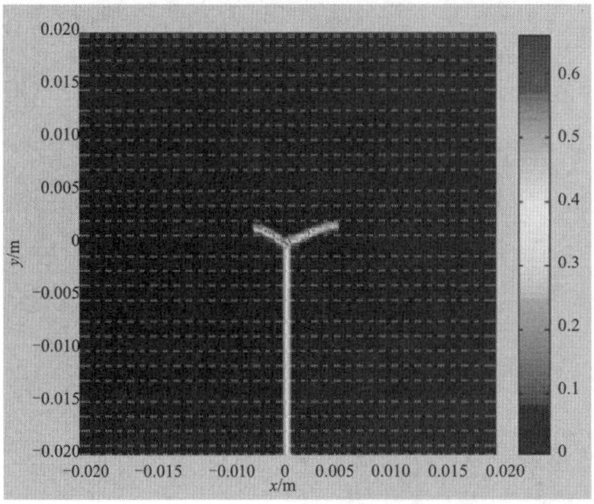

（a）ΔT = −50 ℃

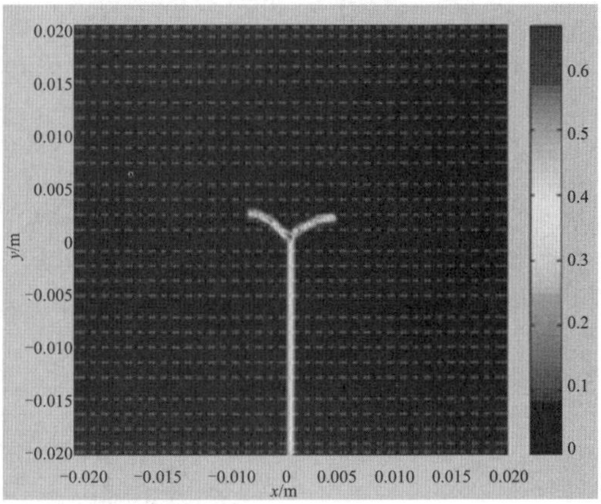

（b）ΔT = 0 ℃

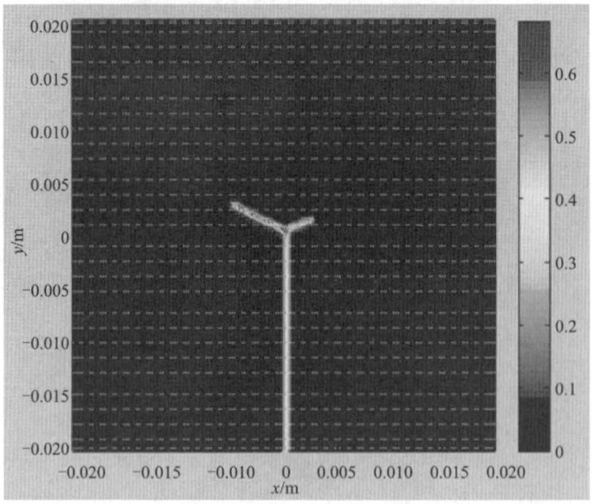

（c）ΔT = 50 ℃

图 3.41　温度改变量对裂纹分叉的影响

从图 3.41 可以看出，当其他参数一定时，裂纹分叉在ΔT为负的时候右边的分叉长度大于左边的分叉长度，即分叉往往偏向于右边。当ΔT为 0 时，分叉两边基本呈对称状态；当ΔT为正时，左边的分叉长度大于右边的分叉长度，即分叉偏向于左半边；同时通过计算可知，随着温度改变量逐渐增大，其扩展速度逐渐降低。从图中可知温度改变量对裂纹分叉的角度影响不大，裂纹的分叉角一般为钝角；由于一般外界温度变化很小，因此温度改变对裂纹的影响很小。

4. 近场动力学参数邻域半径δ对裂纹分叉的影响

为了研究邻域半径δ对裂纹分叉的影响，这里取模型弹性模量为 50 MPa，模型密度ρ=2 000 kg/m^3，ΔT为 0，当δ分别为 2Δx、3Δx、4Δx时，运行 1 250 步的裂纹分叉示意图如图 3.42 所示。

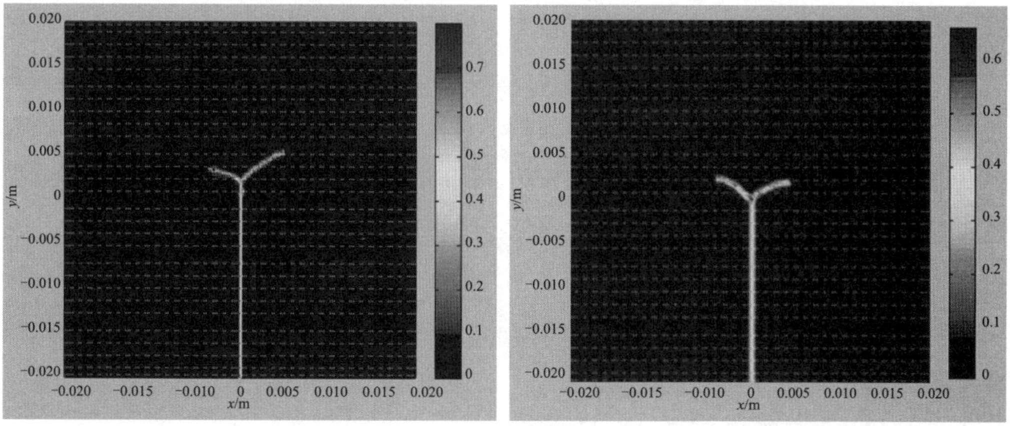

（a）δ=2Δx　　（b）δ=3Δx

图 3.42　邻域半径δ对裂纹分叉的影响

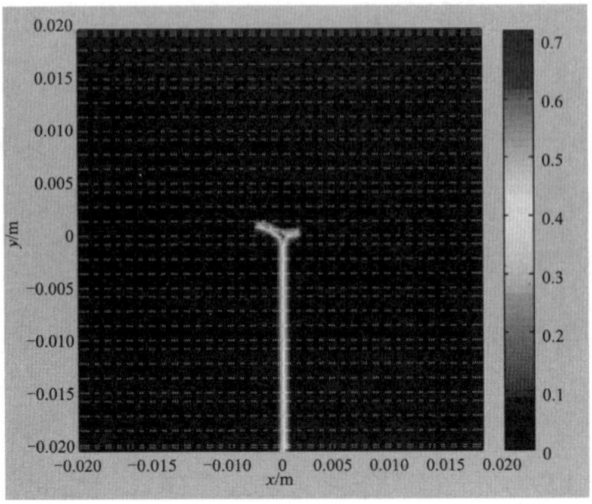

（c）δ=4Δx

续图 3.42

从图中可以看出，当其他参数相同时，随着邻域半径δ取值逐渐增大，裂纹逐渐变粗，且可知当δ=2Δx 时，右边的分叉长度大于左边的分叉长度，即裂纹分叉偏向右边；当δ=3Δx 时，裂纹分叉的两边趋于对称；当δ=4Δx 时，左边的分叉长度大于右边的分叉长度，即裂纹分叉偏向左边；同时从图中对比可以看出，随着邻域半径的增大，裂纹分叉的扩展速度逐渐降低；也可以看出，随着邻域半径的增大，裂纹分叉的角度逐渐增大。因此，邻域半径的值对裂纹的传播速度及裂纹分叉角有较大的影响。但是通过文献可知，当δ=3Δx 时收敛性较好，因此一般情况下对裂纹模拟时取δ=3Δx。

5. 相邻节点间距Δx对裂纹分叉的影响

当弹性模量取 50 MPa，模型密度ρ=2 000 kg/m^3，δ=3Δx，Δx 分别取 1×10^{-4} m、2×10^{-4} m、4×10^{-4} m 时，运行 1 250 步的裂纹分叉示意图如图 3.43 所示。

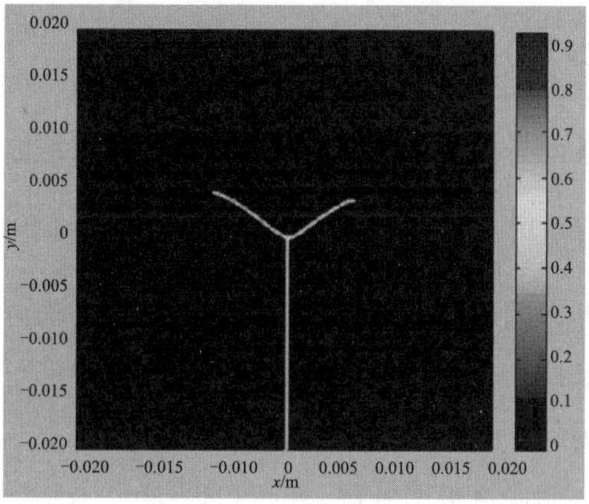

（a）$\Delta x=1\times10^{-4}$ m

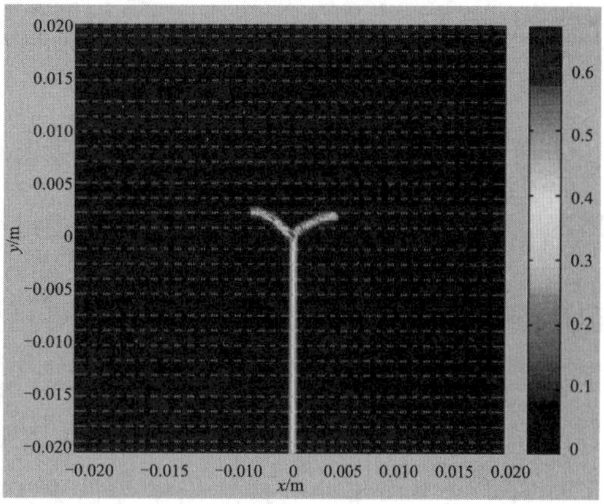

（b）$\Delta x=2\times10^{-4}$ m

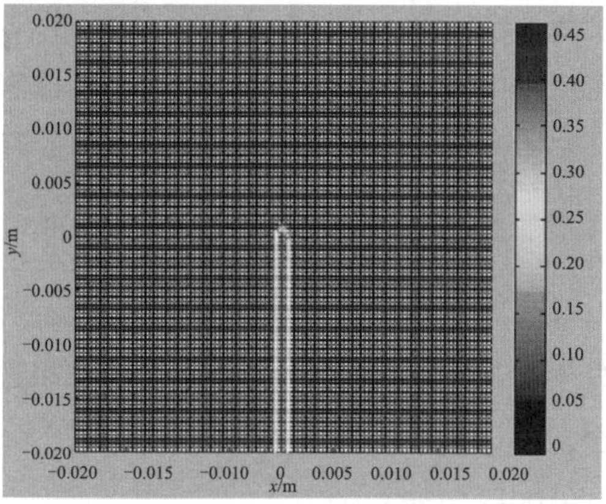

（c）$\Delta x=4\times10^{-4}$ m

图 3.43　相邻节点间距Δx对裂纹分叉的影响

从图 3.43 可以看出，当其他参数相同时，当Δx逐渐增大时裂纹逐渐变粗，裂纹分叉基本左右对称；裂纹的分叉速度随着Δx的增大逐渐减小，裂纹扩展速度都小于瑞利波速；同时可以看出，裂纹分叉长度随着Δx的增大逐渐减小，甚至在$\Delta x=4\times10^{-4}$ m 时裂纹没有出现分叉现象；裂纹分叉的角度也随着Δx的增大逐渐减小，Δx越小其精度就越高，但是计算时间也较长，计算效率会降低。由此可见，Δx的大小对于裂纹的分叉速度和分叉角度有较大的影响。

3.2 考虑切向键的改进的近场动力学方法

通过以上分析，我们知道尽管键为基础的近场动力学理论能够较好地模拟拉伸情况下岩石类物质的裂纹的扩展和连接过程，但是它的泊松比必须等于$\frac{1}{3}$，且在模拟压缩荷载情况下裂纹的扩展和连接过程存在困难。本节将对键为基础的近场动力学进行改进，在原先只有一个的法向键的基础上再加一个切向键，以使该理论能更好地模拟压缩荷载情况下裂纹的扩展和连接。

对于这个改进的近场动力学模型来说，切向键被引入键为基础的近场动力学模型，粒子被切向键和法向键连接起来，不但限制了键的法向位移，同时也限制了相对转角的自由度。基于超弹性理论，通过对比传统的弹塑性力学应变能密度和近场动力学所获得应变能密度，切向键和法向键的刚度系数能被求得，而且近场动力学恒量和宏观物质恒量（例如弹性模量和泊松比）能被获得，同时这个改进的近场动力学模型能模拟泊松比不等于$\frac{1}{3}$的岩石类物质断裂问题；通过引入切向键，它能更好地模拟屈服于压缩荷载作用下的岩石类物质的断裂问题。对压缩荷载下的岩石类物质的裂纹的启裂、扩展和连接过程的数值模拟和试验结果进行了对比，结果表明它与试验结果比较吻合。

3.2.1 键为基础的近场动力学理论

键为基础的近场动力学理论如 3.1 节所述，此处不再赘述。

3.2.2 切向键和法向键理论

1. 超弹性理论

为了在近场动力学理论中引入切向键，在超弹性理论中，拉格朗日坐标 $X=(X_1, X_2, X_3)$ 时常被用来描述粒子的初始结构，同时欧拉坐标 $x=(x_1, x_2, x_3)$时常被用来描述它的变形结构。变形梯度用下式表达：

$$F_{ij}=\frac{\partial x_i(X,t)}{\partial X_j} \tag{3.55}$$

同时格林-拉格朗日应变张量为

$$\boldsymbol{E}_{ij}=\frac{1}{2}(F_{ii}F_{ij}-\delta_{ij}) \tag{3.56}$$

皮奥拉-基尔霍夫应力张量为

$$\boldsymbol{S}_{ij}=\frac{\partial\boldsymbol{\Phi}}{\partial\boldsymbol{E}_{ij}} \tag{3.57}$$

式中，$\boldsymbol{\Phi}$为应变能密度。

物质的弹性张量为

$$\boldsymbol{C}_{ijkl}=\frac{\partial\boldsymbol{S}_{ij}}{\partial\boldsymbol{E}_{kl}}=\frac{\partial^2\boldsymbol{\Phi}}{\partial\boldsymbol{E}_{ij}\partial\boldsymbol{E}_{kl}} \tag{3.58}$$

2. 切向键的物理意义

岩石类物质时常承受压缩荷载，当岩石承受压缩荷载时，切向键时常沿着最大剪切应力的方向对它的转角进行限制。随着压缩应力的增加，物质将沿着切向键的方向断裂。对于压缩荷载下的岩石，当剪切应变超过临界值时，岩石将发生断裂，法向键和切向键如图 3.44 所示。然而，传统的键为基础的近场动力学并未考虑键的切向变形，它仅仅考虑了键的拉伸和压缩变形，下面将引入切向键以模拟它的切向应变效果。

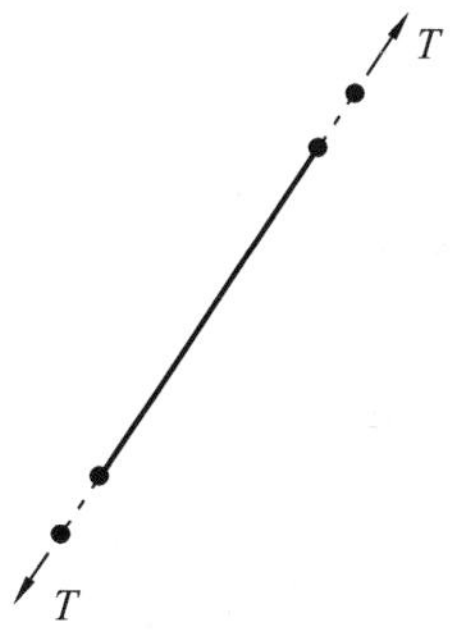

（a）法向键

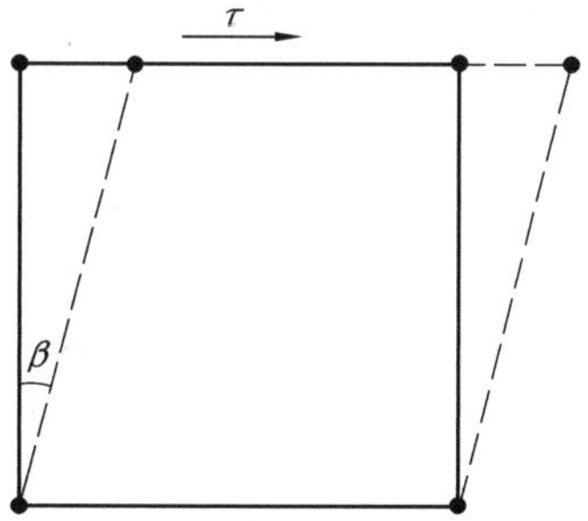

（b）切向键

图 3.44　法向键和切向键

3. 基于切向键和法向键的改进的近场动力学理论

在本节中，每个键上的两个粒子都是受到切向键和法向键相互作用的，那么每个键的势能为

$$U = U_1 + U_r \tag{3.59}$$

式中，U_l、U_r 分别代表键的拉伸势能和转动势能。

按照 Cauchy-Born 准则，对于小应变来说，法向键的变形长度为

$$l = l_0 \lambda_i \boldsymbol{\varepsilon}_{ij} \lambda_j \tag{3.60}$$

式中，λ_i 为极坐标系统下的法向键的单位方向矢量，$\lambda_i = (\cos\theta, \sin\theta)$，具体如图 3.45 所示；$l_0$ 为两个粒子间法向键的初始长度；$\boldsymbol{\varepsilon}_{ij}$ 为应变。

相对于两个坐标轴间的键的旋转角为

$$\begin{cases} \beta_1 = \lambda_i \boldsymbol{\varepsilon}_{ij} \boldsymbol{\psi}'_j \\ \beta_2 = \lambda_i \boldsymbol{\varepsilon}_{ij} \boldsymbol{\psi}''_j \end{cases} \tag{3.61}$$

式中，$\boldsymbol{\psi}$ 为垂直于 λ 的单位矢量，这里 $\boldsymbol{\psi}'_j = (\sin\theta, -\cos\theta)$，$\boldsymbol{\psi}''_j = (-\sin\theta, \cos\theta)$。法向键的方向矢量和法向键的旋转矢量如图 3.45 所示。

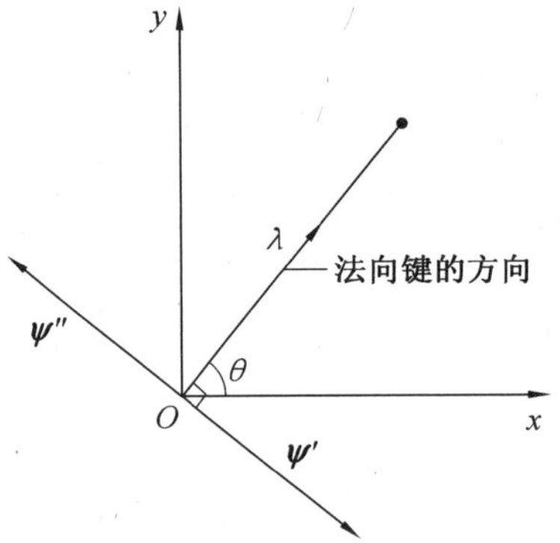

图 3.45　法向键的方向矢量和法向键的旋转矢量

由公式（3.60）能得出法向键的应变能密度公式为

$$U_1 = \frac{1}{2} k (l_0 \lambda_i \boldsymbol{\varepsilon}_{ij} \lambda_j)^2 \tag{3.62}$$

式中，k 为法向键的刚度。

同样地，切向键的应变能密度为

$$U_{\mathrm{r}}=\frac{1}{2}r(\lambda_i\boldsymbol{\varepsilon}_{ij}\boldsymbol{\psi}'_j)^2+\frac{1}{2}r(\lambda_i\boldsymbol{\varepsilon}_{ij}\boldsymbol{\psi}''_j)^2 \tag{3.63}$$

式中，r 为切向键的刚度。

由公式（3.62）和公式（3.63）可得出两个粒子间的应变能密度公式，它能被表达为

$$U=U_1+U_{\mathrm{r}}=\frac{1}{2}k(l_0\lambda_i\boldsymbol{\varepsilon}_{ij}\lambda_j)^2+\frac{1}{2}r(\lambda_i\boldsymbol{\varepsilon}_{ij}\boldsymbol{\psi}'_j)^2+\frac{1}{2}r(\lambda_i\boldsymbol{\varepsilon}_{ij}\boldsymbol{\psi}''_j)^2 \tag{3.64}$$

近场动力学的应变能密度能被表达为

$$\begin{aligned}W_{\mathrm{p}}&=\frac{1}{2}\int_{\hbar}U\mathrm{d}V_{\mathrm{r}}=\frac{1}{2}\int_0^{\delta}\int_0^{2\pi}\frac{1}{2}k(\xi\boldsymbol{\varepsilon}_{ij}\lambda_i\lambda_j)^2\xi\mathrm{d}\theta\mathrm{d}\xi\\&+\frac{1}{2}\int_0^{\delta}\int_0^{2\pi}\frac{1}{2}r(\boldsymbol{\varepsilon}_{ij}\lambda_i\boldsymbol{\psi}'_j)^2\xi\mathrm{d}\theta\mathrm{d}\xi+\frac{1}{2}\int_0^{\delta}\int_0^{2\pi}\frac{1}{2}r(\boldsymbol{\varepsilon}_{ij}\lambda_j\boldsymbol{\psi}''_j)^2\xi\mathrm{d}\theta\mathrm{d}\xi\end{aligned} \tag{3.65}$$

公式（3.65）又能被表达为

$$\begin{aligned}W_{\mathrm{p}}&=\left(\frac{1}{16}\pi r\delta^2+\frac{3}{64}k\pi\delta^4\right)\boldsymbol{\varepsilon}_{11}^2+\left(\frac{1}{16}\pi r\delta^2+\frac{3}{64}k\pi\delta^4\right)\boldsymbol{\varepsilon}_{22}^2\\&+\left(\frac{1}{4}\pi r\delta^2+\frac{1}{16}k\pi\delta^4\right)\boldsymbol{\varepsilon}_{12}^2+\left(\frac{1}{32}k\pi\delta^4-\frac{1}{8}\pi r\delta^2\right)\boldsymbol{\varepsilon}_{11}\boldsymbol{\varepsilon}_{22}\end{aligned} \tag{3.66}$$

对于平面应变问题，由传统的连续性力学所获得的应变能密度为

$$W_{\mathrm{c}}=\left(\frac{1}{2}K+\frac{2}{3}G\right)\boldsymbol{\varepsilon}_{11}^2+\left(\frac{1}{2}K+\frac{2}{3}G\right)\boldsymbol{\varepsilon}_{22}^2+\left(K-\frac{2}{3}G\right)\boldsymbol{\varepsilon}_{11}\boldsymbol{\varepsilon}_{22}+2\boldsymbol{\varepsilon}_{12}^2G \tag{3.67}$$

式中，K 为体积模量，$K=\dfrac{E}{3(1-2\nu)}$；G 为剪切模量，$G=\dfrac{E}{2(1+\nu)}$；ν 为泊松比；E 为杨氏模量。

对于同一个物质，近场动力学应变能密度应该等于由传统的连续性力学理论所算出的应变能密度，对比公式（3.67）和公式（3.68），由它们相等可得以下公式：

$$\begin{cases}\dfrac{1}{16}\pi r\delta^2+\dfrac{3}{64}k\pi\delta^4=\dfrac{1}{2}K+\dfrac{2}{3}G\\\dfrac{1}{4}\pi r\delta^2+\dfrac{1}{16}k\pi\delta^4=2G\\\dfrac{1}{32}k\pi\delta^4-\dfrac{1}{8}\pi r\delta^2=K-\dfrac{2}{3}G\end{cases}\tag{3.68}$$

由公式（3.68）可知，在近场动力学理论中相应的参数 k、r 和杨氏模量 E、泊松比 ν 之间的关系表达式为

$$\begin{cases}k=\dfrac{8E}{(1+\nu)(1-2\nu)\pi\delta^4}\\r=\dfrac{2E(1-2\nu)}{(1+\nu)(1-2\nu)\pi\delta^2}\end{cases}\tag{3.69}$$

那么图 3.46 所示的作用在粒子上的切向键力和法向键力的表达式如下：

$$\begin{cases}\boldsymbol{f}_k=\mu(t,\xi)ks_k\\\boldsymbol{f}_r=\mu(t,\xi)rs_r\end{cases}\tag{3.70}$$

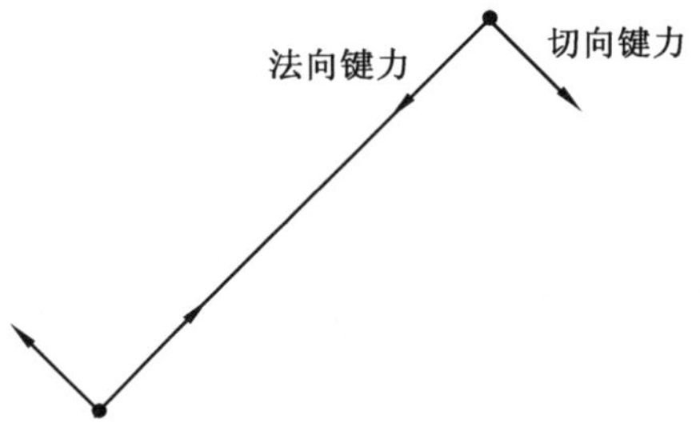

图 3.46　切向键和法向键力示意图

在近场动力学模型中采用了自适应动力松弛算法，为了获得稳定的收敛解，稳定性条件是必要的，按照 Silling 和 Askari 所做的工作，时间步应该满足：

$$\Delta t<\sqrt{\dfrac{2\rho}{\sum_{j=1}^{N}\left(\dfrac{c}{|\boldsymbol{x}_j-\boldsymbol{x}_i|}\right)V_j}}\tag{3.71}$$

3.2.3　基于切向键和法向键的改进的近场动力学理论数值模拟算例

算例一：本算例涉及三点弯曲条件下带有锯齿的一个半圆形大理石样本的近场动力学数值模拟。这个大理石样本的几何结构如图 3.47（a）所示。在本算例中的几何结构被划分为 2 000 个配置点，节点间距Δx =4 mm，域尺寸$\delta = 3.015\Delta x$，近场动力学模型的几何参数与试验的参数一致，因此一个脆性物质的模型被用于模拟此大理石样本，弹性模量E=85 GPa，物质密度ρ=2 800 kg/m^3，泊松比$\nu=\frac{1}{3}$，基于被选择的位移增量，此次模拟步为 1 200 时间步，每时间步$\Delta t = 1.33\times 10^{-8}$ s。

近场动力学模拟和预测裂纹的扩展过程如图 3.47（b）～（e）所示。当时间步到达 600 步时，断裂首先来自锯齿的尖端；当时间步到达 900 步时，裂纹继续扩展；当时间步到达 1 200 步时，带有锯齿的半圆形大理石样本完全断裂。由改进的近场动力学理论模拟的裂纹扩展和连接路径与图 3.48 所示的试验结果一致。图 3.49 为近场动力学数值模拟的断裂韧度的数值解和试验数据的对比。在图 3.49 中，x 坐标是正则化的荷载速率，y 坐标是正则化的动态裂纹启裂韧度。从图 3.49 的对比中能看出由数值模拟获得的动态启裂韧度与试验获得的数据误差很小，这些无论从定性上还是定量上都证明了近场动力学理论模拟、预测裂纹扩展和连接时的正确性。

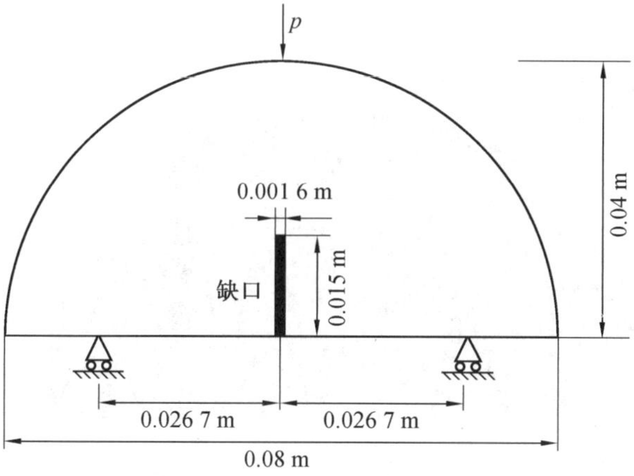

（a）几何结构

图 3.47　在 NSCB 试验中锯齿的启裂和扩展

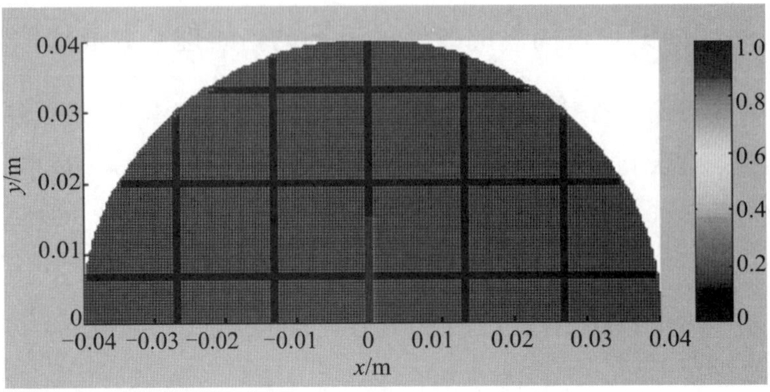

（b）时间步 1

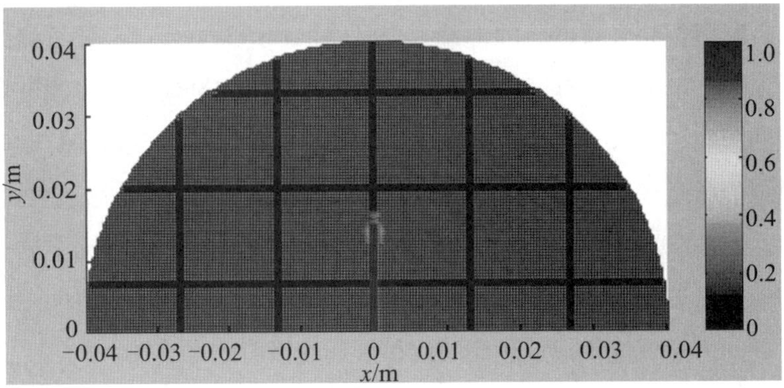

（c）时间步 600

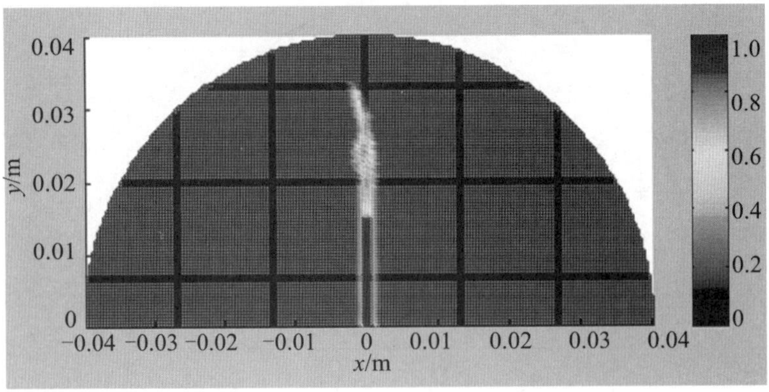

（d）时间步 900

续图 3.47

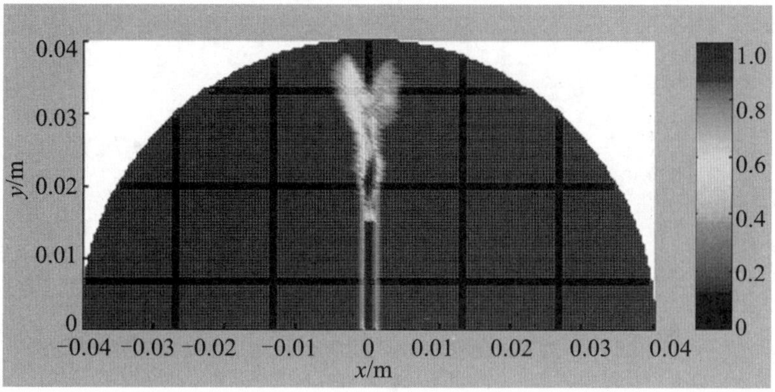

（e）时间步 1 200

续图 3.47

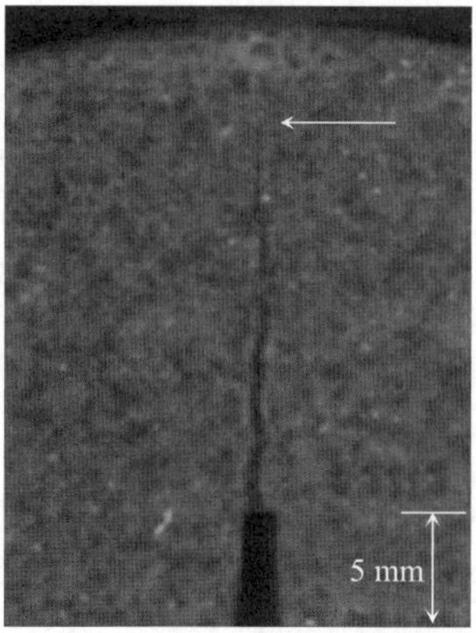

图 3.48　在 NSCB 试验中大理岩的试验结果

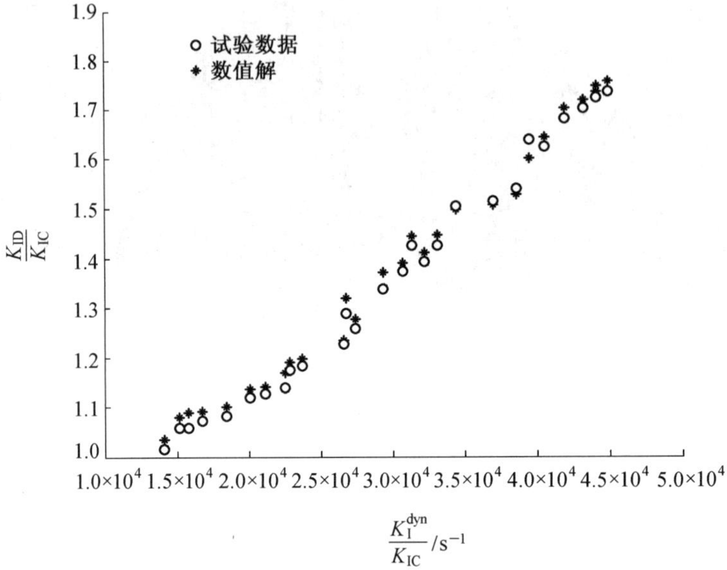

图 3.49　近场动力学数值模拟的断裂韧度的数值解和试验数据的对比

算例二：在单轴压缩荷载作用下裂纹扩展和连接的近场动力学数值模拟。以上面所叙述的改进的近场动力学模型为基础，编制一个程序代码以表现这个模型的有效性。模拟了裂纹在单轴压缩荷载作用下裂纹的启裂、扩展和连接过程，并和试验结果进行了对比。图 3.50 为试验中预先存在的裂纹几何结构，为了描述方便，将已经存在的裂纹分别标记为①、②、③，如图 3.50 所示。

1. 在单轴压缩荷载作用下一条裂纹的启裂和扩展

在以前的试验中，完成了在砂岩中一条裂纹的启裂和扩展过程。这个砂岩的物理参数分别为：单位容重γ_m= 26.2 kN/m^3，杨氏模量 E=28.21 GPa，泊松比ν= 0.2。砂岩样本的尺寸为宽度为 60 mm、长度为 120 mm 的长方形，倾角α= 45°，裂纹的长度 $2a$= 20 mm，如图 3.50（a）所示。

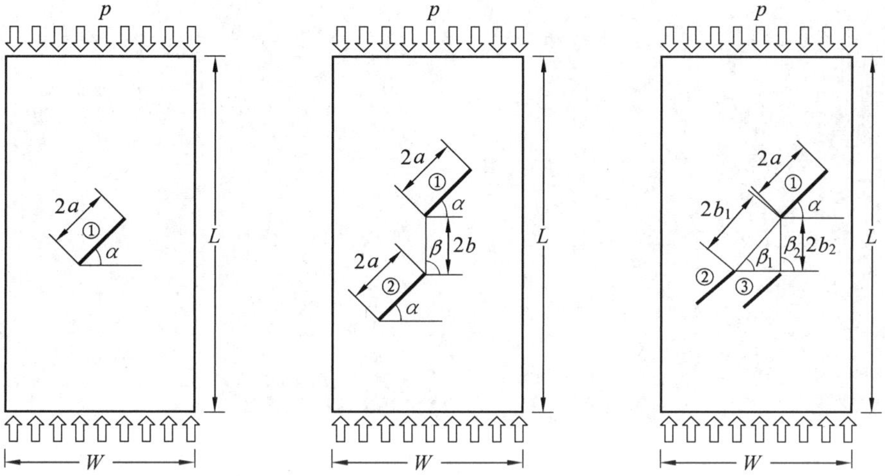

（a）一条裂纹　　　　（b）两条裂纹　　　　（c）三条裂纹

图 3.50　在单轴压缩荷载作用下预先存在裂纹结构

在目前的改进的近场动力学数值模型中，这个岩石样本被离散为 100×200=20 000 个物质粒子点，相邻两个晶格的间距为Δx =0.6 mm，每个粒子的计算域取δ= 1.809 mm，荷载施加于样本的上边界和下边界，荷载的大小为 85.29 MPa，在这个荷载作用下，当样本到达 800 时间步时，岩石样本完全断裂。裂纹的启裂和扩展过程中，裂纹的轴向应力应变曲线是数值模型的基本输出；如图 3.51 所示，裂纹的启裂和扩展过程清晰可见。当时间步到达 180 步时，翼型裂纹首先从裂纹的尖端启裂；当时间步到达 320 步时，翼型裂纹沿着最大主应力的方向启裂；当时间步达到 700 步时，翼型裂纹扩展到样本的上边界和下边界，岩石样本完全断裂。近场动力学模拟结果和试验的对比如图 3.52 所示，从图中能看出数值模拟结果和试验结果相符合。图 3.53 为砂岩在单轴压缩情况下的轴向应力应变曲线，从图 3.53 可以看出，数值结果和试验结果基本吻合。

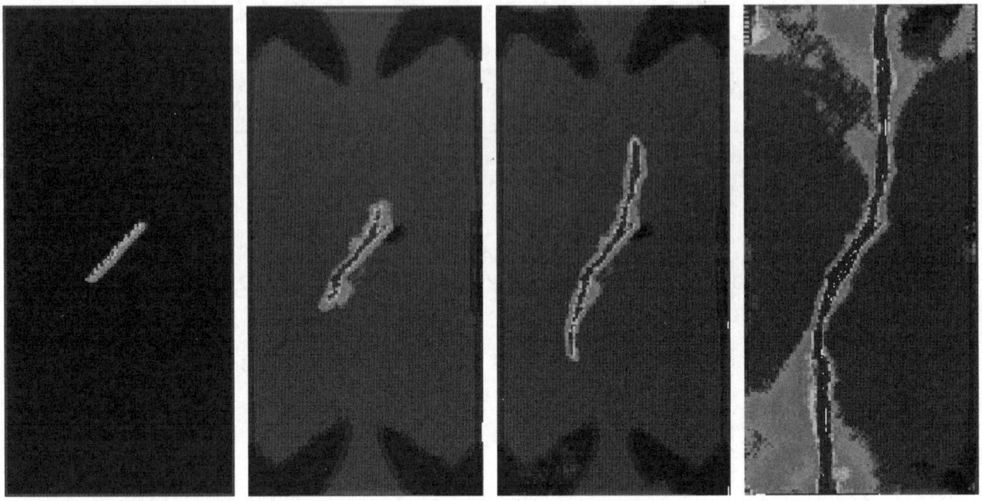

（a）时间步 1　（b）时间步 180　（c）时间步 320　（d）时间步 700

图 3.51　在单轴压缩情况下岩石样本的一条裂纹的启裂和扩展

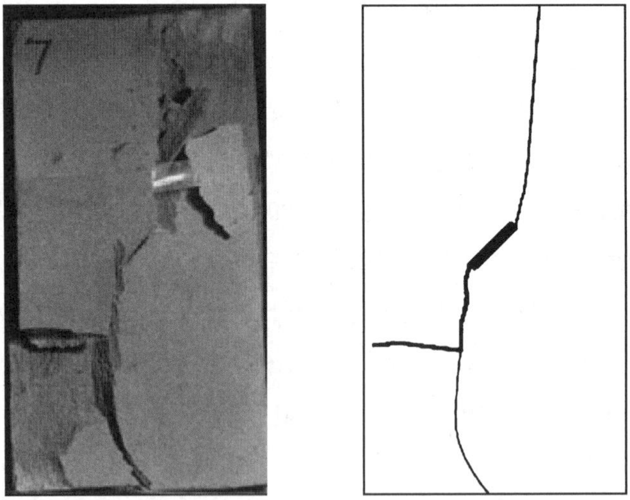

图 3.52　近场动力学模拟结果和试验的对比

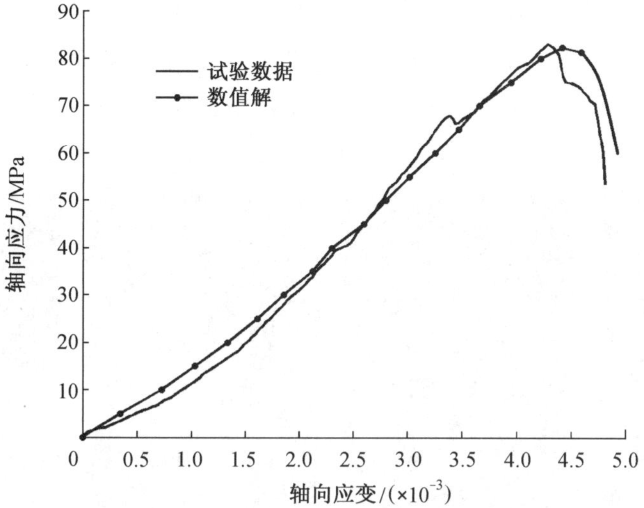

图 3.53　在单轴压缩情况下包含一条裂纹的砂岩样本的轴向应力应变曲线

2. 在单轴压缩荷载作用下两根裂纹的启裂、扩展和连接过程

为了分析在单轴压缩情况下包含两根裂纹的岩石物质的裂纹的启裂和扩展连接过程，Li 等做了相关试验。在试验当中所用的试验物质是一个砂、混凝土和灰浆的混合体，它们的质量比为 8∶1∶1。模拟物质的单位容重、杨氏模量和泊松比分别为：$\gamma_m = 16\ kN/m^3$，E=0.321 GPa，$\nu = 0.32$。岩石样本的尺寸为宽为 90 mm、高为 150 mm 的长方形，裂纹倾角$\alpha = 60°$，桥接角$\beta = 90°$，裂纹长度 $2a = 20$ mm，同时两条裂纹之间桥接距离 $2b = 20$ mm，具体如图 3.43（b）所示。

对于目前的数值模型，岩石样本被离散为带有 150×250=37 500 个离散的粒子，相邻粒子间距为Δx =0.6 mm，粒子作用的域为$\delta = 1.809$ mm，在岩石样本的上边界和下边界分别作用着均布压缩荷载，荷载大小为 1.34 MPa。当时间步到达 500 步时，岩石样本完全断裂。裂纹的启裂和扩展过程是数值模型的基本输出；图 3.54 是裂纹的扩展和连接过程，从图 3.54 能看出，当时间到达 240 步时，翼型裂纹首先从裂纹②内尖端启裂，同时从裂纹①的内尖端产生了拟共面次生裂纹，在裂纹①和裂纹②的外尖端无裂纹启裂，主要是因为裂纹间相互作用产生了应力屏蔽作用；当时间步到达 280 步时，沿着裂纹②内尖端启裂的翼型裂纹沿着最大主应力方向扩展，同时和从裂纹①的内尖端产生的拟共面次生裂纹连接，同时来自裂纹①和裂纹②的外尖端的翼型裂纹开始启裂；当时间步达到 420 步时，来自裂纹①和裂纹②的外尖端的翼型裂纹扩展到样本的上部和下部，岩石样本发生断裂。图 3.55 为试验断裂结果，对比试验结果可以看出，数值模拟的结果和试验结果基本吻合。

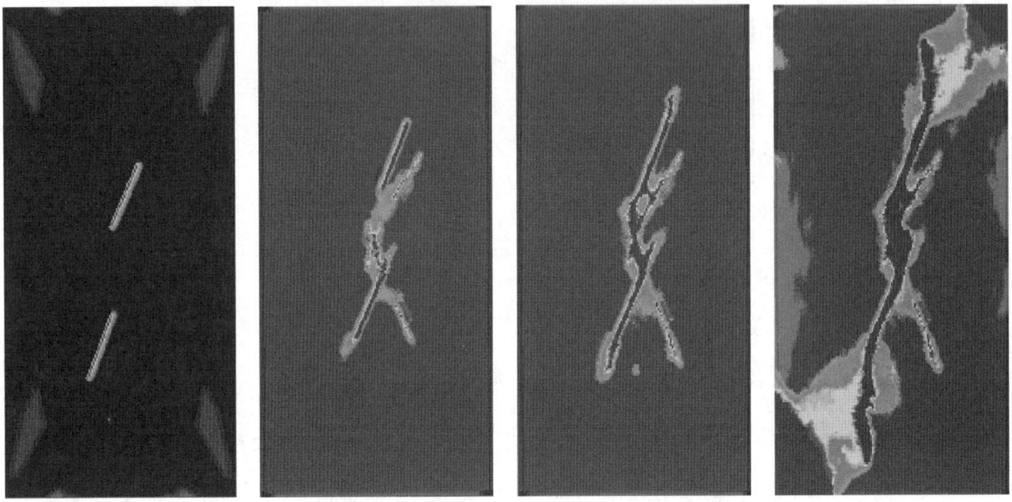

（a）时间步 1　（b）时间步 240　（c）时间步 280　（d）时间步 420

图 3.54　在单轴压缩情况下在岩石样本中两条裂纹的启裂、扩展和连接

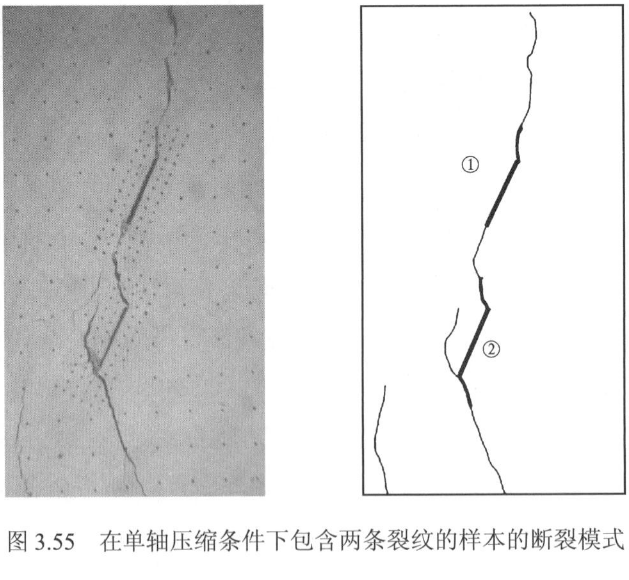

图 3.55　在单轴压缩条件下包含两条裂纹的样本的断裂模式

3. 在单轴压缩荷载作用下三条裂纹的启裂、扩展和连接过程

为了研究桥接角对裂纹的连接特性及断裂模式的影响，Yang 做了在单轴压缩荷载作用下包含三条预先存在的裂纹的砂岩样本的试验，该岩石样本的容重γ_m= 26.5 kN/m^3，弹性模量 E=29 GPa，泊松比ν = 0.2。砂岩样本的尺寸为高度为 120 mm、宽度为 60 mm 的长方形样本，包含的三条裂纹都是相互平行的，裂纹倾角α = 30°，裂纹宽度 $2a$ = 15 mm，桥接角分别是β_1=60°和β_2=120°，桥接长度分别是 $2b_1$=20 mm 和 $2b_2$=20 mm。

在当前的数值模拟中，岩石样本被离散为 100×200=20 000 个物质点，即有 20 000 个正方形晶格，相邻晶格间距为Δx =0.6 mm，物质点作用域尺寸为δ= 1.809 mm，在砂岩样本的上端和下端作用有相同的均布荷载，荷载大小为 78.77 MPa。当时间步到达 800 步时，岩石样本完全断裂；裂纹的启裂、扩展和连接过程是本次数值模拟的基本输出。如图 3.56 所示，当时间步到达 240 步时，裂纹的启裂、扩展和连接过程清晰可见，来自裂纹①和裂纹②内尖端的剪切裂纹开始启裂，产生这种现象的主要原因是裂纹间的相互作用引起的应力扩大效果；在裂纹①外尖端附近翼型裂纹开始启裂，裂纹③的尖端无裂纹启裂，发生这种现象的主要原因是裂纹之间的相互作用引起的应力屏蔽现象。当时间步到达 480 步时，来自裂纹①和裂纹②引起的剪切裂纹发生连接，同时在裂纹②的外尖端和裂纹③的左尖端翼型裂纹开始启裂，而且来自裂纹①的外尖端启裂的翼型裂纹沿着最大主应力的方向扩展；当时间步到达 700 步时，在裂纹①和裂纹②的外尖端启裂的翼型裂纹继续扩展到岩石样本的上边界和下边界，岩石样本完全断裂。除此之外，来自裂纹③的左尖端翼型裂纹停止扩展，这是因为裂纹间的应力屏蔽效应。图 3.57 为数值模拟和试验的对比图，从图中能看出，数值模拟结果与试验结果吻合程度较好。

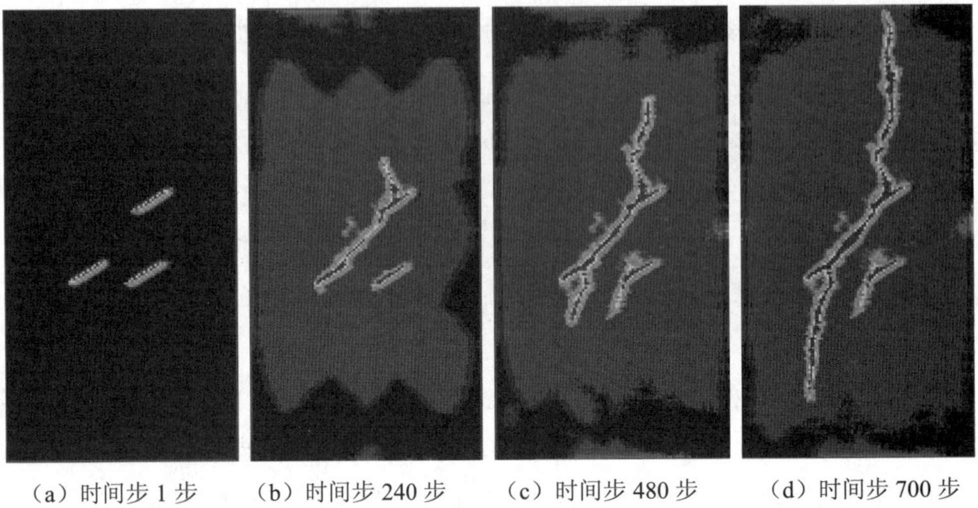
(a) 时间步 1 步
(b) 时间步 240 步
(c) 时间步 480 步
(d) 时间步 700 步

图 3.56　在单轴压缩情况下在岩石样本中三条裂纹的启裂、扩展和连接过程

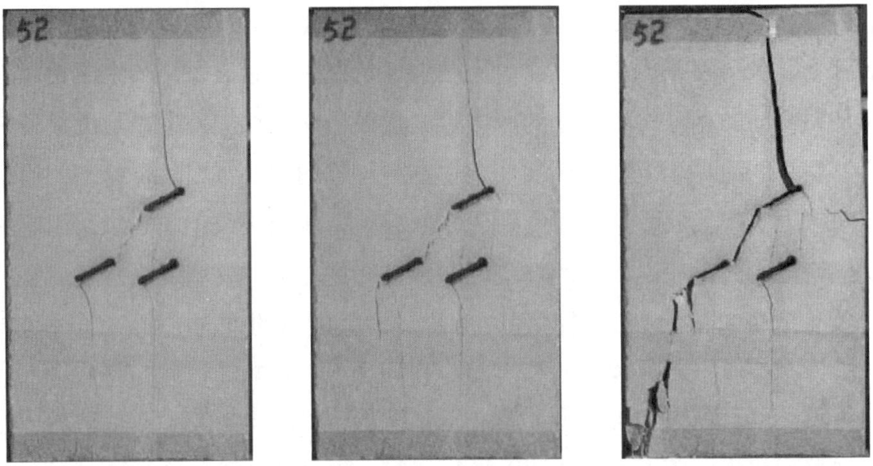

图 3.57　在单轴压缩条件下包含三条裂纹的砂岩样本的断裂模式

3.3 本章小结

本章首先介绍了以键为基础的近场动力学基本理论，推导了以键为基础的近场动力学基本方程及本构方程，并对它进行了离散化和编制了相应程序。接着对以键为基础的近场动力学非断裂和断裂算例进行了数值模拟并得出以下结论：

（1）首先利用线性动量守恒定律和角动量守恒定律等推导出了键为基础的近场动力学基本方程；紧接着推导出了二维平面脆性物质的本构方程，并利用近场动力学应变能密度和传统的连续性力学理论获得的应变能密度相等推导出了近场动力学的基本参数的表达式；最后对公式进行了离散化，得出了收敛解的时间步。

（2）利用键为基础的近场动力学对非断裂算例进行了数值模拟，并和解析解进行了对比分析，结果表明以键为基础的近场动力学理论对非断裂板的位移场的模拟具有较高的精确度；同时，对单轴受拉板在圆锥形和圆柱形刚度下的位移场的模拟进行了比较，结果表明圆锥形刚度下模拟的位移场与圆柱形刚度下模拟的位移场相比具有更少的边界表面效应，同时考虑到表面效应的影响及计算效率和计算精度等多重因素，通过对比分析计算域尺寸一般取$\delta=3\,\Delta x$。

（3）在以键为基础的近场动力学理论的断裂算例中，在脆性岩石物质中多裂纹的裂纹扩展和连接过程被模拟。首先做了包括锯齿的半圆形三点弯曲试验和在拉伸-剪切荷载作用下的岩石样本的混合断裂模式的数值模拟，结果表明由近场动力学获得的模拟结果与试验结果吻合；然后研究了预先存在的多裂纹的布置方式对裂纹的扩展的影响，数值模拟结果表明长裂纹和短裂纹相互作用的模式下和试验结果基本一致；最后模拟了在拉伸荷载作用下预先存在的宏微观裂纹的断裂机理；数值结果显示出宏观裂纹首先扩展和启裂，宏、微观裂纹的相互作用极大地影响了裂纹的扩展路径。

（4）在以键为基础的近场动力学理论的断裂算例中，双物质在高速运动情况下裂纹的分叉被模拟。结果表明：对高速运动的裂纹，弹性模量小的一边的裂纹扩展长度大于弹性模量大的一边；随着弹性模量差值的增大，裂纹扩展速度降低；密度小的一边的裂纹扩展长度大于密度大的一边；裂纹扩展速度随着密度差值的减小而增大；温度改变量越大，裂纹分叉现象越不明显，裂纹扩展速度越低；弹性模量、密度和外界温度改变量都对裂纹分叉角度影响不大，且其角度为钝角；当其他参数一定时，近场动力学参数邻域半径δ和相邻节点距Δx 对裂纹分叉有较大的影响：当邻域半径δ取值逐渐增大时，裂纹逐渐变粗，裂纹扩展速度逐渐减少，裂纹分叉的角度逐渐增大；当Δx 逐渐增大时，裂纹分叉基本左右对称；裂纹扩展速度随着Δx的增大而逐渐减小，裂纹扩展角度随着Δx 的增大而逐渐增大。

（5）在本章中，一种改进的带有切向键的近场动力学理论被推导出来，并编制了相应程序用来模拟在单轴压缩荷载作用下裂纹的启裂、扩展和连接过程。由近场动力学所获得应变能密度与传统的连续性力学应变能密度相等可得出宏观力学参数和近场动力学微观参数之间的联系，例如杨氏模量和泊松比。新的带切向键的近场动力学模型突破了传统的键为基础的近场动力学模型在二维情况下泊松比必须为$\frac{1}{3}$的限制，同时通过几个算例的对比分析可得出数值模拟结果和试验结果比较吻合，这充分证明了这个改进的近场动力学理论具有很强的适用性。

第 4 章　二维普通的状态为基础的近场动力学理论及数值模拟

4.1　普通的状态为基础的近场动力学基本理论

近场动力学理论分为键为基础的近场动力学和状态为基础的近场动力学，其中状态为基础的近场动力学又包括普通的状态为基础的近场动力学（OSB）和非普通的状态为基础的近场动力学（NOSB）。第 3 章介绍了键为基础的近场动力学的理论及应用，但是从第 3 章的分析可以看出，键为基础的近场动力学的应用受到相当大的限制。以键为基础的近场动力学理论存在三个主要问题：（1）在许多情况下，它可进行了过度简化，例如在平面情况下材料的泊松比必须等于 $\frac{1}{3}$，这使它的应用受到限制；（2）在传统的连续介质力学里，材料的本构特征是通过应力应变关系描述的，而以键为基础的近场动力学理论是以对点力描述材料的本构特征的，这使得近场动力学的实际应用存在困难；（3）虽然塑性也能被以键为基础的近场动力学理论以单个键的永久变形描述，但是它仅有体积应变而无剪切应变，因此这个特征仅适用于模拟多孔介质，而不适用于模拟不可压缩变形材料。为了解决以上问题，引入了力状态这个数学概念。从某种意义上来说，力状态和传统的连续性力学的应力张量是类似的，通过使用这个概念，基本的近场动力学理论能被应用到拥有任意泊松比的物质；同样，因为力状态和应力张量的类似性，把传统理论的本构模型直接施加到近场动力学理论中是可行的，这种近场动力学理论被称为以状态为基础的近场动力学理论。

以状态为基础的近场动力学模型被 Silling 提出。它的基本理论根据对点力和键的方向之间的关系可分为普通的近场动力学和非普通的近场动力学。本章主要介绍普通的状态为基础的近场动力学理论。在该理论中，键对点力和键变形分别指力状态和变形状态，对于状态为基础的近场动力学，在两个近场动力学节点间的力不仅仅依赖于本身键的变形，也依赖于它周围键的变形，同时也突破了泊松比是一个固定值的限制，从而大大扩展了近场动力学的应用范围。键为基础的近场动力学和普通的状态为基础的近场动力学的一个最基本的区别就是键的力状态不同，如图 4.1 所示。

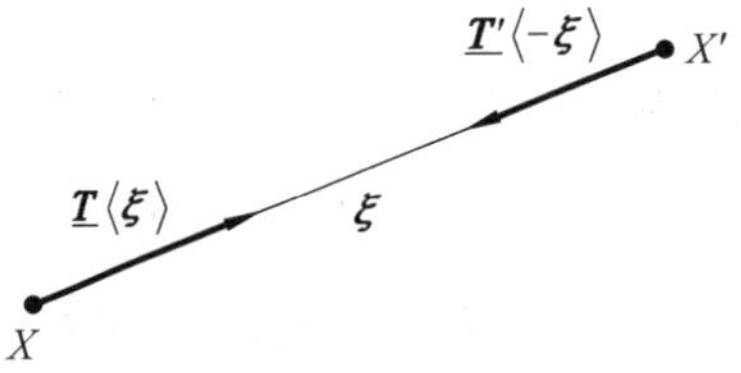

（a）普通的状态为基础的近场动力学

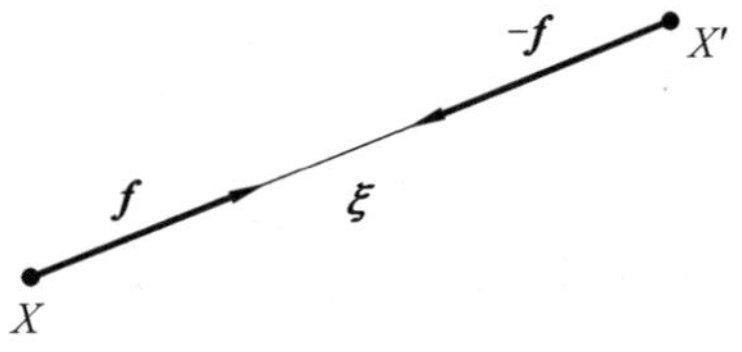

（b）键为基础的近场动力学

图 4.1　键为基础的和普通的状态为基础的近场动力学区别

从图 4.1 可以看出，键为基础的近场动力学对点力与普通的状态为基础的近场动力学力状态的方向都平行于两个粒子之间的连线。但是对键为基础的近场动力学对点力来说，两个粒子所受的对点力大小相等、方向相反；而对普通的状态为基础的近场动力学力状态来说，两个粒子所受的对点力方向相反、大小不等；也就是说，键为基础的近场动力学实际上是对点力相等的普通的状态为基础的近场动力学，即键为基础的近场动力学理论实际上是普通的状态为基础的近场动力学理论的特殊形式。下面将推导普通的状态为基础的近场动力学理论的平面应力和平面应变理论公式。

4.2　普通的状态为基础的近场动力学线弹性理论

状态为基础的近场动力学基本公式为

$$\rho(\boldsymbol{x})\ddot{\boldsymbol{u}}(\boldsymbol{x},t)=\int_{H}(\underline{\boldsymbol{T}}[\boldsymbol{x},t]\langle\boldsymbol{x}'-\boldsymbol{x}\rangle)-\underline{\boldsymbol{T}}[\boldsymbol{x},t]\langle\boldsymbol{x}'-\boldsymbol{x}\rangle)\mathrm{d}H_{x'}+\boldsymbol{b}(\boldsymbol{x},t) \quad (4.1)$$

式中，H 是点 x 的领域；ρ是物质点的密度；$\boldsymbol{u}$ 是物质点 x 在时间 t 的位移；x'是和点 x 用键相连接的另一物质点；$\boldsymbol{x}'-\boldsymbol{x}$ 是键矢量；$\boldsymbol{b}(\boldsymbol{x}, t)$是在点 x 的体力密度；式（4.1）等号右边的积分是作用在物质点 x 上以物质点 x 为中心的域为半径的体积内的近场动力学力之和；积分 $\underline{\boldsymbol{T}}[\boldsymbol{x},t]\langle\boldsymbol{x}'-\boldsymbol{x}\rangle-\underline{\boldsymbol{T}}[\boldsymbol{x}',t]\langle\boldsymbol{x}-\boldsymbol{x}'\rangle$ 是以物质点 x'为中心的单位体积作用于以物质点 x 为中心的单位体积的力；$\underline{\boldsymbol{T}}[\boldsymbol{x},t]\langle\boldsymbol{x}'-\boldsymbol{x}\rangle$ 被称为力矢量状态。

从式（4.1）中可以看出，两点之间的对点力是两个相应的力矢量状态的差，而不仅仅是一个单独的力矢量。普通的状态为基础的力矢量状态模型如图 4.2 所示，从图可以看出“普通的”意味着力矢量状态与键的变形状态平行，“非普通的”意味着力矢量状态与键的变形状态不平行；$\underline{\boldsymbol{T}}[\boldsymbol{x},t]$ 指的是在时间 t 和物质点 x 相连接的所有键上的力之和。

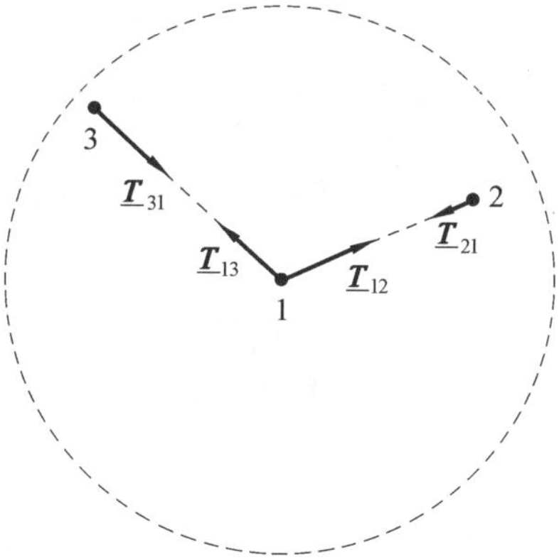

图 4.2　普通的状态为基础的力矢量模型

4.2.1　传统的应变能密度理论

在传统的连续介质力学里，线弹性能量密度被分为两部分，一部分为体积能量密度，一部分为变形能量密度，其表达式为

$$W = \frac{k}{2}\left(\frac{\mathrm{d}V}{V}\right)^2 + G\boldsymbol{\varepsilon}_{ij}^{d}\boldsymbol{\varepsilon}_{ij}^{d} \tag{4.2}$$

式中，k 和 G 分别是体积模量和剪切模量；$\frac{\mathrm{d}V}{V}$ 是体积膨胀率；$\boldsymbol{\varepsilon}_{ij}^{d}$ 是偏应变张量的分量；W 为应变能密度。

根据连续介质力学可知，平面应变条件为 z 轴方向的应变为 0，即$\boldsymbol{\varepsilon}_{zz}=\mathbf{0}$，它的应力和应变表达式为

$$\boldsymbol{\sigma} = \begin{bmatrix} \boldsymbol{\sigma}_{xx} & \boldsymbol{\sigma}_{xy} & 0 \\ \boldsymbol{\sigma}_{yx} & \boldsymbol{\sigma}_{yy} & 0 \\ 0 & 0 & \boldsymbol{\sigma}_{zz} \end{bmatrix} \tag{4.3}$$

$$\boldsymbol{\varepsilon} = \begin{bmatrix} \boldsymbol{\varepsilon}_{xx} & \boldsymbol{\varepsilon}_{xy} & 0 \\ \boldsymbol{\varepsilon}_{yx} & \boldsymbol{\varepsilon}_{yy} & 0 \\ 0 & 0 & 0 \end{bmatrix} \tag{4.4}$$

平面应变的体积膨胀率表达式为

$$\frac{\mathrm{d}V}{V} = \boldsymbol{\varepsilon}_{xx} + \boldsymbol{\varepsilon}_{yy} + \boldsymbol{\varepsilon}_{zz} = \boldsymbol{\varepsilon}_{xx} + \boldsymbol{\varepsilon}_{yy} \tag{4.5}$$

$$\boldsymbol{\varepsilon}^{d} = \boldsymbol{\varepsilon} - \boldsymbol{\varepsilon}^{i} = \boldsymbol{\varepsilon} - \frac{1}{3}\cdot\frac{\mathrm{d}V}{V}I = \begin{bmatrix} \boldsymbol{\varepsilon}_{xx}^{d} & \boldsymbol{\varepsilon}_{xy}^{d} & 0 \\ \boldsymbol{\varepsilon}_{yx}^{d} & \boldsymbol{\varepsilon}_{yy}^{d} & 0 \\ 0 & 0 & \boldsymbol{\varepsilon}_{zz}^{d} \end{bmatrix} \tag{4.6}$$

式中

$$\boldsymbol{\varepsilon}_{xx}^{d} = \frac{1}{3}(2\boldsymbol{\varepsilon}_{xx} - \boldsymbol{\varepsilon}_{yy}) \tag{4.7}$$

$$\boldsymbol{\varepsilon}_{xy}^{d}=\boldsymbol{\varepsilon}_{yx}^{d}=\boldsymbol{\varepsilon}_{xy}-\frac{1}{3}(\boldsymbol{\varepsilon}_{xx}+\boldsymbol{\varepsilon}_{yy}) \tag{4.8}$$

$$\boldsymbol{\varepsilon}_{zz}^{d}=\boldsymbol{\varepsilon}_{zz}-\boldsymbol{\varepsilon}_{zz}^{i}=0-\frac{1}{3}\left(\frac{\mathrm{d}V}{V}\right)=-\frac{1}{3}\cdot\frac{\mathrm{d}V}{V} \tag{4.9}$$

将式（4.9）代入式（4.2），可得

$$W=\left(\frac{k}{2}+\frac{G}{9}\right)\left(\frac{\mathrm{d}V}{V}\right)^{2}+G\sum_{i,j=x,y}\boldsymbol{\varepsilon}_{ij}^{d}\boldsymbol{\varepsilon}_{ij}^{d} \tag{4.10}$$

4.2.2　近场动力学应变能密度理论

对于近场动力学理论，其应变能表达式为

$$W(\theta,\underline{\boldsymbol{e}}^{d})=\frac{k'\theta^{2}}{2}+\frac{\alpha}{2}(\underline{\omega\boldsymbol{e}}^{d})\cdot\underline{\boldsymbol{e}}^{d} \tag{4.11}$$

式中，k' 和α是待求参数；ω是影响函数，其表达式为

$$\omega=\frac{1}{\|\boldsymbol{\xi}\|} \tag{4.12}$$

式中，$\boldsymbol{\xi}$ 是点 x 和 x'的相对位置矢量，$\xi=\boldsymbol{x}-\boldsymbol{x}'$ 。

$\underline{\boldsymbol{e}}^{d}$ 为伸长状态的偏张量，其表达式为

$$\underline{\boldsymbol{e}}^{d}\left\langle\xi\right\rangle=\frac{1}{|\boldsymbol{\xi}|}\boldsymbol{\varepsilon}_{ij}^{d}\xi_{i}\xi_{j}=\frac{1}{|\boldsymbol{\xi}|}\sum_{i,j=1,2}\boldsymbol{\varepsilon}_{ij}^{d}\xi_{i}\xi_{j} \tag{4.13}$$

θ为体积膨胀率，其表达式为

$$\theta=2\frac{\underline{\omega x}\cdot e}{m} \tag{4.14}$$

式中，x 是参考位置标量状态场；e 是键的伸长状态；m 是加权体积标量，其表达式为

$$m=\underline{\omega x\cdot x}=\int_{H}\omega\left\langle r\right\rangle r^{2}\mathrm{d}V=2\pi h\int_{0}^{\delta}\omega\left\langle r\right\rangle r^{3}\mathrm{d}r \tag{4.15}$$

式中，h 为厚度，由式（4.15）可得：

$$h\int_0^{\delta}\omega\langle r\rangle r^3\mathrm{d}r=\frac{m}{2\pi} \tag{4.16}$$

由式（4.11）的第二项可得：

$$\begin{aligned}\frac{\alpha}{2}(\underline{\omega}\underline{e}^d)\cdot\underline{e}^d&=\frac{\alpha}{2}\int_H\underline{\omega}\langle\boldsymbol{\varepsilon}\rangle\left(\frac{1}{|\boldsymbol{\xi}|}\sum_{i,j=x,y}\boldsymbol{\varepsilon}_{ij}^d\xi_i\xi_j\right)\left(\frac{1}{|\boldsymbol{\xi}|}\sum_{i,j=x,y}\boldsymbol{\varepsilon}_{ij}^d\xi_i\xi_j\right)\mathrm{d}V\\&=\frac{\alpha}{2}\int_H\frac{\underline{\omega}\langle\boldsymbol{\varepsilon}\rangle}{|\boldsymbol{\xi}|^2}\Big[(\boldsymbol{\varepsilon}_{xx}^d)^2(\xi_x)^4+(\boldsymbol{\varepsilon}_{xx}^d)^2(\xi_x)^4\\&\quad+4(\boldsymbol{\varepsilon}_{xy}^d)^2(\xi_x)^2(\xi_y)^2+2\boldsymbol{\varepsilon}_{xx}^d\boldsymbol{\varepsilon}_{yy}^d(\xi_x)^2(\xi_y)^2\\&\quad+4\boldsymbol{\varepsilon}_{xx}^d\boldsymbol{\varepsilon}_{xy}^d(\xi_x)^3\xi_y+4\boldsymbol{\varepsilon}_{yy}^d\boldsymbol{\varepsilon}_{xy}^d\xi_x(\xi_y)^3\Big]\mathrm{d}V\end{aligned} \tag{4.17}$$

对式（4.17）进行极坐标变换，可得 $\xi_x=r\cos\phi$，$\xi_y=r\cos\phi$。由于积分域的对称性，可得式（4.17）中 $\boldsymbol{\xi}$ 的奇次项为 0，仅剩下偶次项。根据式（4.17）可知：

$$\begin{aligned}\int_H\frac{\underline{\omega}\langle\boldsymbol{\varepsilon}\rangle}{|\boldsymbol{\xi}|^2}(\xi_x)^4\mathrm{d}V&=\int_H\frac{\underline{\omega}\langle\boldsymbol{\varepsilon}\rangle}{|\boldsymbol{\xi}|^2}(\xi_y)^4\mathrm{d}V=\int_0^{\delta}\int_0^{2\pi}\frac{\underline{\omega}\langle r\rangle}{r^2}r^4\cos^4\theta hr\mathrm{d}r\mathrm{d}\theta\\&=h\int_0^{\delta}\underline{\omega}\langle r\rangle r^3\mathrm{d}r\int_0^{2\pi}\cos^4\theta\mathrm{d}\theta=\frac{3}{8}m\end{aligned} \tag{4.18}$$

$$\begin{aligned}\int_H\frac{\underline{\omega}\langle\boldsymbol{\varepsilon}\rangle}{|\boldsymbol{\xi}|^2}(\xi_x)^2(\xi_y)^2\mathrm{d}V&=\int_0^{\delta}\int_0^{2\pi}\frac{\underline{\omega}\langle r\rangle}{r^2}r^4\cos^2\theta\sin^2\theta hr\mathrm{d}r\mathrm{d}\theta\\&=h\int_0^{\delta}\underline{\omega}\langle r\rangle r^3\mathrm{d}r\int_0^{2\pi}\cos^2\theta\sin^2\theta\mathrm{d}\theta=\frac{1}{8}m\end{aligned} \tag{4.19}$$

将式（4.18）和式（4.19）代入式（4.13），可得：

$$\frac{\alpha}{2}(\underline{\omega}\underline{e}^d)\cdot\underline{e}^d=\frac{\alpha}{2}\left[\frac{2m}{8}\sum_{i,j=x,y}\boldsymbol{\varepsilon}_{ij}^d\boldsymbol{\varepsilon}_{ij}^d+\frac{m}{8}\left(\sum_{i=x,y}\boldsymbol{\varepsilon}_{ii}^d\right)^2\right] \tag{4.20}$$

根据 $\boldsymbol{\varepsilon}_{xx}^d+\boldsymbol{\varepsilon}_{yy}^d+\boldsymbol{\varepsilon}_{zz}^d=\mathbf{0}$，由式（4.20）可得：

$$\frac{\alpha}{2}(\underline{\omega}\underline{e}^d)\cdot\underline{e}^d=\frac{\alpha m}{16}(\boldsymbol{\varepsilon}_{33}^d)^2+\frac{\alpha m}{8}\sum_{i,j=1,2}\boldsymbol{\varepsilon}_{ij}^d\boldsymbol{\varepsilon}_{ij}^d \tag{4.21}$$

将式（4.21）代入式（4.10），可得：

$$W(\theta,\underline{e}^d)=\frac{k'}{2}\left(\frac{\mathrm{d}V}{V}\right)^2+\frac{\alpha m}{16}(\varepsilon_{33}^d)^2+\frac{\alpha m}{8}\sum_{i,j=1,2}\varepsilon_{ij}^d\varepsilon_{ij}^d \tag{4.22}$$

由式（4.22）等于式（4.10），可得：

$$\alpha=\frac{8G}{m},\quad k'=k+\frac{G}{9} \tag{4.23}$$

4.2.3　以状态为基础的近场动力学基本方程

根据以普通状态为基础近场动力学的模型，可知：

$$\underline{\boldsymbol{T}}=\underline{\boldsymbol{t}}^0\boldsymbol{M} \tag{4.24}$$

式中，$\boldsymbol{M}$ 是沿着变形键方向的单位矢量；$\underline{\boldsymbol{T}}$ 是力矢量状态；$\underline{\boldsymbol{t}}^0$ 是标量力状态。对于普通状态为基础的近场动力学模型，力矢量平行于键矢量。能量密度 W 关于伸长状态量 e 的弗劳德导数为

$$\Delta W=k'\theta(\nabla_{\underline{e}}\theta)\Delta e+\alpha(\underline{\omega \boldsymbol{e}}^d)\Delta\underline{\boldsymbol{e}}^d \tag{4.25}$$

式中，$\nabla_{\underline{e}}\theta$ 是关于伸长状态量 e 的弗劳德导数，其表达式为

$$\nabla_{\underline{e}}\theta=\frac{2\underline{\omega x}}{m} \tag{4.26}$$

$\Delta\underline{\boldsymbol{e}}^d$ 是关于偏伸长状态 $\underline{\boldsymbol{e}}^d$ 的弗劳德导数，其表达式为

$$\begin{cases}\underline{\boldsymbol{e}}^d=e-\dfrac{\theta\underline{x}}{3}\\[2ex]\Delta\underline{\boldsymbol{e}}^d=\Delta\underline{e}-\dfrac{\underline{x}}{3}(\nabla_{\underline{e}}\theta)\Delta\underline{e}\end{cases} \tag{4.27}$$

将式（4.26）、式（4.27）代入式（4.25），可得：

$$\Delta W=\left[\left(k'\theta-\frac{\alpha}{3}\cdot\underline{\omega}\underline{e}^{d}\cdot\underline{x}\right)\frac{2\underline{\omega}\underline{x}}{m}+\alpha\underline{\omega}\underline{e}^{d}\right]\Delta e=\underline{t}^{0}\Delta e \tag{4.28}$$

由式（4.28）可得：

$$\underline{t}^{0}=2\left(k'\theta-\frac{\alpha}{3}\cdot\underline{\omega}\underline{e}^{d}\,\underline{x}\right)\frac{\underline{\omega}\underline{x}}{m}+\alpha\underline{\omega}\underline{e}^{d} \tag{4.29}$$

由式（4.29）可得：

$$\underline{\omega}\underline{e}^{d}\,\underline{x}=\left[\underline{\omega}\left(e-\frac{\theta\underline{x}}{3}\right)\right]\underline{x}=\underline{\omega}\underline{e}\underline{x}-\frac{\theta}{3}\cdot\underline{\omega}\underline{x}\underline{x}=\underline{\omega}\underline{e}\underline{x}-\frac{\theta m}{3}=\frac{\theta m}{2}-\frac{\theta m}{3}=\frac{\theta m}{6} \tag{4.30}$$

将式（4.30）代入式（4.29），可得：

$$\underline{t}^{0}=\left(2k'-\frac{32}{9}G\right)\frac{\theta\underline{\omega}\underline{x}}{m}+\alpha\underline{\omega}\underline{e} \tag{4.31}$$

普通的状态为基础的近场动力学的对点力可表示为

$$\boldsymbol{f}_{(k)(j)}=\boldsymbol{t}^{0}_{(k)(j)}(\boldsymbol{u}_{(j)}-\boldsymbol{u}_{(k)},\boldsymbol{x}_{(j)}-\boldsymbol{x}_{(k)},t)-\boldsymbol{t}^{0}_{(j)(k)}(\boldsymbol{u}_{(k)}-\boldsymbol{u}_{(j)},\boldsymbol{x}_{(k)}-\boldsymbol{x}_{(j)},t) \tag{4.32}$$

式中，$\boldsymbol{t}^{0}_{(k)(j)}(\boldsymbol{u}_{(j)}-\boldsymbol{u}_{(k)},\boldsymbol{x}_{(j)}-\boldsymbol{x}_{(k)},t)$ 和 $\boldsymbol{t}^{0}_{(j)(k)}(\boldsymbol{u}_{(k)}-\boldsymbol{u}_{(j)},\boldsymbol{x}_{(k)}-\boldsymbol{x}_{(j)},t)$ 分别是物质点位置 $x_{(k)}$ 和 $x_{(j)}$ 的力密度矢量状态场；$\boldsymbol{f}(\boldsymbol{u}_{(j)}-\boldsymbol{u}_{(k)},\boldsymbol{x}_{(j)}-\boldsymbol{x}_{(k)},t)$ 是物质点 $x_{(k)}$ 和 $x_{(j)}$ 的对点力函数。

将式（4.23）和式（4.31）代入式（4.32），可得：

$$\boldsymbol{f}_{(k)(j)}=\left(\frac{2k-30G}{9}\right)\left(\frac{\theta_{(i)}}{m_{(i)}}\omega_{+}+\frac{\theta_{(j)}}{m_{(j)}}\omega_{-}\right)\underline{x}+8Ge\left(\frac{\omega_{+}}{m_{(i)}}+\frac{\omega_{-}}{m_{(j)}}\right) \tag{4.33}$$

将式（4.33）代入近场动力学基本方程，可得普通的状态为基础的近场动力学基本方程表达式为

$$\rho(\boldsymbol{x})\ddot{\boldsymbol{u}}(\boldsymbol{x},t)=\int_{H}\left[\left(\frac{2k-30G}{9}\right)\left(\frac{\theta_{(i)}}{m_{(i)}}\omega_{+}+\frac{\theta_{(j)}}{m_{(j)}}\omega_{-}\right)\underline{x}+8Ge\left(\frac{\omega_{+}}{m_{(i)}}+\frac{\omega_{-}}{m_{(j)}}\right)\right]\mathrm{d}H+\boldsymbol{b}(\boldsymbol{x},t) \tag{4.34}$$

4.2.4 二维平面应力模型

1. 传统的应变能密度

前面介绍了平面应变模型的推导过程，本节开始介绍平面应力模型的公式推导。对于平面应力问题$\boldsymbol{\sigma}_{zz}=\mathbf{0}$，应力和应变的表达式如下所示：

$$\boldsymbol{\sigma}=\begin{bmatrix}\boldsymbol{\sigma}_{xx} & \boldsymbol{\sigma}_{xy} & 0\\ \boldsymbol{\sigma}_{yx} & \boldsymbol{\sigma}_{yy} & 0\\ 0 & 0 & 0\end{bmatrix} \tag{4.35}$$

$$\boldsymbol{\varepsilon}=\begin{bmatrix}\boldsymbol{\varepsilon}_{xx} & \boldsymbol{\varepsilon}_{xy} & 0\\ \boldsymbol{\varepsilon}_{yx} & \boldsymbol{\varepsilon}_{yy} & 0\\ 0 & 0 & \boldsymbol{\varepsilon}_{zz}\end{bmatrix} \tag{4.36}$$

平面应力的体积膨胀率表达式为

$$\frac{\mathrm{d}V}{V}=\boldsymbol{\varepsilon}_{xx}+\boldsymbol{\varepsilon}_{yy}+\boldsymbol{\varepsilon}_{zz}=\frac{2\nu-1}{\nu-1}(\boldsymbol{\varepsilon}_{xx}+\boldsymbol{\varepsilon}_{yy}) \tag{4.37}$$

$$\boldsymbol{\varepsilon}_{zz}^{d}=\boldsymbol{\varepsilon}_{zz}-\boldsymbol{\varepsilon}_{zz}^{i}=\frac{\nu}{2\nu-1}\frac{\mathrm{d}V}{V}-\frac{1}{3}\frac{\mathrm{d}V}{V}=\frac{\nu+1}{3(2\nu-1)}\frac{\mathrm{d}V}{V} \tag{4.38}$$

式中，ν 为泊松比。把式（4.38）代入式（4.2）可得：

$$W=\left(\frac{k}{2}+G\left(\frac{\nu+1}{3(2\nu-1)}\right)^{2}\right)\left(\frac{\mathrm{d}V}{V}\right)^{2}+G\sum_{i,j=x,y}\boldsymbol{\varepsilon}_{ij}^{d}\boldsymbol{\varepsilon}_{ij}^{d} \tag{4.39}$$

在近场动力学理论中，平面应力和平面应变的体积膨胀率θ的表达式不同，对平面应力来说，它的表达式为

$$\theta=\frac{2(2\nu-1)}{\nu-1}\frac{\underline{\omega x e}}{m} \tag{4.40}$$

2. 近场动力学和传统恒量之间的关系

二维近场动力学应变能密度仍如式（4.22）所示，仅仅是参数 k'和α采用了不同的表达式。对于平面应力问题，把式（4.37）代入式（4.22）可得：

$$W=\left(\frac{k'}{2}+\frac{Gm}{144}\left(\frac{\nu+1}{2\nu-1}\right)^2\right)\left(\frac{\mathrm{d}V}{V}\right)^2+\frac{Gm}{8}\sum_{i,j=x,y}\boldsymbol{\varepsilon}_{ij}^{d}\boldsymbol{\varepsilon}_{ij}^{d} \tag{4.41}$$

由式（4.41）和式（4.39）相等可得在平面应力情况下近场动力学和传统力学参数间的关系为

$$\alpha=\frac{8G}{m}，\quad k'=k+\frac{G}{9}\frac{(\nu+1)^2}{(2\nu-1)^2} \tag{4.42}$$

如平面应变一样，可知：

$$\nabla_{\underline{e}}\theta=2\cdot\frac{2\nu-1}{\nu-1}\frac{\underline{\omega x}}{m} \tag{4.43}$$

因此力矢量 $\underline{t}^0$ 的表达式为

$$\underline{t}^0=\frac{2\nu-1}{\nu-1}\left(2k'-\frac{32}{9}G\right)\frac{\theta\underline{\omega x}}{m}+\alpha\underline{\omega e} \tag{4.44}$$

同样地，可利用相关的平面应变的公式，按照上面求解平面应力的步骤，最终求出平面应变情况下力矢量的表达式，如下所示：

$$\underline{t}^0=2\left(k'\theta-\frac{\alpha}{3}\underline{\omega e}^d x\right)\frac{\omega x}{q}+\alpha\underline{\omega e}^d \tag{4.45}$$

3. 普通的以状态为基础的近场动力学损伤理论

为了模拟裂纹，引入了一个变量 $\underline{\phi}\langle\xi\rangle$，它被称为任何键 ξ 的损伤标量态，取值范围为 $0\leqslant\underline{\phi}\langle\xi\rangle\leqslant1$，当它取 0 时表示无断裂的键，当它取 1 时表示完全断裂的键；$\psi(\underline{e},\underline{\phi})$ 为损伤自由能函数，其表达式为

$$\psi(\underline{e},\underline{\phi})=W[(1-\underline{\phi})\underline{e}] \tag{4.46}$$

$t(\underline{e},\underline{\phi})$ 为由损伤自由能函数获得的力标量状态，其表达式为

$$t(\underline{e},\underline{\phi})=\psi_e(\underline{e},\underline{\phi}) \tag{4.47}$$

式中，$\psi_e(\underline{e},\underline{\phi})$ 是 $\psi(\underline{e},\underline{\phi})$ 关于 e 的弗劳德导数。

由式（4.47）求解可得：

$$t(\underline{e},\underline{\phi})=(1-\underline{\phi})\underline{t}^0[(1-\underline{\phi})\underline{e}] \tag{4.48}$$

同理，由式（4.14）可得：

$$\theta[(1-\underline{\phi})\underline{e}]=\frac{2\underline{\omega x}\cdot[(1-\underline{\phi})\underline{e}]}{m} \tag{4.49}$$

偏伸长状态 $\underline{\boldsymbol{e}}^d$ 可表达为

$$\underline{\boldsymbol{e}}^d=(1-\underline{\phi})\underline{e}-\underline{e}^i \tag{4.50}$$

从式（4.48）可知：当 $\phi=1$ 时，$t(\underline{e},\underline{\phi})=0$，这与实际情况相符。从式（4.39）可知：对任何断裂键 ξ 都有 $\underline{\boldsymbol{e}}^d$ 不为 **0**。由式（4.24）、式（4.31）和式（4.37）可得：

$$\underline{T}=t(\underline{e},\underline{\phi})\underline{M} \tag{4.51}$$

$$\underline{t}(\underline{e},\underline{\phi})=(1-\underline{\phi})\left\{\left(\frac{2k-30G}{9}\right)\frac{\theta\underline{\omega x}}{m}+\frac{8G}{m}\underline{\omega}\left[(1-\underline{\phi})\underline{e}-\frac{\theta\underline{x}}{3}\right]\right\} \tag{4.52}$$

为了模拟裂纹，引入键伸长率 s，其表达式为

$$s=\frac{|\boldsymbol{\xi}+\boldsymbol{\eta}|-|\boldsymbol{\xi}|}{|\boldsymbol{\xi}|}=\frac{e}{|\boldsymbol{\xi}|} \tag{4.53}$$

式中，$\boldsymbol{\eta}$ 是相对位移，其表达式为

$$\boldsymbol{\eta}=\boldsymbol{u}'-\boldsymbol{u} \tag{4.54}$$

s_0 是材料破坏时的临界伸长率，当 $s>s_0$ 时，键的对点力为 0，否则键的对点力不为 0。

4. 数值方法

将结构离散成带有体积和质量的节点，然后由节点组成网格，因此式（4.34）可离散成以下形式：

$$\rho(\boldsymbol{x})\ddot{\boldsymbol{u}}_{(i)}^{n}=\sum_{p}\left[\left(\frac{2k-30G}{9}\right)\left(\frac{\theta_{(i)}^{n}}{m_{(i)}}\omega_{+}+\frac{\theta_{(j)}^{n}}{m_{(j)}}\omega_{-}\right)\underline{x}+8Ge_{(i)}^{n}\left(\frac{\omega_{+}}{m_{(i)}}+\frac{\omega_{-}}{m_{(j)}}\right)\right]V_{p}+\boldsymbol{b}(\boldsymbol{x},t) \quad (4.55)$$

式中，上标 n 是时间步，下标是节点号；V_p 是 p 节点的体积；加速度 $\ddot{\boldsymbol{u}}_{(i)}^{n}$ 可以表示为

$$\ddot{\boldsymbol{u}}_{(i)}^{n}=\frac{\boldsymbol{u}_{(i)}^{n+1}-2\boldsymbol{u}_{(i)}^{n}+\boldsymbol{u}_{(i)}^{n-1}}{\Delta t^{2}} \quad (4.56)$$

式中，Δt 为常数；$\boldsymbol{u}_{(i)}^{n}$ 代表第 n 时间步节点 x_i 的位移。

5. 程序算法流程图

由于普通的状态为基础的近场动力学理论是一种无网格粒子法，它的主要思想是把物质离散为一系列带有一定体积和质量的粒子，然后以各个粒子为研究对象进行分析。为了更好地描述普通的状态为基础的近场动力学模拟裂纹扩展和连接过程的程序实现，普通的状态为基础的近场动力学模拟裂纹的算法流程如图 4.3 所示。

它具体的程序流程步骤如下：

（1）确定临界伸长率s_0、域大小η、体积模量 K、剪切模量 G、时间步Δt，同时生成带有相邻粒子间距衡量的Δx 的初始粒子结构。

（2）当$\left\|\boldsymbol{x}_i-\boldsymbol{x}_j\right\|\leqslant\delta$时，在所有的粒子间当$i\neq j$时初始化各粒子间的键。

（3）通过式（4.15）计算所有粒子的权重体积参数 $m(i)$。

（4）通过式（4.14）计算所有粒子的体积膨胀率$\theta(i)$。

（5）利用 Velert 速度积分形式定义所有粒子初始的速度和位置坐标。

（6）计算粒子 i 和它的域内所有其他粒子 j 之间键的对点力 $\boldsymbol{f}$。

（7）利用条件 $s>\min[s_0(i),s_0(j)]$ 来判断域内任意两粒子组成的键是否断裂，不满足该条件时键不断裂，满足该条件时键断裂。

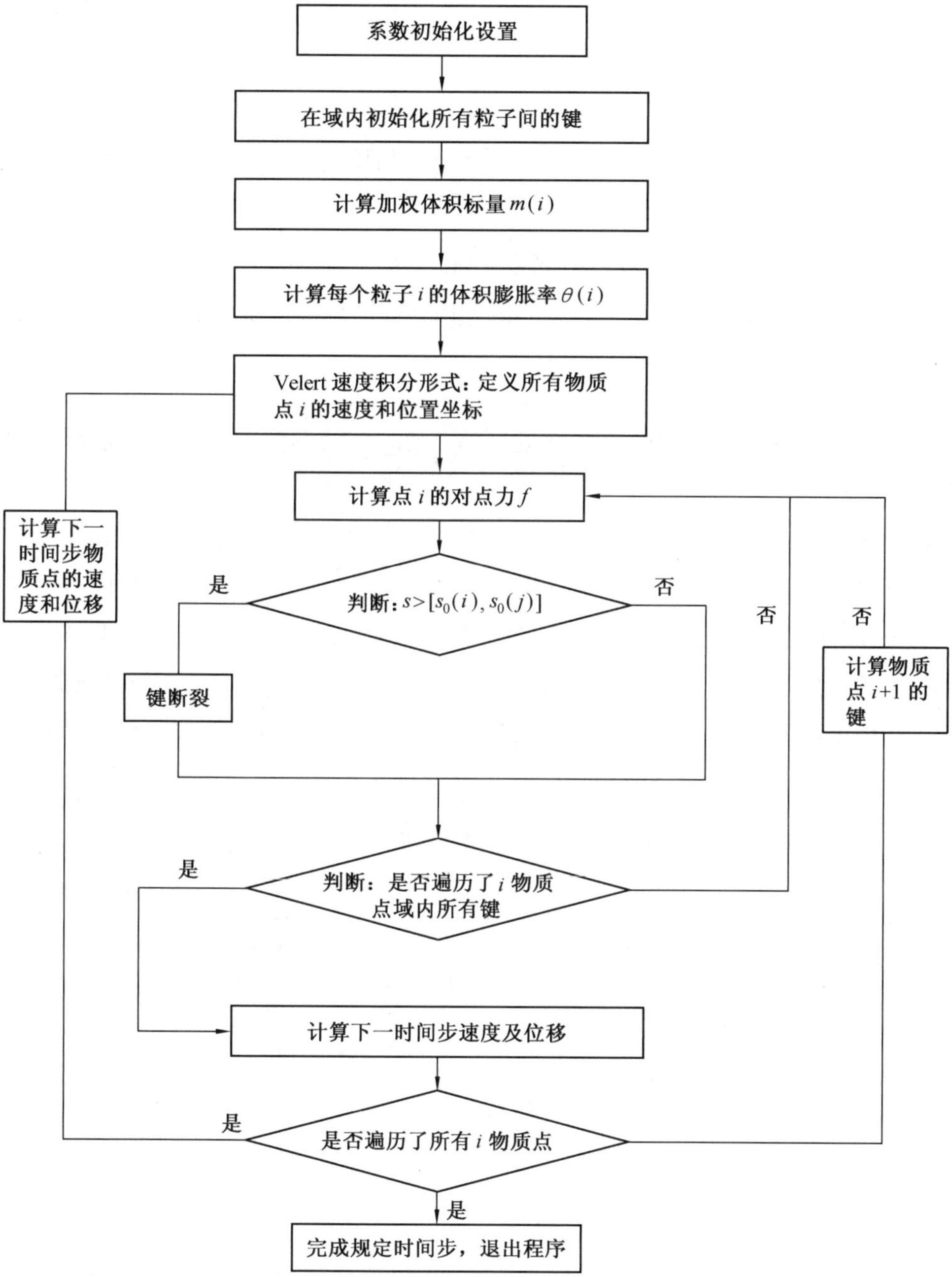

图 4.3　普通的状态为基础的近场动力学模拟裂纹算法

（8）判断步骤（7）是否对物体域内所有粒子进行了判断，如果是，则计算下一时间步域内的各粒子的位移和速度，否则返回步骤（6）重新进行循环。

（9）计算下一时间步的域内各粒子速度和位移。

（10）判断是否遍历了物质内所有粒子的键，如果是，则计算下一时间步域内各粒子的速度和位移，否则返回步骤（6）继续循环。

（11）当达到规定的时间步或者收敛步时退出程序。

以上为用 fortran95 进行编程的程序流程图和思路说明，接下来将进行实例的验证。

4.3 普通的状态为基础的近场动力学非断裂算例

算例一：带圆孔板的单侧拉伸。一个中心带孔的长方形岩石板，模型如图 4.4 所示。板的右侧是固定的，左侧承受荷载为 2 MPa 的均布荷载，板长为 0.08 m，宽为 0.04 m。洞的直径为 0.016 m，剪切模量 k=100 GPa，泊松比 $\nu = 0.4$，密度为 3 000 m^3/kg。出于模拟的需要，板被均匀离散为 200×100 个节点，相邻节点间距为 $\Delta x=4\times10^{-4}$ m，为了数值收敛的稳定性需要，$\Delta t = 1.33\times10^{-8}$ s，$\delta = 3\Delta x$，当运行 16 000 时间步时，Abaqus 模拟的有限元和近场动力学模拟的位移云图对比如图 4.5 所示，中心线的水平和垂直位移对比图如图 4.6 所示。

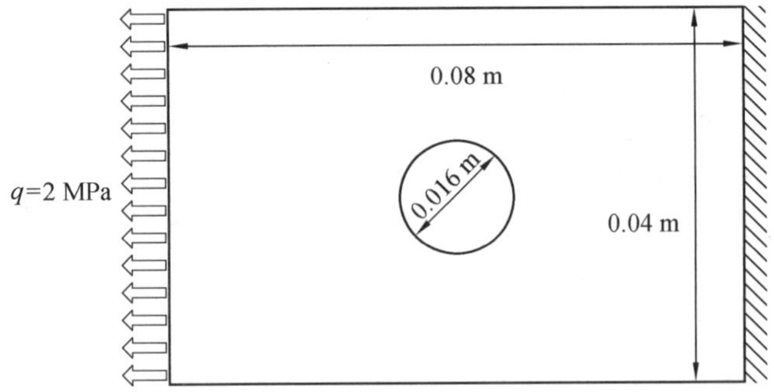

图 4.4　带孔板单侧拉伸模型

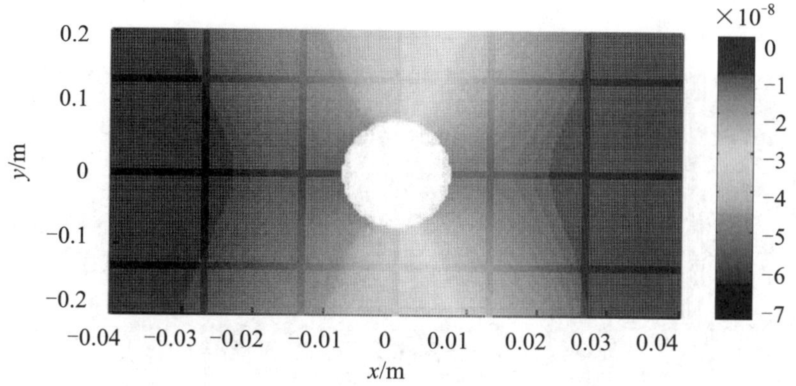

（a）近场动力学模拟水平位移云图 u/m

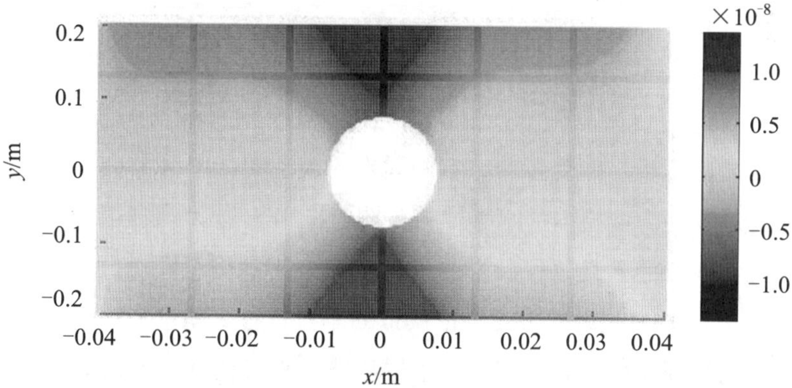

（b）近场动力学模拟垂直位移云图 v/m

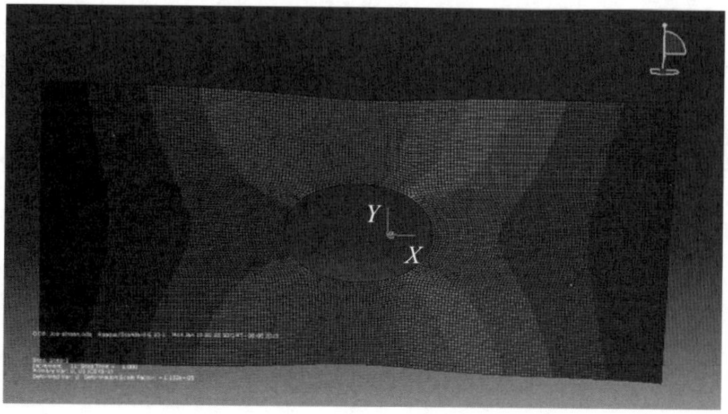

（c）有限元理论模拟水平位移云图 u/m

图 4.5　近场动力学和有限元模拟位移云图对比

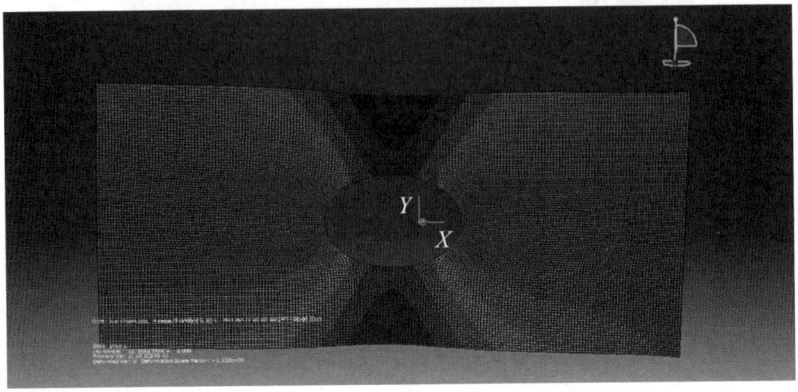

（d）有限元理论模拟垂直位移云图 v/m

续图 4.5

图 4.4 为带圆孔板左侧受拉伸、右侧固定的模型图；图 4.5（a）为利用普通的状态为基础的近场动力学模拟的水平位移云图；图 4.5（b）为利用普通的状态为基础的近场动力学模拟的垂直位移云图；图 4.5（c）为利用有限元理论模拟的水平位移云图；图 4.5（d）为利用有限元理论模拟的垂直位移云图。从它们的对比中可以看出，近场动力学理论能较好地模拟水平位移或者垂直位移云图。图 4.6 分别为普通的状态为基础的近场动力学水平和垂直位移的模拟值与有限元解的对比，从对比图可以看出近场动力学模拟非断裂问题时具有较高的精度，同时从普通的状态为基础的近场动力学理论和键为基础的近场动力学理论的对比可以看出普通的状态为基础的近场动力学在模拟非断裂问题时突破了泊松比必须等于 $\frac{1}{3}$ 的限制，极大扩展了近场动力学的应用范围，给近场动力学的应用带来巨大的突破。

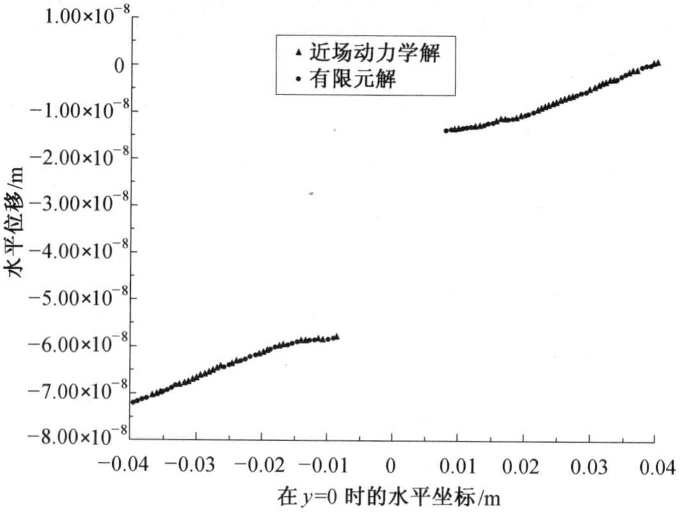

（a）近场动力学和有限元中心线的水平位移的对比

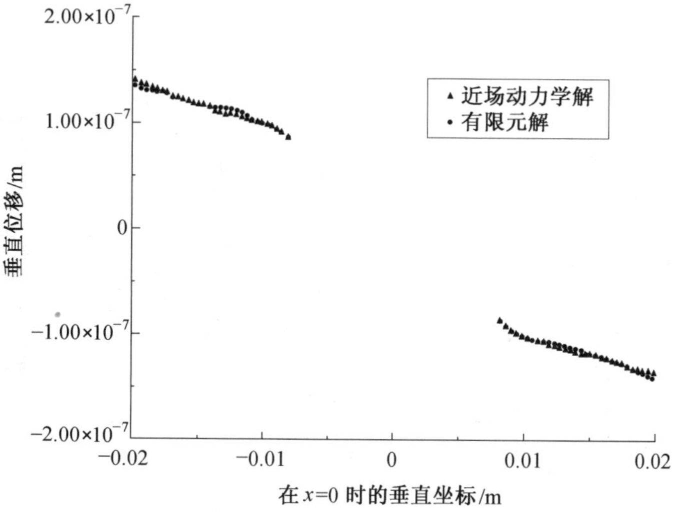

（b）近场动力学和有限元中心线的垂直位移的对比

图 4.6　近场动力学和有限元中心线的位移对比

4.4　普通的状态为基础的近场动力学断裂算例

算例二：带圆孔板的单侧拉伸的断裂。单侧拉伸板模型尺寸如图 4.7 所示，物理参数和算例一相同，这里取 s_0=0.001 2，当程序运行到 1 200 步时，其断裂过程如图 4.8 所示。

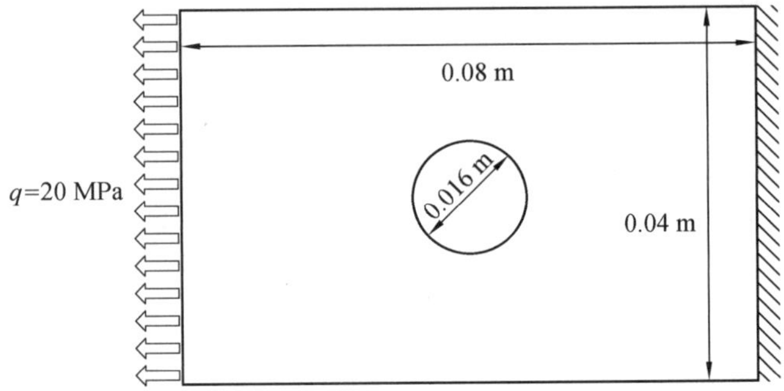

图 4.7　单侧拉伸板模型尺寸

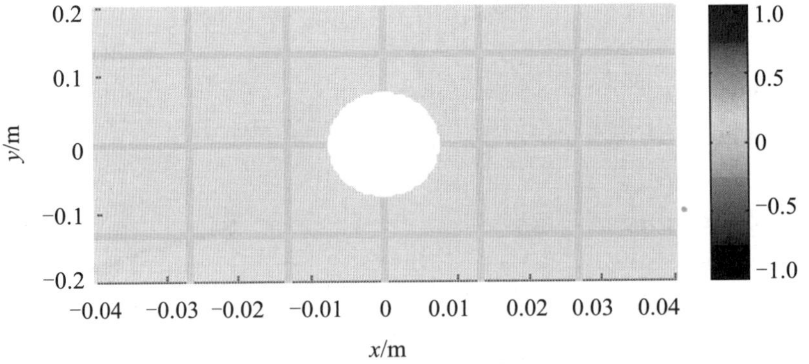

（a）0.013 μs

图 4.8　单侧拉伸板断裂过程模拟

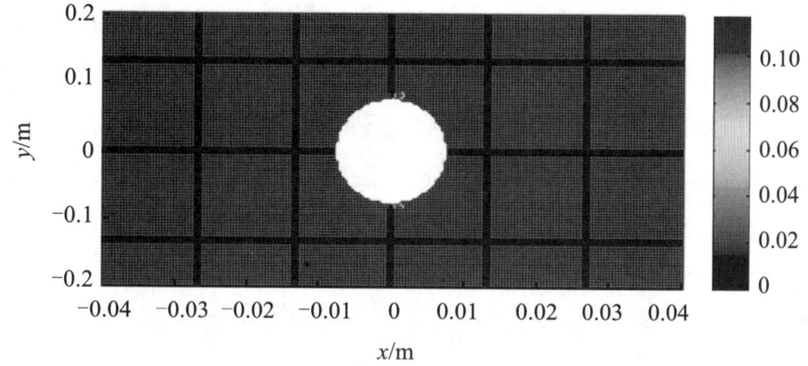

（b）11.97 μs

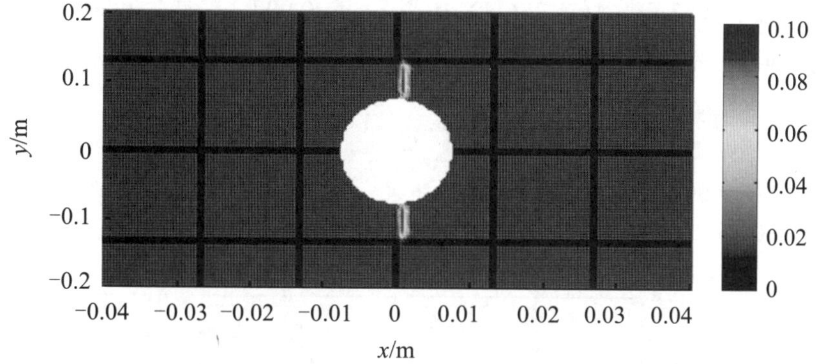

（c）13.3 μs

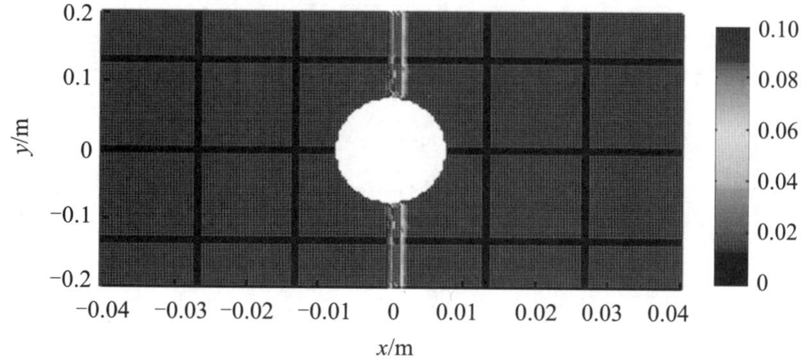

（d）15.96 μs

续图 4.8

从图 4.8 可以看出带圆孔板在左侧受拉、右侧固定的情况下的断裂过程。当时间为 0.013 μs 时，板未发生断裂;当时间达到 11.97 μs 时，圆孔尖端开始出现断裂且沿着和所施加力垂直的方向启裂；当时间达到 13.3 μs 时，断裂继续沿着和所施加力垂直的方向扩展；当时间达到 15.96 μs 时，裂纹扩展到板的上下两边，板完全断裂。整个断裂过程的模拟与实际完全吻合，且不需要借助任何外在的断裂准则，显示出普通的状态为基础的近场动力学在模拟断裂时具有巨大的优势。

算例三：带斜裂纹的双向拉伸板的断裂。如图 4.9 所示，一正方形岩石试样含有一条裂纹，裂纹的倾角为 45°，裂纹的长度为 $0.004\sqrt{2}$ m，其边长为 0.05 m。将该岩样划分为 200×200=40 000 个离散的物质点，相邻两点的间距为$\Delta x=2.5\times10^{-4}$ m。计算参数如下：$\delta=3\Delta x$，$\Delta t=1.336\ 7\times10^{-6}$ s ，$s_0=0.007\ 2$，弹性模量 $E=50\times10^{9}$ Pa，密度$\rho=2\ 500$ kg/m^3，泊松比$\nu=0.25$，四边加均布荷载，其中$\sigma_x=80$ MPa，$\sigma_y=67$ MPa，$B=\dfrac{\sigma_x}{\sigma_y}=1.2$，模拟结果如图 4.10 所示。

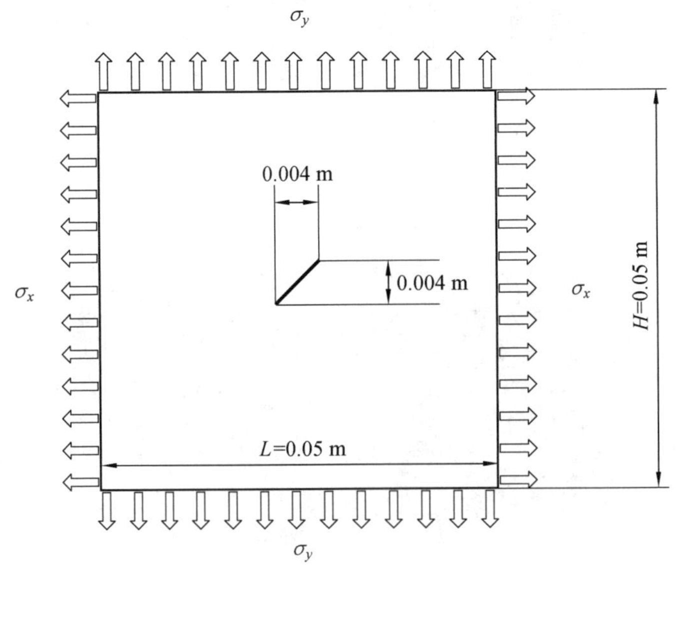

图 4.9　平面裂纹布置图

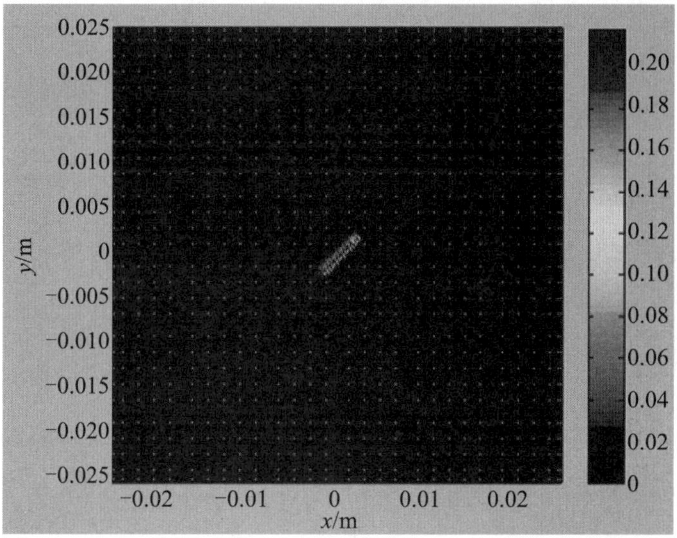

（a）1.33 μs

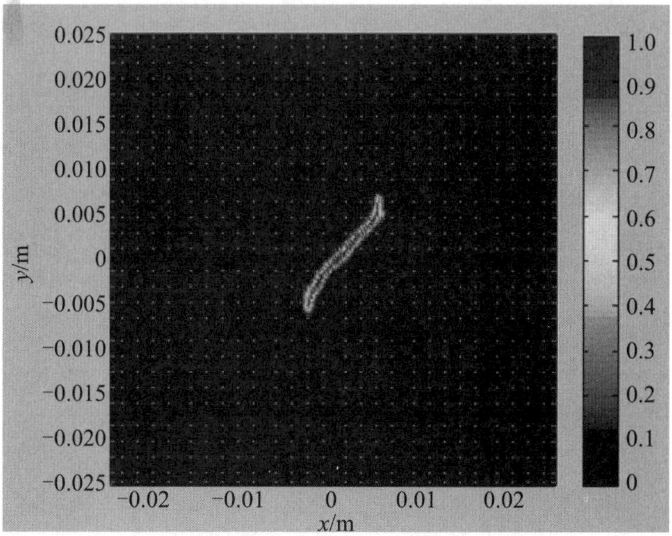

（b）3.99 μs

图 4.10　裂纹的扩展和连接

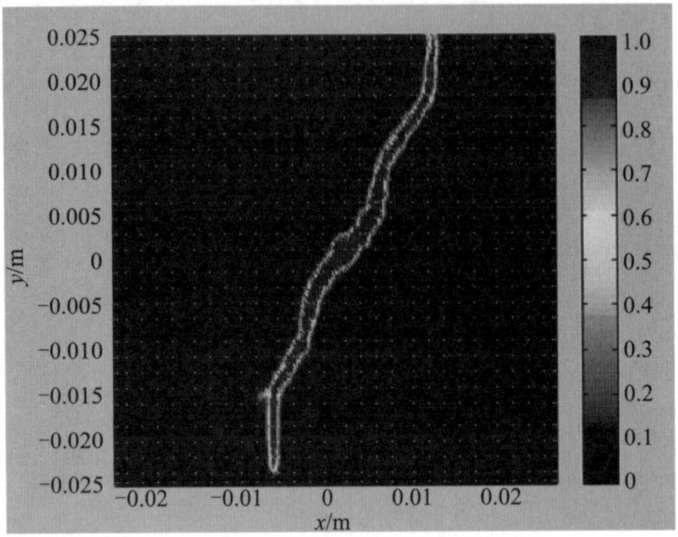

（c）9.31 μs

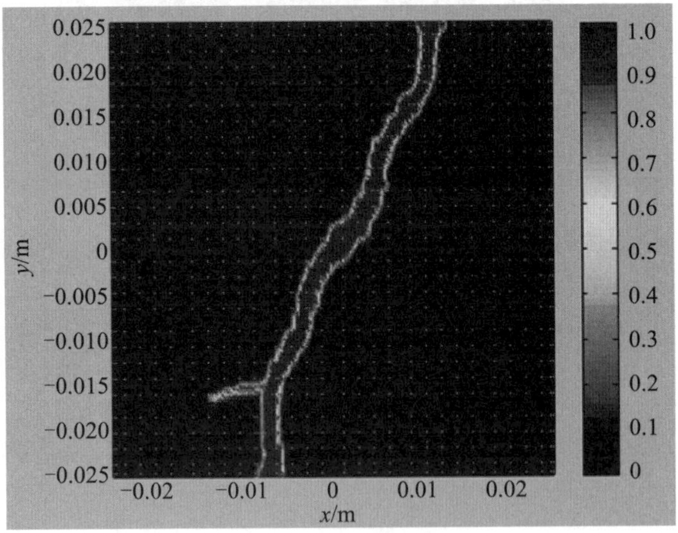

（d） 10.64 μs

续图 4.10

从图 4.10 可以看出，在 3.99 μs 裂纹开始启裂；达到 9.31 μs 时，裂纹继续扩展，并且裂纹的下部开始出现分叉；达到 10.64 μs 时，裂纹完全贯通，岩样断裂，且裂纹的下部出现明显的分叉，裂纹基本沿 45° 方向断裂。本节的数值模拟结果与 RFPA 方法模拟裂纹结果 （图 4.11）基本一致。这表明普通的状态为基础的近场动力学方法能够很好地模拟裂纹扩展和分叉现象，且不需要任何外部准则，突破了键为基础的近场动力学在模拟平面裂纹时泊松比必须为 $\frac{1}{3}$ 的限制，极大地扩展了近场动力学的应用范围。

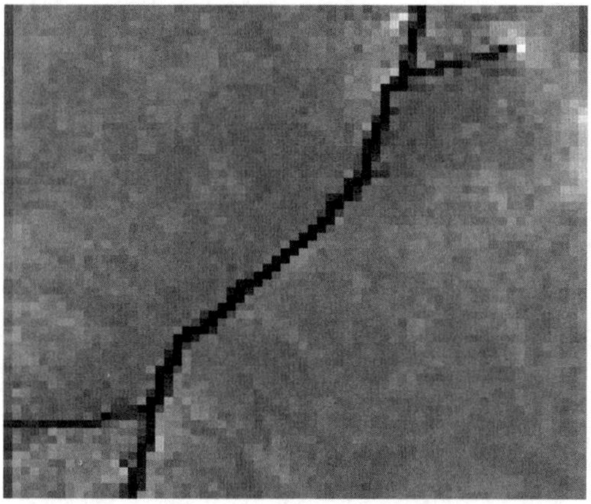

图 4. 11　RFPA 动力方法模拟裂纹示意图

4.5　本 章 小 结

本章首先介绍了近场动力学基本理论，然后利用传统的应变能密度和近场动力学推导的应变能密度相等推导出了平面应力和平面应变情况下的近场动力学参数和传统理论参数之间的关系，最后代入基本方程，分别求出了平面应力和平面应变情况下普通的状态为基础的近场动力学基本方程，并对岩石物质断裂进行了模拟，得出以下结论：

（1）由于在普通的状态为基础的近场动力学理论中加入了损伤理论，因此普通的状态为基础的近场动力学理论能够模拟平面裂纹的扩展和连接过程，且在模拟过程中可以看出普通的状态为基础的近场动力学理论不需要借助任何外在的断裂准则。同时，与其他方法相比，普通的状态为基础的近场动力学理论的模拟效果也很好，因此相较于其他的数值模拟方法具有较大的优势。

（2）普通的状态为基础的近场动力学理论突破了第 3 章键为基础的近场动力学理论模拟平面裂纹时泊松比必须等于$\frac{1}{3}$的限制，相较于键为基础的近场动力学理论，它极大地扩展了近场动力学理论在模拟断裂时的应用范围，为裂纹的扩展和连接过程提供了更好的思路。

第 5 章 二维非普通的状态为基础的近场动力学理论及数值模拟

5.1 非普通的状态为基础的近场动力学基本理论

第 3 章、第 4 章介绍了键为基础的近场动力学理论和普通的状态为基础的近场动力学理论的基本理论并对它们进行了实例分析。在本章中，将被 Silling 提出的键为基础的近场动力学理论和普通的状态为基础的近场动力学延伸和扩展到非普通的状态为基础的近场动力学理论；键为基础的近场动力学理论和普通的状态为基础的近场动力学理论仅仅被限制在中心力荷载作用下，同时在二维情况下键为基础的近场动力学理论仅仅被限制在泊松比等于 $\frac{1}{3}$ 的情况下。本章要介绍的非普通的状态为基础的近场动力学弹性模型与第 3 章、第 4 章叙述的理论不同的是，其在键上的力用传统的应力应变张量表示，也就意味着应力应变概念被引入，因此可以通过应力应变概念建立非普通的状态为基础的近场动力学的本构模型，同时这些物质的键能够承受各个方向的应力，这一点对于模拟连续性物质是更实用的。除此之外，非普通的状态为基础的近场动力学理论能够模拟广义的非线性各向异性物质，这点是键为基础的近场动力学理论和普通的状态为基础的近场动力学理论做不到的，所以相较于键为基础的近场动力学理论和普通的状态为基础的近场动力学理论，非普通的状态为基础的近场动力学理论更有优势。

由于第 4 章已经介绍了普通的状态为基础的近场动力学理论与键为基础的近场动力学理论的区别，因此这里仅介绍普通的状态为基础的近场动力学理论与非普通的状态为基础的近场动力学理论的主要区别。同第 4 章所说的一样，它们之间的主要区别同样是键的力状态不同，具体如图 5.1 所示。

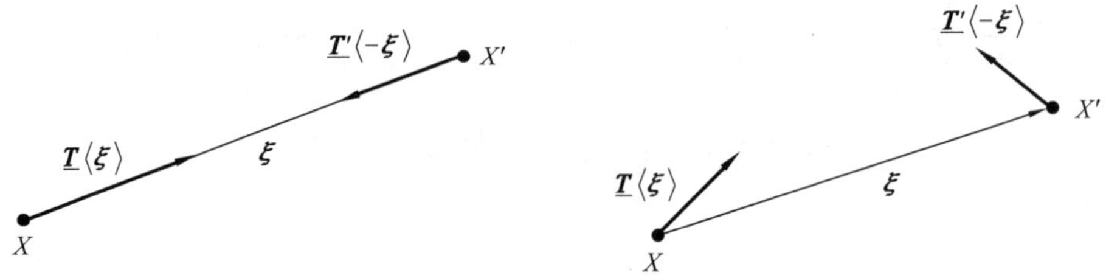

（a）普通的状态为基础的近场动力学理论　　（b）非普通的状态为基础的近场动力学理论

图 5.1　普通的状态为基础的近场动力学理论和非普通的状态为基础的近场动力学近场动力学理论的区别

从图 5.1 可以看出，普通的状态为基础的近场动力学理论力状态的方向平行于两个粒子之间的连线；而非普通的状态为基础的近场动力学理论力状态的方向不平行于两个粒子之间的连线，而且两个粒子间相互作用的力状态的大小并不相等；同时普通的状态为基础的近场动力学理论满足角动量守恒和线性动量平衡，而非普通的状态为基础的近场动力学理论仅满足线性动量平衡。这些是它们的主要区别。

下面将推导非普通的状态为基础的近场动力学理论的基本方程并对其原理进行相应的说明。

5.1.1　非普通的状态为基础的近场动力学理论的基本方程

由于非普通的状态为基础的近场动力学理论力矢量密度的基本方程（4.1）满足角动量平衡，因此可在方程（4.1）两边同时乘虚拟位移矢量$\Delta\boldsymbol{u}$，可得如下方程：

$$\rho(\boldsymbol{x})\ddot{\boldsymbol{u}}(\boldsymbol{x},t)\Delta\boldsymbol{u}=\int_H(\underline{\boldsymbol{T}}(\boldsymbol{x},t)\langle\boldsymbol{x}'-\boldsymbol{x}\rangle-\underline{\boldsymbol{T}}(\boldsymbol{x}',t)\langle\boldsymbol{x}-\boldsymbol{x}'\rangle)\Delta\boldsymbol{u}\mathrm{d}H+\boldsymbol{b}(\boldsymbol{x},t)\Delta\boldsymbol{u} \tag{5.1}$$

式中，$\Delta\boldsymbol{u}$ 为施加于物质点 x 的虚拟位移矢量。这个方程能够再次被用矩阵的符号表示为

$$\rho(\boldsymbol{x})\ddot{\boldsymbol{u}}^{\mathrm{T}}(\boldsymbol{x},t)\Delta\boldsymbol{u}=\int_H(\underline{\boldsymbol{T}}(\boldsymbol{x},t)\langle\boldsymbol{x}'-\boldsymbol{x}\rangle-\underline{\boldsymbol{T}}(\boldsymbol{x}',t)\langle\boldsymbol{x}-\boldsymbol{x}'\rangle)^{\mathrm{T}}\Delta\boldsymbol{u}\mathrm{d}H+\boldsymbol{b}^{\mathrm{T}}(\boldsymbol{x},t)\Delta\boldsymbol{u} \tag{5.2}$$

对任意物质点 $x' \notin H$，有 $\underline{\boldsymbol{T}}(\boldsymbol{x}',t)\langle \boldsymbol{x}-\boldsymbol{x}'\rangle = \underline{\boldsymbol{T}}(\boldsymbol{x},t)\langle \boldsymbol{x}'-\boldsymbol{x}\rangle = 0$，同时对式（5.2）进行体积分，可得：

$$\int_V (\rho(\boldsymbol{x})\ddot{\boldsymbol{u}}^{\mathrm{T}}(\boldsymbol{x},t)-\boldsymbol{b}^{\mathrm{T}}(\boldsymbol{x},t))\Delta\boldsymbol{u}\mathrm{d}V = \int_V\int_V (\underline{\boldsymbol{T}}(\boldsymbol{x},t)\langle \boldsymbol{x}'-\boldsymbol{x}\rangle)^{\mathrm{T}}\Delta\boldsymbol{u}\mathrm{d}V'\mathrm{d}V - \int_V\int_V (\underline{\boldsymbol{T}}(\boldsymbol{x}',t)\langle \boldsymbol{x}-\boldsymbol{x}'\rangle)^{\mathrm{T}}\Delta\boldsymbol{u}\mathrm{d}V'\mathrm{d}V \tag{5.3}$$

交换式（5.3）右边的第二个积分的参数 x 和 x'，可得：

$$\int_V\int_V (\underline{\boldsymbol{T}}(\boldsymbol{x},t)\langle \boldsymbol{x}'-\boldsymbol{x}\rangle)^{\mathrm{T}}\Delta\boldsymbol{u}\mathrm{d}V'\mathrm{d}V = \int_V\int_V (\underline{\boldsymbol{T}}(\boldsymbol{x}',t)\langle \boldsymbol{x}-\boldsymbol{x}'\rangle)^{\mathrm{T}}\Delta\boldsymbol{u}\mathrm{d}V'\mathrm{d}V \tag{5.4}$$

把式（5.4）代入式（5.3）等号的右边，则式（5.3）的右边可以再次被写为如下形式：

$$\int_V\int_V (\underline{\boldsymbol{T}}(\boldsymbol{x},t)\langle \boldsymbol{x}'-\boldsymbol{x}\rangle)^{\mathrm{T}}\Delta\boldsymbol{u}\mathrm{d}V'\mathrm{d}V - \int_V\int_V (\underline{\boldsymbol{T}}(\boldsymbol{x}',t)\langle \boldsymbol{x}-\boldsymbol{x}'\rangle)^{\mathrm{T}}\Delta\boldsymbol{u}\mathrm{d}V'\mathrm{d}V = \int_V\int_V (\underline{\boldsymbol{T}}(\boldsymbol{x},t)\langle \boldsymbol{x}'-\boldsymbol{x}\rangle)^{\mathrm{T}}(\Delta\boldsymbol{u}-\Delta\boldsymbol{u}')\mathrm{d}V'\mathrm{d}V \tag{5.5}$$

在物质点 x 和 x'虚拟位移的差值能够再次被写为

$$\Delta\boldsymbol{u}'-\Delta\boldsymbol{u} = \Delta\underline{\boldsymbol{Y}}(\boldsymbol{x},t)\langle \boldsymbol{x}'-\boldsymbol{x}\rangle \tag{5.6}$$

由式（5.6）可知，公式（5.5）能够再次被写为

$$\int_V\int_V (\underline{\boldsymbol{T}}(\boldsymbol{x},t)\langle \boldsymbol{x}'-\boldsymbol{x}\rangle)^{\mathrm{T}}(\Delta\boldsymbol{u}-\Delta\boldsymbol{u}')\mathrm{d}V'\mathrm{d}V = -\int_V\int_V (\underline{\boldsymbol{T}}(\boldsymbol{x},t)\langle \boldsymbol{x}'-\boldsymbol{x}\rangle)^{\mathrm{T}}\Delta\underline{\boldsymbol{Y}}(\boldsymbol{x},t)\langle \boldsymbol{x}'-\boldsymbol{x}\rangle\mathrm{d}V'\mathrm{d}V \tag{5.7}$$

把式（5.7）代入式（5.3），最后可得：

$$\int_V (\rho(\boldsymbol{x})\ddot{\boldsymbol{u}}^{\mathrm{T}}(\boldsymbol{x},t)-\boldsymbol{b}^{\mathrm{T}}(\boldsymbol{x},t))\Delta\boldsymbol{u}\mathrm{d}V = -\int_V \Delta W_I\mathrm{d}V \tag{5.8}$$

式中，ΔW_I 为物质点 x 和在它的领域内所有其他的物质点相互作用的内力的虚功，在这里：

$$\Delta W_I = \int_V (\underline{\boldsymbol{T}}(\boldsymbol{x},t)\langle \boldsymbol{x}' - \boldsymbol{x}\rangle)^{\mathrm{T}} \Delta \underline{Y}(\boldsymbol{x},t)\langle \boldsymbol{x}' - \boldsymbol{x}\rangle \mathrm{d}V' \tag{5.9}$$

又考虑到物质点仅在它的域内产生虚功，因此式（5.9）能被再次写为

$$\Delta W_I = \int_H (\underline{\boldsymbol{T}}(\boldsymbol{x},t)\langle \boldsymbol{x}' - \boldsymbol{x}\rangle)^{\mathrm{T}} \Delta \underline{Y}(\boldsymbol{x},t)\langle \boldsymbol{x}' - \boldsymbol{x}\rangle \mathrm{d}H \tag{5.10}$$

对于传统的连续性力学来说，在物质点 x 相应的内力虚功能被表达为

$$\Delta \hat{W}_I = \mathrm{tr}(\boldsymbol{S}^{\mathrm{T}} \Delta \boldsymbol{E}) \tag{5.11}$$

式中，$\boldsymbol{S} = \boldsymbol{S}^{\mathrm{T}}$ 为第二皮奥拉-基尔霍夫应力张量，同时格林-拉格朗日应变张量 $\boldsymbol{E} = \boldsymbol{E}^{\mathrm{T}}$，它能被变形梯度 $\boldsymbol{F}$ 表达为

$$\boldsymbol{E} = \frac{1}{2}(\boldsymbol{F}\boldsymbol{F}^{\mathrm{T}} - I) \tag{5.12}$$

通过利用式（5.12），格林-拉格朗日应变张量的虚拟形式能被再次写为

$$\Delta \boldsymbol{E} = \frac{1}{2}(\Delta \boldsymbol{F}^{\mathrm{T}} \boldsymbol{F} + \boldsymbol{F}^{\mathrm{T}} \Delta \boldsymbol{F}) \tag{5.13}$$

把式（5.13）代入式（5.11），对于传统的连续性力学来说，内力虚功的表达形式能被写为

$$\Delta \hat{W}_I = \mathrm{tr}(\boldsymbol{S}^{\mathrm{T}} \boldsymbol{F}^{\mathrm{T}} \Delta \boldsymbol{F}) = \mathrm{tr}(\boldsymbol{P} \Delta \boldsymbol{F}) \tag{5.14}$$

式中，$\boldsymbol{P}$ 为第一皮奥拉-基尔霍夫应力张量，$\boldsymbol{P} = \boldsymbol{S}^{\mathrm{T}} \boldsymbol{F}^{\mathrm{T}}$。

在近场动力学理论中，对应于变形状态的变形梯度张量能被表达为

$$\boldsymbol{F} = (\underline{Y} * \underline{X})\boldsymbol{K}^{-1} \tag{5.15}$$

因此变形梯度张量的虚形式能被表达为

$$\Delta \boldsymbol{F} = (\Delta \underline{Y} * \underline{X})\boldsymbol{K}^{-1} \tag{5.16}$$

式中，$\boldsymbol{K}$ 是形张量，它代表了一个体积平均数，具体的表达式在后面的弹性理论中会给出。$\boldsymbol{K}$ 是一个对称的对角矩阵，符号*意味着矢量状态的卷积。把式（5.16）代入式（5.14），可得：

$$\Delta\hat{W}_I = \mathrm{tr}\left(\boldsymbol{P}\left(\int_H \underline{\omega}\langle \boldsymbol{x}'-\boldsymbol{x}\rangle \Delta\underline{Y}\langle \boldsymbol{x}'-\boldsymbol{x}\rangle \otimes \underline{X}\langle \boldsymbol{x}'-\boldsymbol{x}\rangle \mathrm{d}H\right)\boldsymbol{K}^{-1}\right) \tag{5.17}$$

式中，影响函数 $\underline{\omega}\langle \boldsymbol{x}'-\boldsymbol{x}\rangle$ 是一个标量状态；$\otimes$ 是两个张量的双点积。利用式（5.6），式（5.17）又能被表达为

$$\Delta\hat{W}_I = \mathrm{tr}\left(\int_H \underline{\omega}\langle \boldsymbol{x}'-\boldsymbol{x}\rangle P_{ij}K_{ij}^{-1}(\boldsymbol{x}_k'-\boldsymbol{x}_k)(\Delta\boldsymbol{u}_i'-\Delta\boldsymbol{u}_i)\mathrm{d}H\right) \tag{5.18}$$

式中，$i, j, k = 1, 2, 3$。或者用矩阵的形式表达为

$$\Delta\hat{W}_I = \mathrm{tr}\left(\int_H \underline{\omega}\langle \boldsymbol{x}'-\boldsymbol{x}\rangle \boldsymbol{P}\boldsymbol{K}^{-1}(\boldsymbol{x}'-\boldsymbol{x})(\Delta\boldsymbol{u}'-\Delta\boldsymbol{u})\mathrm{d}H\right) \tag{5.19}$$

把式（5.6）代入式（5.19），且由式（5.9）获得的近场动力学内力虚功与由式（5.19）获得的传统连续性力学内力虚功相等，可获得如下表达式：

$$\begin{aligned}
&\int_H (\underline{\boldsymbol{T}}(\boldsymbol{x},t)\langle \boldsymbol{x}'-\boldsymbol{x}\rangle)^{\mathrm{T}}(\Delta\underline{Y}(\boldsymbol{x},t)\langle \boldsymbol{x}'-\boldsymbol{x}\rangle)\mathrm{d}H \\
&= \int_H (\underline{\omega}\langle \boldsymbol{x}'-\boldsymbol{x}\rangle \boldsymbol{P}\boldsymbol{K}^{-1}(\boldsymbol{x}'-\boldsymbol{x}))^{\mathrm{T}}(\Delta\underline{Y}(\boldsymbol{x},t)\langle \boldsymbol{x}'-\boldsymbol{x}\rangle)\mathrm{d}H
\end{aligned} \tag{5.20}$$

通过式（5.20）可得到力矢量状态和变形梯度之间的关系如下：

$$\boldsymbol{t}(\boldsymbol{u}-\boldsymbol{u}', \boldsymbol{x}'-\boldsymbol{x}, t) = \underline{\boldsymbol{T}}(\boldsymbol{x},t)\langle \boldsymbol{x}'-\boldsymbol{x}\rangle \equiv \underline{\omega}\langle \boldsymbol{x}'-\boldsymbol{x}\rangle \boldsymbol{P}\boldsymbol{K}^{-1}\langle \boldsymbol{x}'-\boldsymbol{x}\rangle \tag{5.21}$$

式（5.21）是基于虚位移原理所获得的公式，它证明了如果皮奥拉-基尔霍夫应力张量能直接或者间接通过增量过程获得，那么力密度张量对任何物质都是适用的，因此本方程是在非普通的状态为基础的近场动力学理论中实现任何物质特征的基本公式。

5.1.2 二维非普通的状态为基础的近场动力学弹性理论

1. 各向同性线弹性近场动力学基本方程

2000 年美国 Sandia 国家实验室的 Silling 提出了近场动力学理论，它的基本方程见式（3.3），对状态为基础的近场动力学理论，$\boldsymbol{f}(\boldsymbol{u}'-\boldsymbol{u},\boldsymbol{x}'-\boldsymbol{x})$ 是物质体内两个物质点 x 和 x'的对点力，它的表达式为

$$\boldsymbol{f}(\boldsymbol{u}'-\boldsymbol{u},\boldsymbol{x}'-\boldsymbol{x})=\underline{\boldsymbol{T}}[\boldsymbol{x},t]\langle\boldsymbol{\xi}\rangle-\underline{\boldsymbol{T}}[\boldsymbol{x}+\boldsymbol{\xi},t]\langle-\boldsymbol{\xi}\rangle \tag{5.22}$$

式中，$\underline{\boldsymbol{T}}[\boldsymbol{x},t]\langle\boldsymbol{\xi}\rangle$ 和 $\underline{\boldsymbol{T}}[\boldsymbol{x}+\boldsymbol{\xi},t]\langle-\boldsymbol{\xi}\rangle$ 分别为变形状态 $\boldsymbol{\xi}$ 和 $\boldsymbol{x}+\boldsymbol{\xi}$ 的力状态。

在 x 的邻域内，任意点 x 与点 x'的相对位置为 $\underline{X}\langle\xi\rangle$，键的变形状态被定义为 $\underline{Y}\langle x'-x\rangle$，即

$$\underline{X}\langle\boldsymbol{\xi}\rangle=\boldsymbol{\xi}=\boldsymbol{x}'-\boldsymbol{x} \tag{5.23}$$

$$\underline{Y}\langle\boldsymbol{x}'-\boldsymbol{x}\rangle=\boldsymbol{\eta}+\boldsymbol{\xi}=(\boldsymbol{u}'+\boldsymbol{x}')-(\boldsymbol{u}+\boldsymbol{x}) \tag{5.24}$$

其弹性物质的近场动力学变形结构示意图如图 5.2 所示。

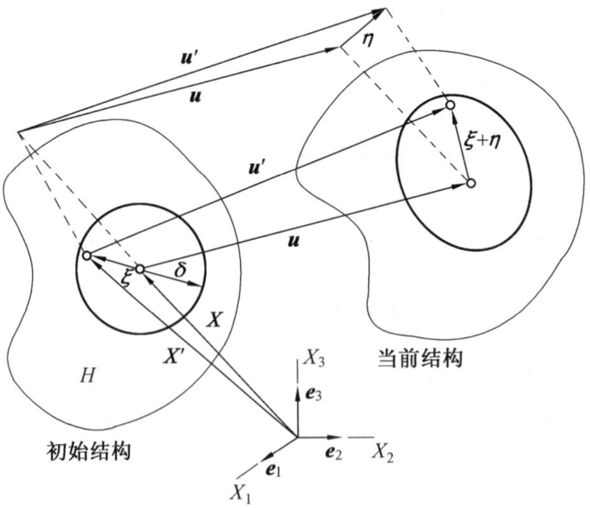

图 5.2 近场动力学变形结构示意图

在物质点 x 的非局部变形梯度 $F(x)$ 被定义为

$$F(x)=\left[\int_H \omega(|\boldsymbol{\xi}|)(\underline{Y}(\boldsymbol{\xi})\otimes\boldsymbol{\xi})\mathrm{d}V_{\xi}\right]\cdot\boldsymbol{K}(x) \tag{5.25}$$

式中，$\omega(|\xi|)$ 为键的影响函数，它是物质中两任意点的相对初始位置 $|\boldsymbol{\xi}|$ 的函数；$\boldsymbol{K}(x)$ 为形张量，它的表达式为

$$\boldsymbol{K}(x)=\left[\int_H \omega(|\boldsymbol{\xi}|)(\boldsymbol{\xi}\otimes\boldsymbol{\xi})\mathrm{d}V_{\xi}\right]^{-1} \tag{5.26}$$

对于弹性物质，弹性格林-拉格朗日张量被表达为式（5.12），它的弹性应变能表达如下：

$$W=\frac{1}{2}\boldsymbol{E}:\Psi:\boldsymbol{E} \tag{5.27}$$

式中，$\boldsymbol{\Psi}$ 为四阶弹性张量系数。当物体为各项同性时，有

$$\Psi_{ijkn}=\Psi_{jikn}=\Psi_{ijnk}=\Psi_{knij} \tag{5.28}$$

由式（5.27）可得第二皮奥拉-基尔霍夫应力 $\boldsymbol{S}$ 的表达式为

$$\boldsymbol{S}=\frac{2\partial W}{\partial \boldsymbol{E}}=\Psi:\boldsymbol{E} \tag{5.29}$$

由第二皮奥拉-基尔霍夫应力可得高斯应力 $\boldsymbol{\sigma}$ 的表达式为

$$\boldsymbol{\sigma}=\boldsymbol{F}\left(\frac{\boldsymbol{S}}{\det(\boldsymbol{F})}\right)\boldsymbol{F}^{\mathrm{T}} \tag{5.30}$$

由高斯应力转化为第一皮奥拉-基尔霍夫应力 $\overline{\boldsymbol{P}}$ 如下：

$$\overline{\boldsymbol{P}}=\det(\boldsymbol{F})\boldsymbol{\sigma}\boldsymbol{F}^{-\mathrm{T}} \tag{5.31}$$

把式（5.30）代入式（5.31）可得，第一皮奥拉-基尔霍夫应力 $\overline{\boldsymbol{P}}$ 表达式如下：

$$\overline{\boldsymbol{P}}=\boldsymbol{F}\boldsymbol{S} \tag{5.32}$$

式（5.32）为相应的本构模型；把式（5.32）代入式（5.21），得：

$$\underline{\boldsymbol{T}}\langle \boldsymbol{x}'-\boldsymbol{x}\rangle=\omega(|\boldsymbol{x}'-\boldsymbol{x}|)\boldsymbol{F}\boldsymbol{S}\cdot\boldsymbol{K}(\boldsymbol{x})\cdot\boldsymbol{\xi} \tag{5.33}$$

由式（3.3）、式（5.22）和式（5.33）可求得二维非普通的状态为基础的近场动力学线弹性理论的基本方程为

$$\rho(\boldsymbol{x}_i)\ddot{\boldsymbol{u}}(\boldsymbol{x}_i,t)=\int_H\omega(|\boldsymbol{x}_i-\boldsymbol{x}_j|)\left\{\boldsymbol{F}_i\boldsymbol{S}_i\boldsymbol{K}_i^{-1}(\boldsymbol{x}_j-\boldsymbol{x}_i)-\boldsymbol{F}_j\boldsymbol{S}_j\boldsymbol{K}_j^{-1}(\boldsymbol{x}_i-\boldsymbol{x}_j)\right\}\mathrm{d}V_j+\boldsymbol{b}(\boldsymbol{x}_i,t) \tag{5.34}$$

2. 非普通的状态为基础的近场动力学损伤理论

为了描述近场动力学框架内的损伤理论，引入影响函数$\omega(|x_i-x_j|)$来表达损伤，影响函数$\omega(|\boldsymbol{x}_i-\boldsymbol{x}_j|)$可表示为

$$\omega(|\boldsymbol{x}_i-\boldsymbol{x}_j|)=\chi(t,\boldsymbol{\xi})\left(1+\frac{\delta}{|\boldsymbol{\varepsilon}|}\right) \tag{5.35}$$

式中，δ是物质点x_i的邻域半径；ε是任一点x'同物质点x的相对位置，$\boldsymbol{\varepsilon}=\boldsymbol{x}'-\boldsymbol{x}$；$\chi(t,\boldsymbol{\xi})$是一个标量函数，其表达式为

$$\chi(t,\boldsymbol{\xi})=\begin{cases}1, & s(t,\boldsymbol{\xi})<s_0\\ 0, & s(t,\boldsymbol{\xi})>s_0\end{cases} \tag{5.36}$$

式中，S为键的伸长率，其表达式为

$$s=\frac{|\boldsymbol{\varepsilon}+\boldsymbol{\eta}|-|\boldsymbol{\varepsilon}|}{|\boldsymbol{\varepsilon}|} \tag{5.37}$$

s_0为临界伸长率，在二维情况下其表达式为

$$s_0=\sqrt{\frac{G_\mathrm{c}}{\left[\frac{6}{\pi}\mu+\frac{16}{9\pi^2}(k-2\mu)\right]\delta}} \tag{5.38}$$

式中，k为体积模量；μ为剪切模量；G_c为临界能量释放率，它与断裂韧度K_IC有关。

为了模拟断裂，对各物质点引入局部损伤值的概念，局部损伤值定义为

$$\varphi(\boldsymbol{x},t)=1-\frac{\int_H \chi(\boldsymbol{x},t,\boldsymbol{\varepsilon})\mathrm{d}V_\varepsilon}{\int_H \mathrm{d}V_\varepsilon} \tag{5.39}$$

式中，$\varphi(\boldsymbol{x},t)$ 为局部损伤值，它的取值范围为 $0\leqslant \varphi(\boldsymbol{x},t)\leqslant 1$，0 代表该点无键断裂，1 代表该点的键全部断裂。

3. 离散化

将结构离散为带有体积和质量的粒子，然后由粒子组成网格，因此变形梯度 $\boldsymbol{F}(\boldsymbol{x})$ 被离散为如下形式：

$$\boldsymbol{F}_j=\sum_{i=1}^{N_j} V_i\omega(|\boldsymbol{x}_i-\boldsymbol{x}_j|)(\boldsymbol{y}_i-\boldsymbol{y}_j)\otimes(\boldsymbol{x}_i-\boldsymbol{x}_j)\cdot\boldsymbol{K}_j^{-1} \tag{5.40}$$

其中，形张量 $\boldsymbol{K}(\boldsymbol{x})$被离散为

$$\boldsymbol{K}_j=\sum_{i=1}^{N_j} V_i\omega(|\boldsymbol{x}_i-\boldsymbol{x}_j|)(\boldsymbol{x}_i-\boldsymbol{x}_j)\otimes(\boldsymbol{x}_i-\boldsymbol{x}_j) \tag{5.41}$$

式中，V_i 为粒子 i 的体积；N_j 为在粒子 i 的域半径为 δ 的域内粒子 j 的数量。

同理，非普通的状态为基础的二维近场动力学各向同性线弹性基本方程的离散形式如下：

$$\rho(\boldsymbol{x}_i)\ddot{\boldsymbol{u}}_i^n=\sum_{j=1}^{N_i} V_j\omega(|\boldsymbol{x}_j-\boldsymbol{x}_i|)[\overline{\boldsymbol{P}}_i\boldsymbol{K}_i^{-1}(\boldsymbol{x}_j-\boldsymbol{x}_i)-\overline{\boldsymbol{P}}_j\boldsymbol{K}_j^{-1}(\boldsymbol{x}_i-\boldsymbol{x}_j)] \tag{5.42}$$

式中，$\overline{\boldsymbol{P}_i}$ 和 $\overline{\boldsymbol{P}_j}$ 分别为粒子 i 和 j 的第一皮奥拉-基尔霍夫应力；$\boldsymbol{K}_i$ 和 $\boldsymbol{K}_j$ 分别为粒子 i 和 j 的形张量。

加速度 $\ddot{u}_i^n$ 可以表示为

$$\ddot{\boldsymbol{u}}_i^n=\frac{\boldsymbol{u}_i^{n+1}-2\boldsymbol{u}_i^n+\boldsymbol{u}_i^{n-1}}{\Delta t^2} \tag{5.43}$$

4. 程序流程图

近场动力学是一种无网格粒子法，其主要思想就是把物质离散为带有一定质量和体积的粒子，然后以各个粒子为研究对象进行分析。为了描述非普通的状态为基础的近场动力学在模拟断裂和非断裂问题时的程序实现，非普通的状态为基础的近场动力学的算法流程图如图 5.3 所示。

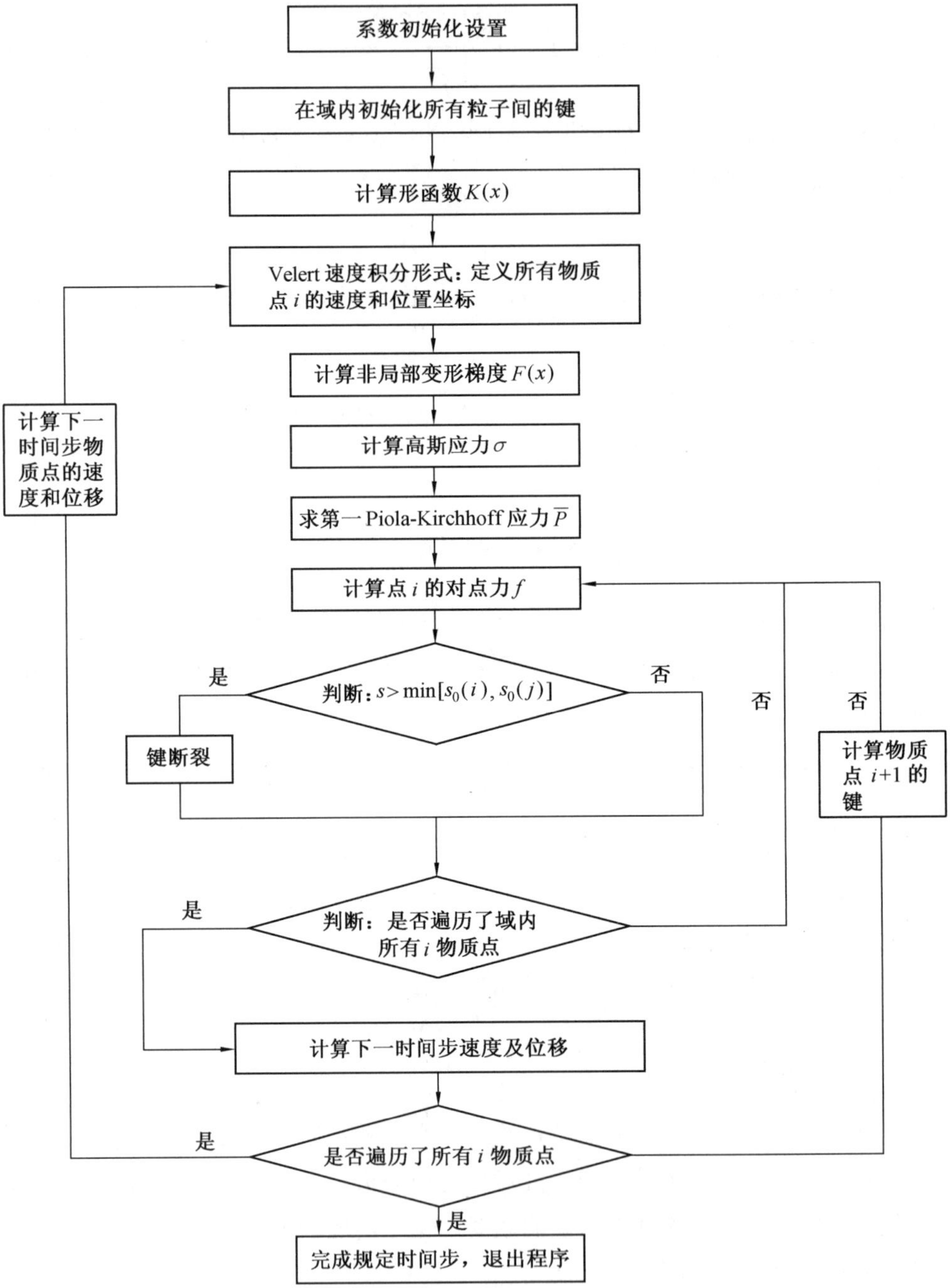

图 5.3　非普通的状态为基础的近场动力学数值算法流程图

具体的程序流程步骤如下：

（1）首先初始化确定参数域δ、时间步Δt、临界生长率 s_0，同时生成带有恒定粒子间距Δx 的初始粒子布置框架，确定物质的弹性模量 E、泊松比ν及物质的密度ρ等参数。

（2）当$\| \boldsymbol{x}_i - \boldsymbol{x}_j \| \leqslant \delta$ 且 $i \neq j$ 时，初始化所有粒子间的键。

（3）通过式（4.15）计算权重体积参数 $m(i)$，通过式（5.41）计算形张量 $\boldsymbol{K}(\boldsymbol{x})$。

（4）利用 Velert 速度积分形式定义所有物质点初始的速度和位置坐标。

（5）通过式（5.40）来求得近似的非局部变形梯度 $F(x)$。

（6）由式（5.29）和式（5.30）求得第二皮奥拉-基尔霍夫高斯应力σ。

（7）再利用式（5.31）可把第二皮奥拉-基尔霍夫高斯应力转化为第一皮奥拉-基尔霍夫应力$\overline{P}$。

（8）计算物质点 i 和它的域内所有其他物质点 j 之间键的对点力 f。

（9）利用公式 $s > \min[s_0(i), s_0(j)]$ 来判断在域内任意两物质点组成的键是否断裂，不满足该条件时键不断裂，满足该条件时键断裂。

（10）判断步骤（9）是否对物体域内所有物质点是否进行了判断，如果是，则计算下一时间步域内的各粒子的位移和速度，否则返回步骤（8）重新进行循环。

（11）计算下一时间步的域内各粒子速度和位移。

（12）判断是否遍历了物质内所有的物质点，如果是，则计算下一时间步物质内各粒子的速度和位移，否则返回步骤（8）继续循环。

（13）当达到规定的时间步或者收敛步时退出程序。

以上为用 fortran95 进行编程的程序流程图和思路说明，接下来将进行实例的验证。

5.2　非普通的状态为基础的近场动力学非断裂算例

算例一：如图 5.4 所示，有一含直径为 0.01 m 的圆孔的矩形岩石薄板，其长和宽均为 0.10 m，左右受均匀分布的拉应力 q=45 MPa，坐标原点位于圆心，x 轴平行于拉应力方向，右为正方向。由于无法模拟无限大板，仅能模拟有限宽板，为了避免边界效应，取有限宽板尺寸是圆孔直径的 10 倍进行数值模拟。模型被离散为 $200\times200=40\,000$ 个粒子，相邻两粒子间的间距为$\Delta x=5\times10^{-4}$ m，计算参数如下：$\Delta t=1.336\,7\times10^{-8}$ s，$s_0=0.002$，弹性模量 $E=45\times10^9$ Pa，密度$\rho=3\,300$ kg/m^3，泊松比$\nu=0.20$，δ分别取 $2\Delta x$、$3\Delta x$ 和 $4\Delta x$。利用非普通的状态为基础的近场动力学理论对该模型的应力场和位移场进行数值分析。如图 5.5 所示，取坐标为（−0.035 m，−0.035 m）粒子的应力随时间变化进行分析，当时间步为 60 000 步时，三种情况下的数值解均达到稳定，即达到了收敛。

为了将数值解与解析解进行对比分析，该问题的应力场解析解可表达如下：

$$\begin{aligned}\sigma_x=&\left[\frac{q}{2}\left(1-\frac{a^2}{r^2}\right)+\frac{q}{2}\left(\frac{3a^4}{r^4}-\frac{4a^2}{r^2}+1\right)\cos 2\theta\right]\cos^2\theta\\&+\left[\frac{q}{2}\left(1+\frac{a^2}{r^2}\right)-\frac{q}{2}\left(\frac{3a^4}{r^4}+1\right)\cos 2\theta\right]\sin^2\theta\\&+\left[\frac{q}{2}\left(1-\frac{a^2}{r^2}\right)\left(\frac{3a^2}{r^2}+1\right)\sin 2\theta\right]\sin 2\theta\end{aligned}\tag{5.44}$$

$$\begin{aligned}\sigma_y=&\left[\frac{q}{2}\left(1-\frac{a^2}{r^2}\right)+\frac{q}{2}\left(\frac{3a^4}{r^4}-\frac{4a^2}{r^2}+1\right)\cos 2\theta\right]\sin^2\theta\\&+\left[\frac{q}{2}\left(1+\frac{a^2}{r^2}\right)-\frac{q}{2}\left(\frac{3a^4}{r^4}+1\right)\cos 2\theta\right]\cos^2\theta\\&-\left[\frac{q}{2}\left(1-\frac{a^2}{r^2}\right)\left(\frac{3a^2}{r^2}+1\right)\sin 2\theta\right]\sin 2\theta\end{aligned}\tag{5.45}$$

$$\tau_{xy}=\left[\frac{q}{2}\left(\frac{6a^4}{r^4}-\frac{4a^2}{r^2}+2\right)\cos 2\theta-\frac{qa^2}{r^2}\right]\sin\theta\cos\theta-\frac{q}{2}\left(1-\frac{a^2}{r^2}\right)\left(1+\frac{3a^2}{r^2}\right)\sin 2\theta\cos 2\theta\tag{5.46}$$

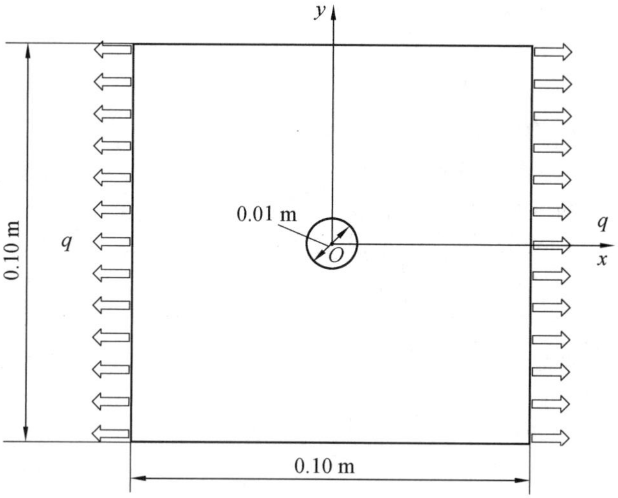

图 5.4　数值模型

如图 5.5 所示，经过 60 000 时间步的运行后，得到坐标为（−0.035 m，−0.035 m）的粒子应力和随时间的变化规律。

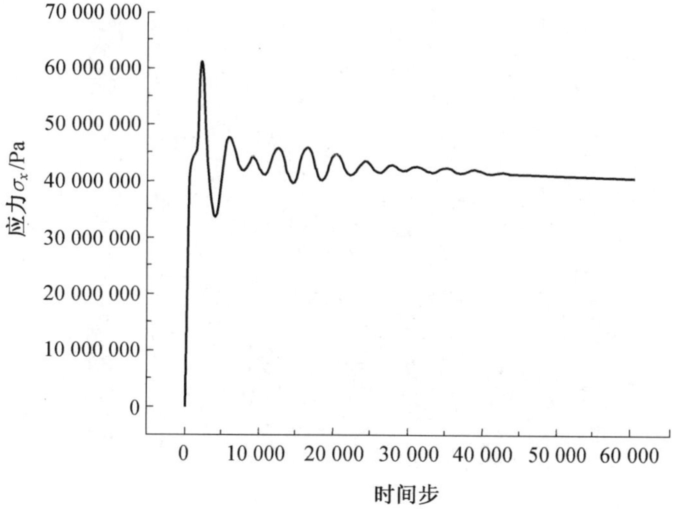

（a）应力σ_x随时间的变化规律

图 5.5　坐标为（−0.035 m，−0.035 m）的粒子应力收敛解

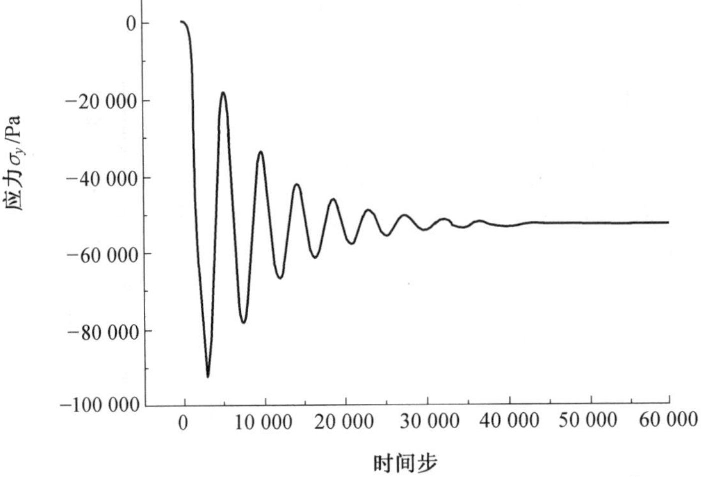

（b）应力σ_y随时间的变化规律

续图 5.5

从图 5.5 可看出，当运行到 60 000 时间步时，应力σ_x和σ_y均达到了稳定的收敛解。图 5.6（a）、图 5.6（b）和图 5.6（c）为模型在σ_x、σ_y和τ_{xy}情况下的分布云图。

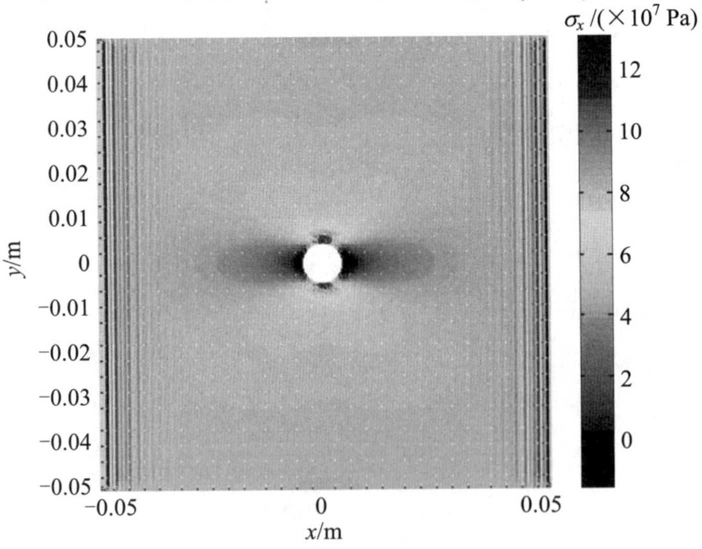

（a）σ_x

图 5.6　应力分布云图

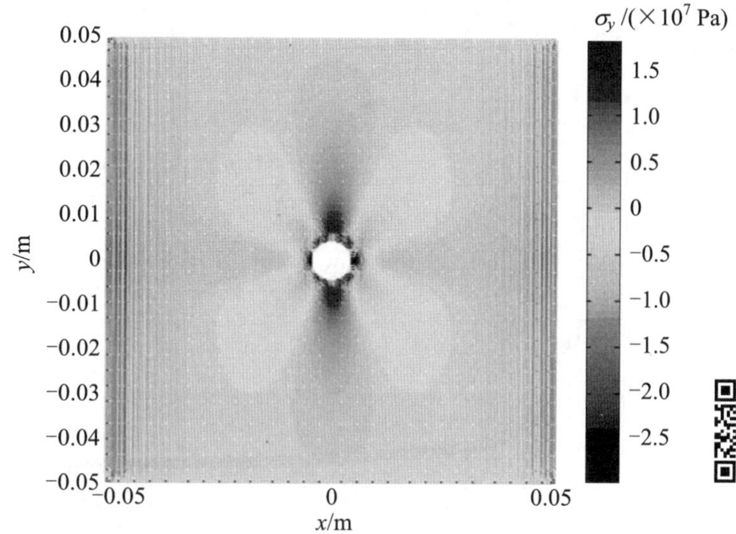

（b）σ_y

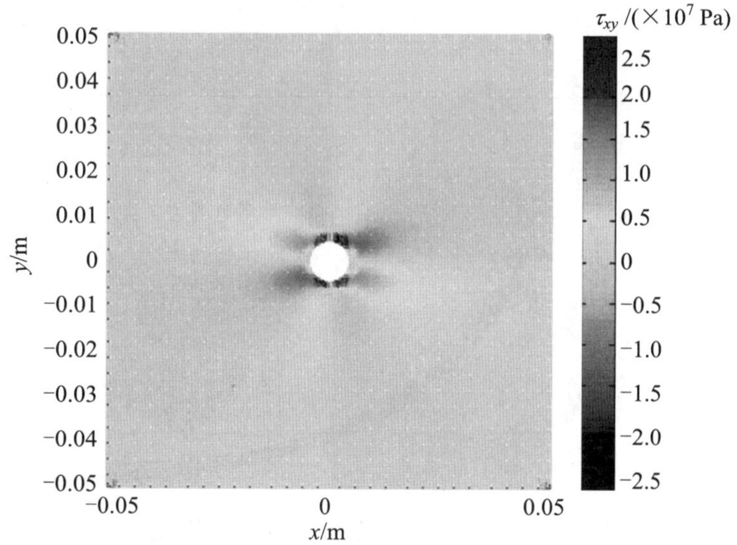

（c）τ_{xy}

续图 5.6

为了分析方便，这里取 x=0，y=0.005～0.05 m 段为研究对象。根据式（5.46）可知：τ_{xy} =0。因此，仅对$\delta = 2\Delta x$、$\delta = 3\Delta x$ 和$\delta = 4\Delta x$ 时的σ_x 和σ_y 数值解和精确解对比分析，对比结果如图 5.7 所示。

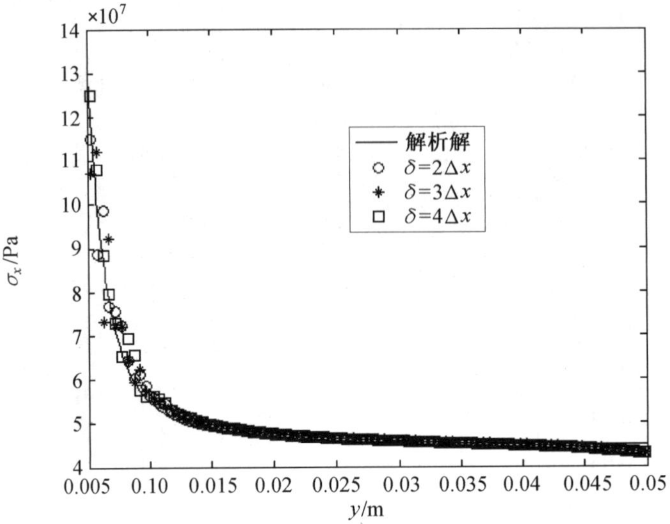

（a）σ_x

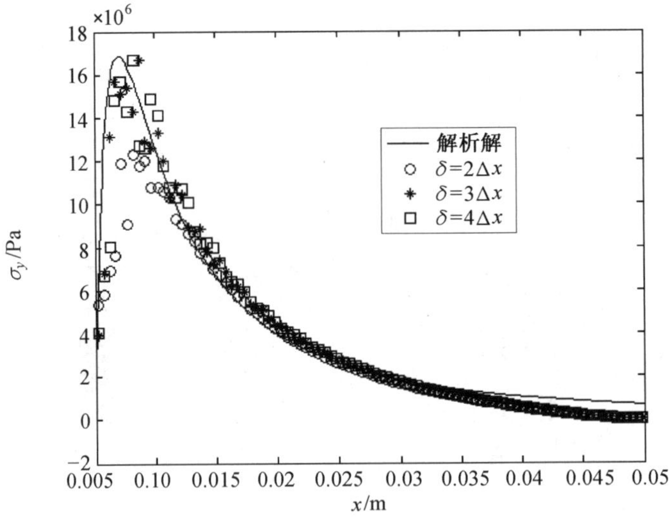

（b）σ_y

图 5.7　不同δ时的σ_x和σ_y数值解和精确解对比

从图 5.7 可以看出：在圆洞周围发生了应力集中现象，例如在（0，0.005 m）处 σ_x 的近场动力学数值解的应力集中系数为 2.87，精确解的应力集中系数为 3，误差仅为 4.3%，说明近场动力学数值解与精确解比较吻合。从图 5.6 可以看出：σ_x 和 σ_y 的数值解和精确解同样比较吻合，尤其是 σ_x 的吻合度更高。数值解和精确解存在小误差的原因是：理论解是无限大板问题，而数值解是有限宽板问题。从图 5.7 中也能看出：$\delta=2\Delta x$ 时的数值解精度比 $\delta=3\Delta x$ 和 $\delta=4\Delta x$ 时的数值解精度低。对比 $\delta=3\Delta x$ 和 $\delta=4\Delta x$ 的计算时间，$\delta=3\Delta x$ 比 $\delta=4\Delta x$ 计算时间更少、效率更高。因此，在进行近场动力学数值模拟时，从计算精度和计算效率综合考虑，取 $\delta=3\Delta x$ 更为合理。

5.3　非普通的状态为基础的近场动力学断裂算例

算例二：本算例的粒子除了圆孔直径为 0.02 m 和 $\delta=3\Delta x$ 外，其余计算参数和尺寸与算例一相同。考虑了损伤的断裂过程图如图 5.8 和图 5.9 所示，当时间步达到 1 650 步时，其断裂过程如图 5.8 所示，水平应力 σ_x 分布云图如图 5.9 所示。

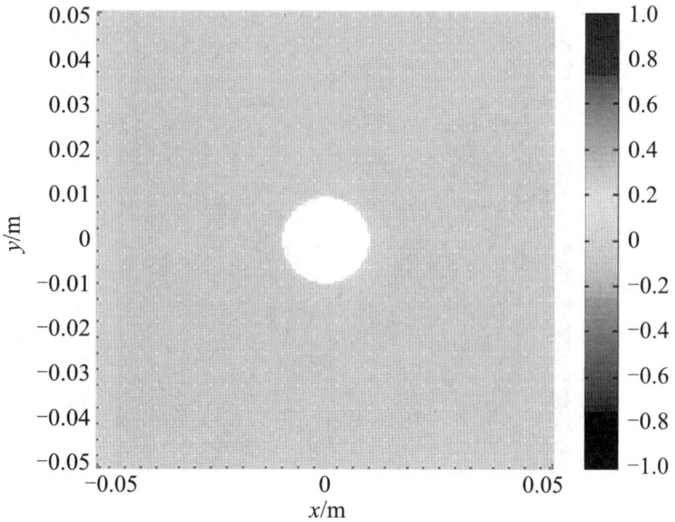

（a）时间步为 1

图 5.8　断裂过程的数值模拟结果

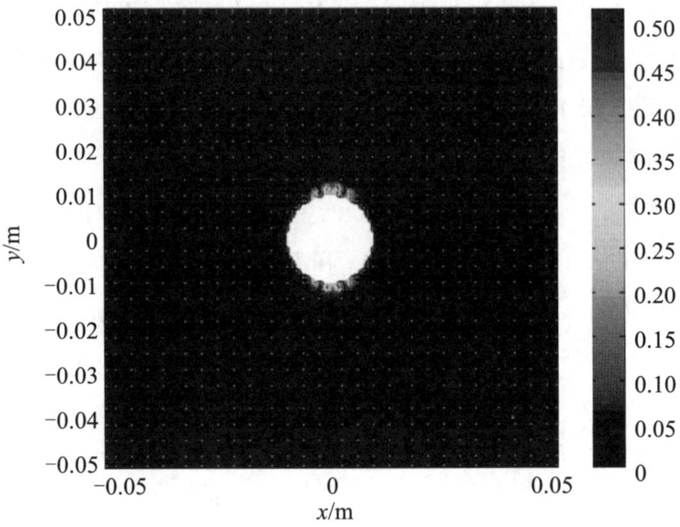

（b）时间步为 800

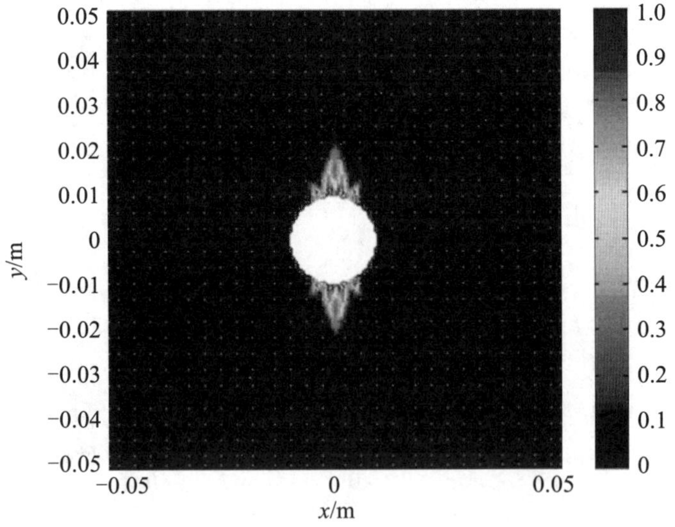

（c）时间步为 1 000

续图 5.8

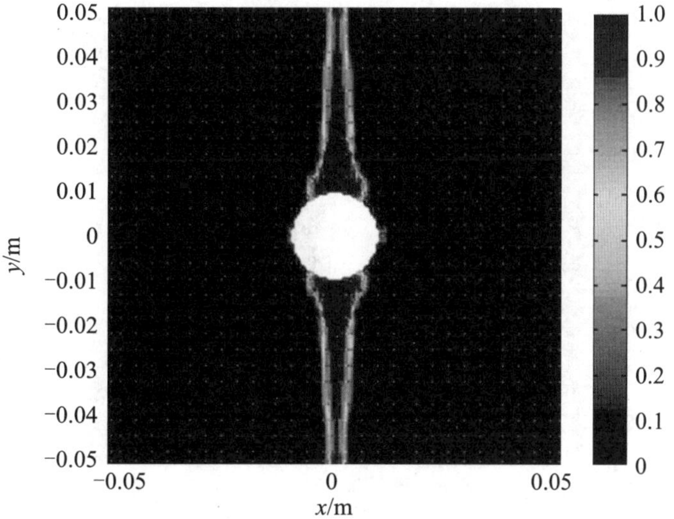

（d）时间步为 1 650

续图 5.8

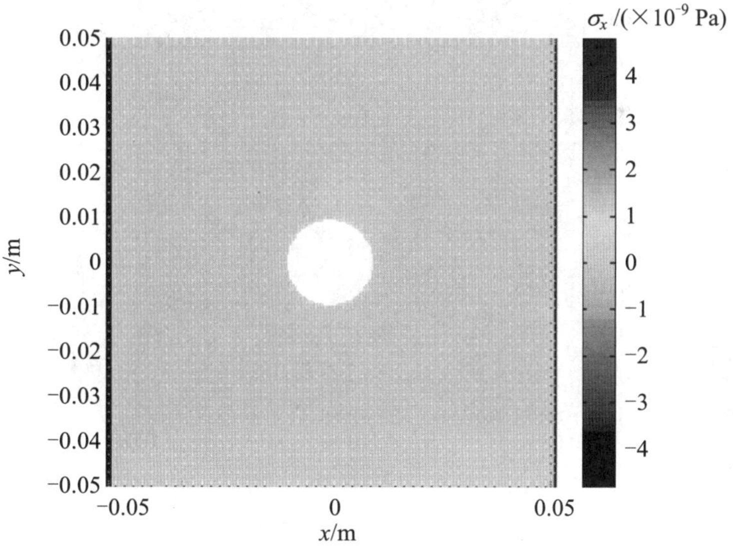

（a）时间步为 1

图 5.9 水平应力σ_x分布云图

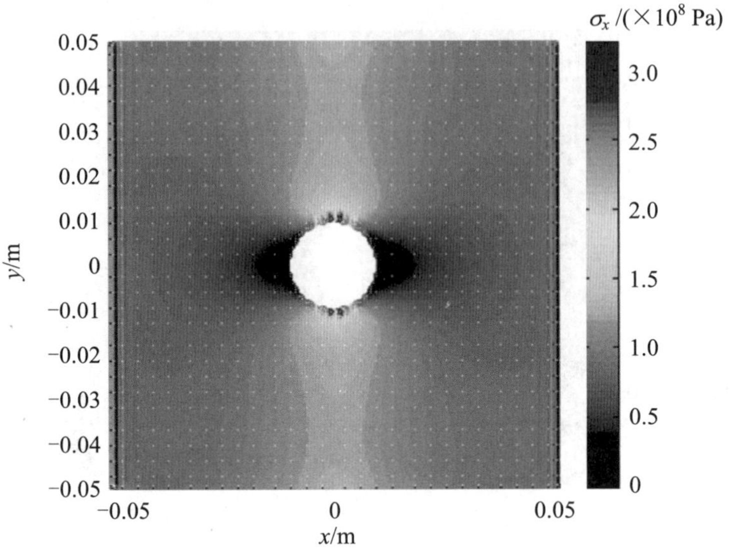

（b）时间步为 800

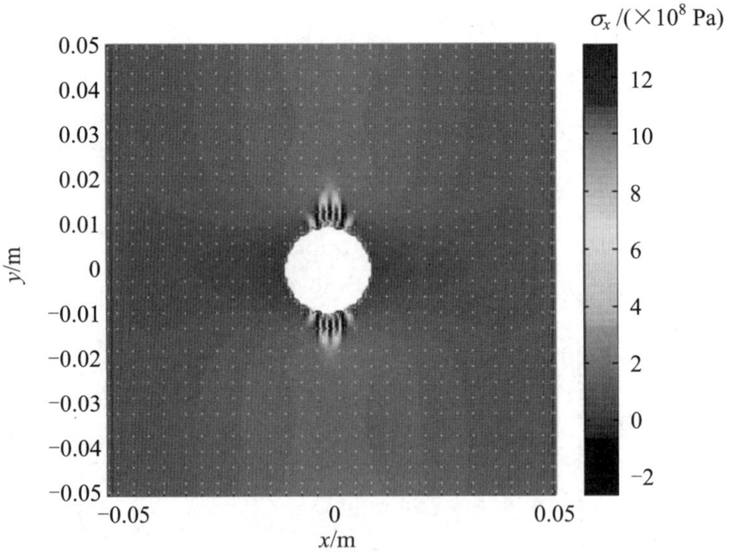

（c）时间步为 1 000

续图 5.9

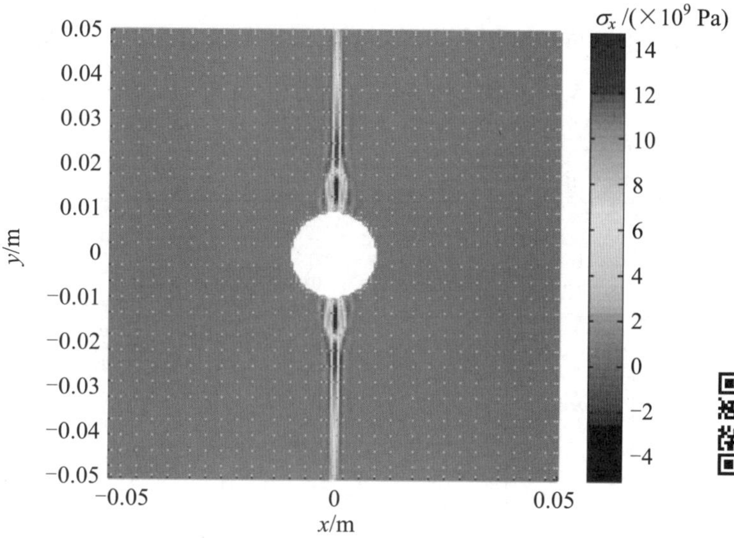

（d）时间步为 1 650

续图 5.9

从图 5.8 可以看出，当时间步到达 800 步时，在圆孔的顶部和底部开始启裂；当时间步到达 1 000 步时，圆孔顶部和底部的损伤和断裂扩大；当时间步到达 1 650 步时，含圆孔的薄板断裂。从图 5.8 可以看出：随着时间步的增加，断裂程度逐渐增加，直至断裂贯通薄板。图 5.9 为断裂时水平应力σ_x的分布云图，从图 5.9 可以看出：当时间步为 1 步时，仅在荷载施加的边界发生微小的水平应力，水平应力的数量级为 10^{-9} Pa，圆孔周围未出现应力不连续现象；当时间步到达 800 步时，整个薄板出现应力，水平应力的数量级达到 10^8 Pa，圆孔周围出现较为明显的应力不连续现象；当时间步到达 1 000 步时，水平应力继续增大，且圆孔顶部和底部出现比较明显的水平应力不连续现象；当时间步到达 1 650 步时，水平应力继续增大，数量级达到 10^9 Pa，且圆孔顶部和底部出现了明显的水平应力不连续现象，薄板此时完全断裂。

算例三：带一道斜裂纹的矩形岩石薄板如图 5.10 所示，其长和宽均为 0.1 m，左右受均匀分布的拉应力 q=45 MPa，坐标原点位于矩形板中心，x 轴平行于拉应力方向，右为正方向。岩石板模型被离散为 200×200=40 000 个粒子，相邻两粒子的间距为$\Delta x=5\times10^{-4}$ m，计算参数如下：Δt=1.336 7×10^{-8} s，s_0=0.002，弹性模量 $E=45\times10^9$ Pa，密度$\rho=3\ 300$ kg/m^3，泊松比ν=0.20，$\delta=3\Delta x$。利用非普通的状态为基础的近场动力学理论对该模型的应力场和位移场进行数值分析。如图 5.11 所示为裂纹扩展时的断裂云图，图 5.12 为裂纹扩展时水平应力σ_x分布云图；当时间步为 1 900 步时，矩形板完全断裂。

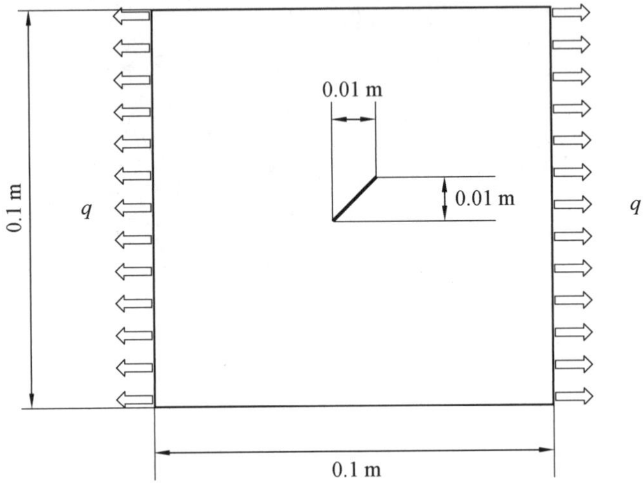

图 5.10　带一道斜裂纹的矩形岩石薄板

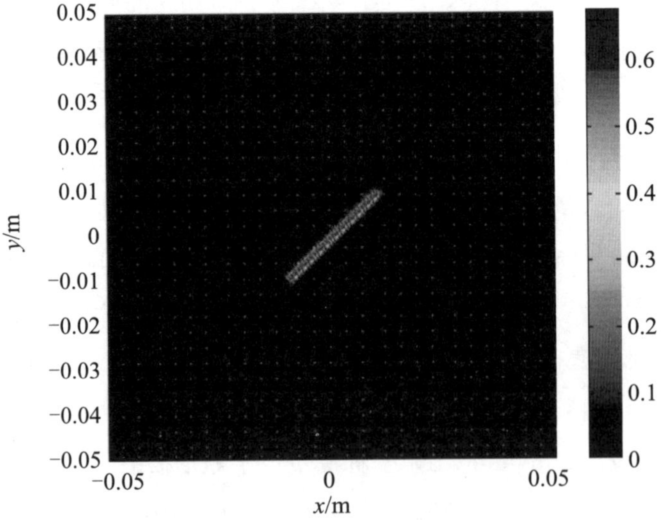

（a）时间步为 1

图 5.11　裂纹扩展时的断裂云图

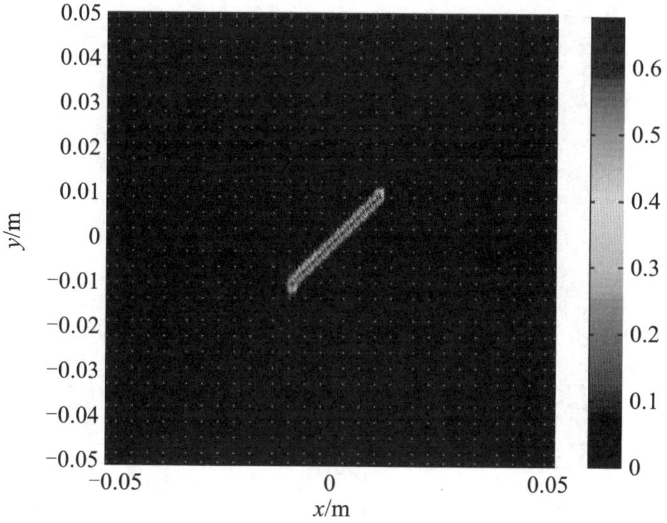

（b）时间步为 900

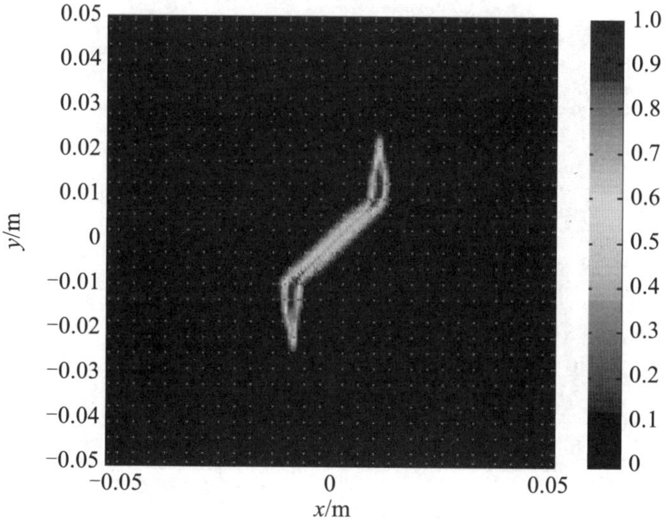

（c）时间步为 1 200

续图 5.11

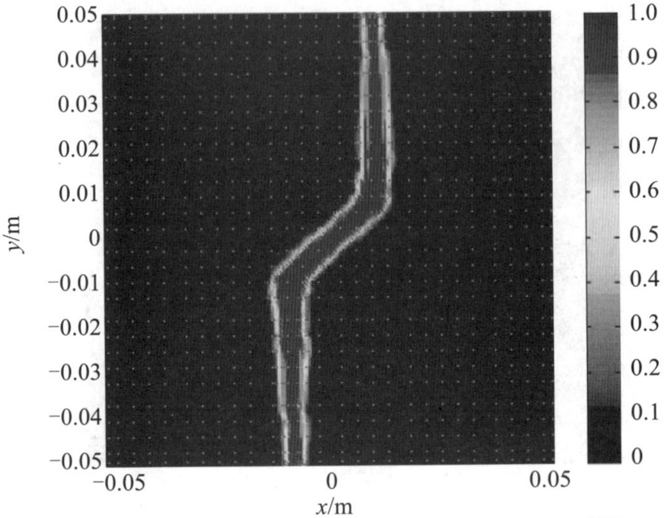

（d）时间步为 1 900

续图 5.11

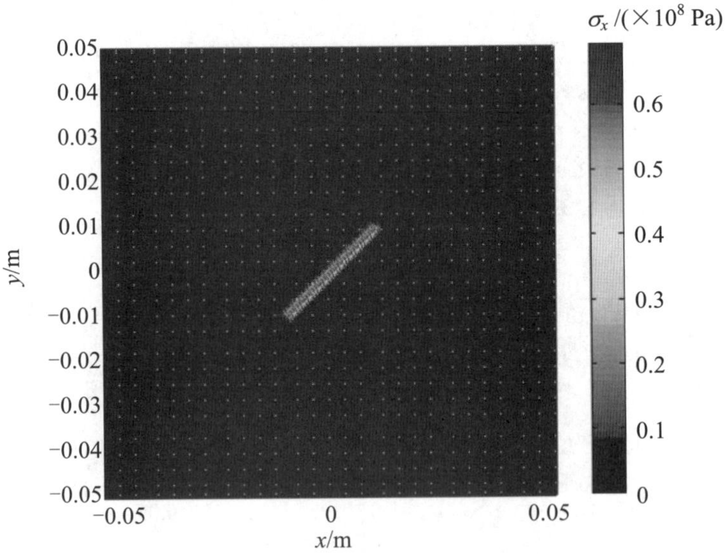

（a）时间步为 1

图 5.12　裂纹扩展时水平应力σ_x分布云图

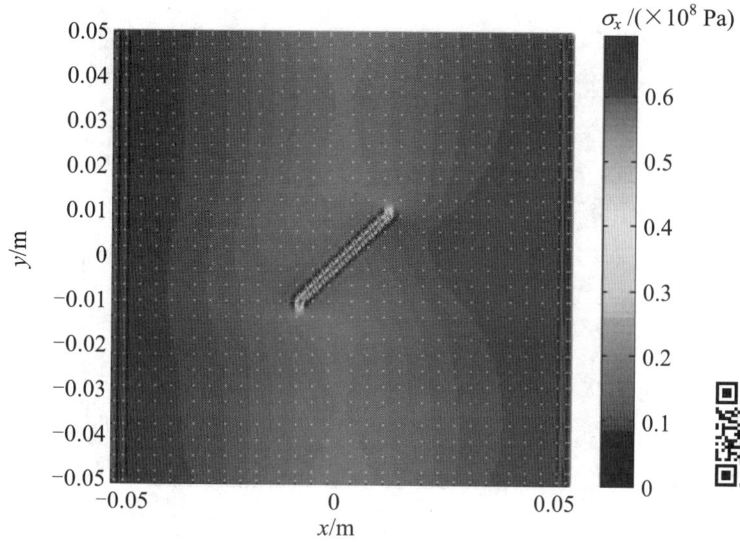

（b）时间步为 900

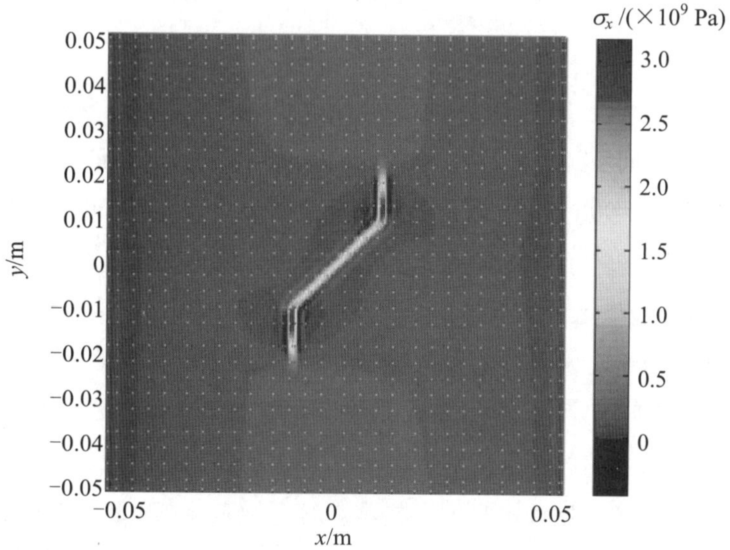

（c）时间步为 1 200

续图 5.12

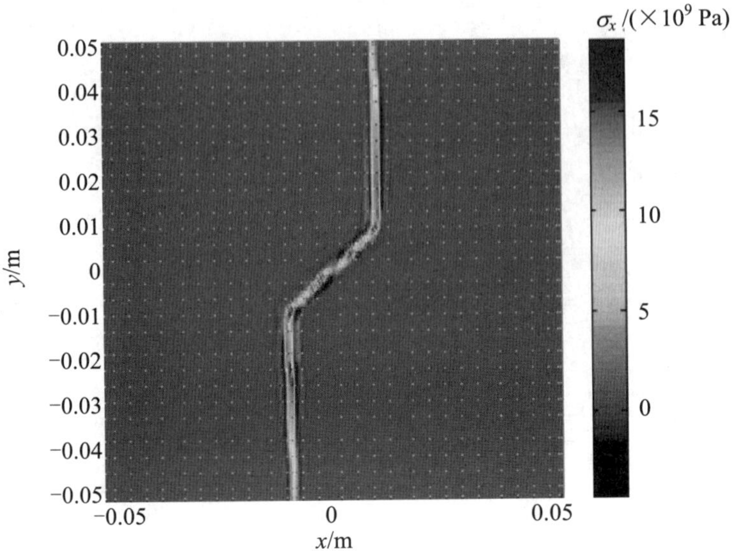

（d）时间步为 1 900

续图 5.12

从图 5.11 可看出，在单轴拉伸荷载作用下，当时间步到达 900 步时，裂纹的尖端开始启裂；当时间步到达 1 200 步时，裂纹开始沿着和加载方向垂直的方向继续扩展；当时间步到达 1 900 步时，矩形岩石板完全断裂。从图 5.12 的水平应力云图可看出，当时间步到达 900 步时，斜裂纹尖端出现应力集中现象，水平应力最大值的数量级为 10^8 Pa，在裂纹上下尖端出现水平应力不连续现象；当时间步到达 1 200 步时，裂纹尖端水平应力不连续现象继续扩大，水平应力最大值的数量级增加到 10^9 Pa；当时间步到达 1 900 时间步时，裂纹尖端水平应力不连续现象扩展到岩石样本的上、下边界，水平应力最大值的数量级增加到 10^{10} Pa，岩样完全断裂。

算例四：三点弯曲巴西圆盘岩石样本。有一预先存在垂直裂纹的岩石类圆盘样本（几何构造如图 5.13 所示），它的直径是 0.1 m，样本中部有一倾角 β=0° 的裂纹，裂纹长度 $2b$=0.03 m，这个岩石类物质的力学参数为：弹性模量 E=21 GPa，泊松比 ν = 0.22，坐标原点位于圆形板中心，x 轴垂直于压力方向，拉为正，压为负。上、下两边作用有沿直径方向的压缩荷载，荷载速率保持 0.05 m/s；岩石板模型被离散为 200×200 = 40 000 个粒子，相邻两粒子的间距为 Δx =5×10^{-4} m，计算参数如下：

Δt=1.336 7×10^{-8} s，s_0=0.002，密度ρ = 2 300 kg/m^3，δ = 3Δx，当运行 700 时间步时岩石发生完全断裂。具体的岩石样本数值模拟断裂云图如图 5.14 所示，岩石样本断裂过程的水平应力σ_x云图如图 5.15 所示，具体的试验断裂图如图 5.16 所示。

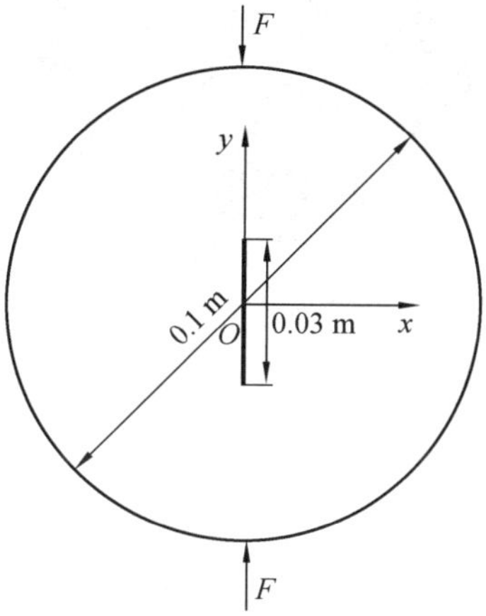

图 5.13　岩石样本几何构造

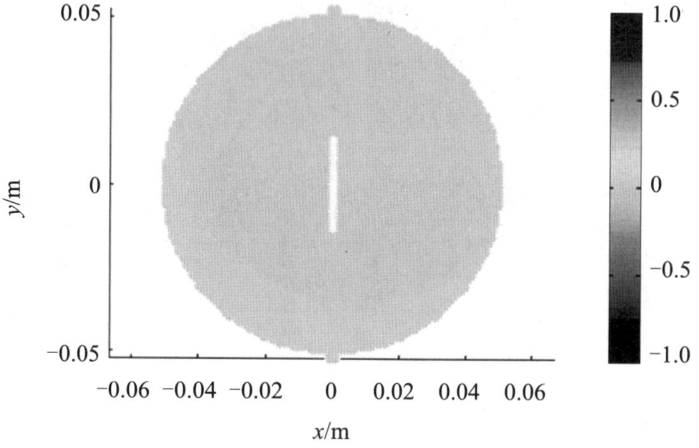

（a）时间步为 1

图 5.14　岩石样本数值模拟断裂云图

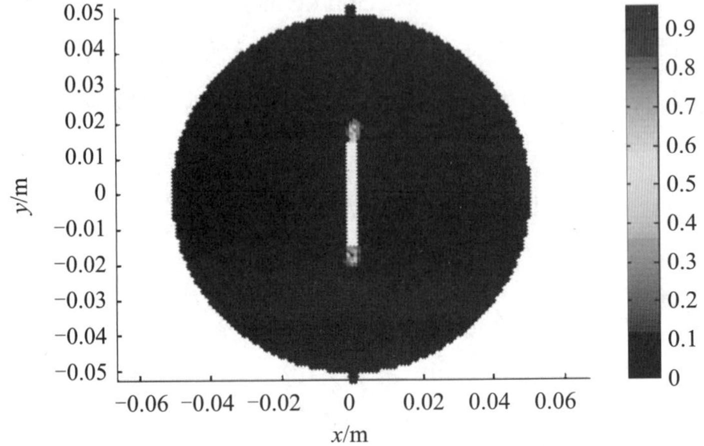

（b）时间步为 300

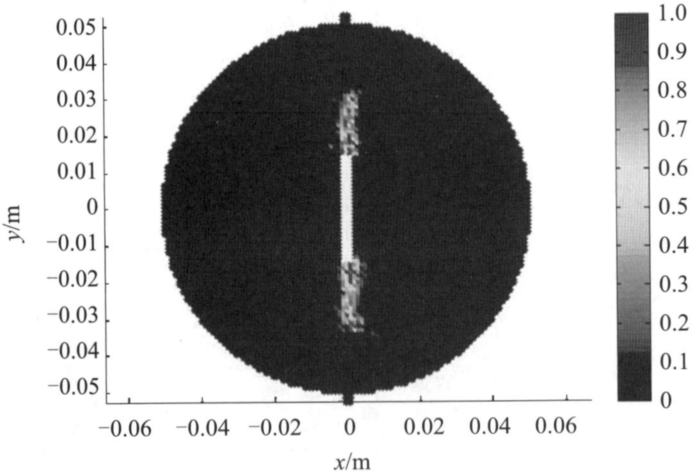

（c）时间步为 500

续图 5.14

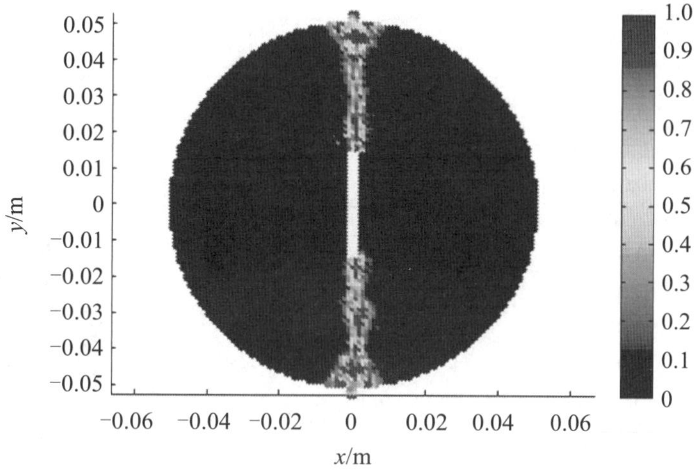

（d）时间步为 700

续图 5.14

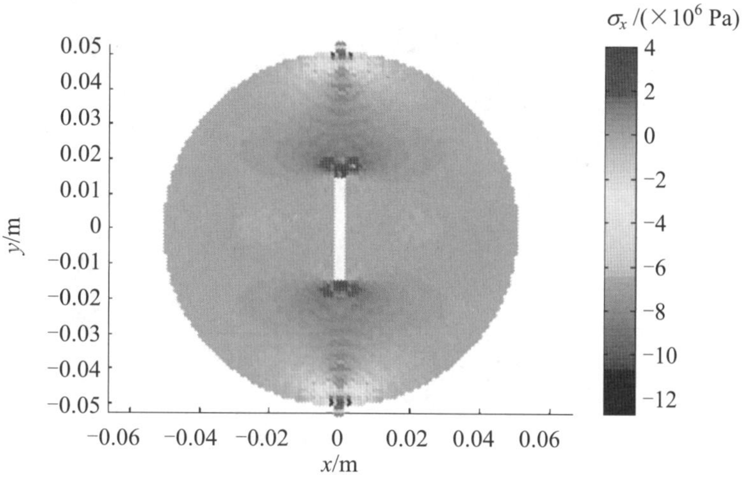

（a）时间步为 250

图 5.15　岩石样本断裂过程的水平应力σ_x云图

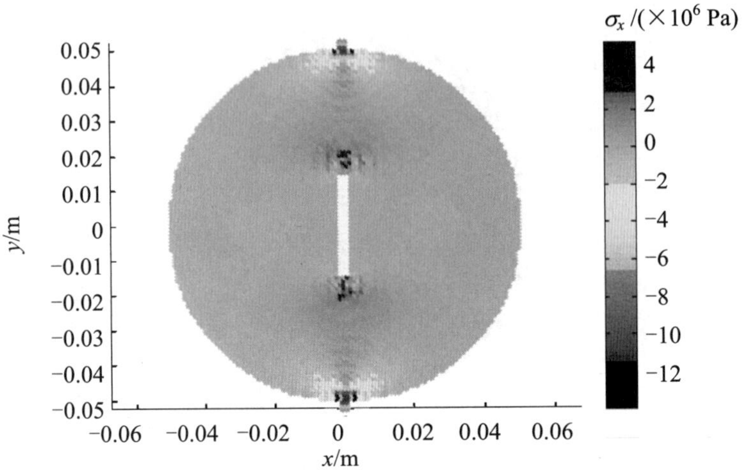

（b）时间步为 300

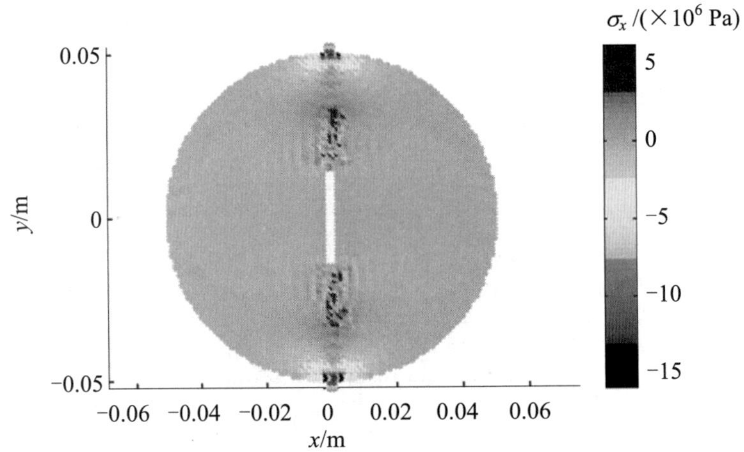

（c）时间步为 500

续图 5.15

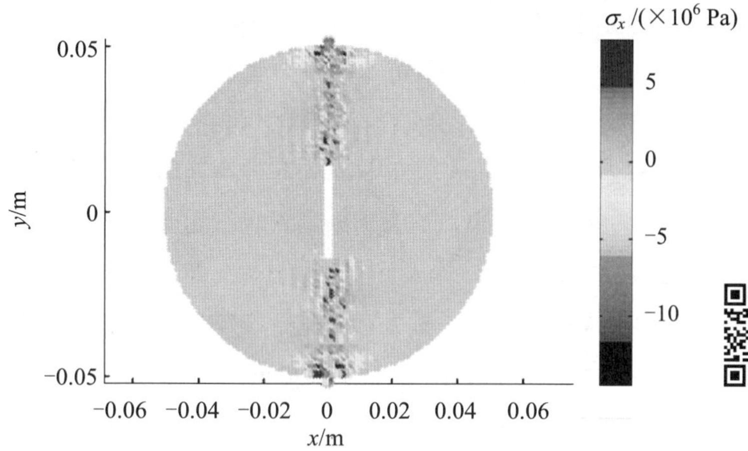

（d）时间步为 700

续图 5.15

图 5.16　岩石样本试验断裂图

从图 5.14 的断裂云图可以看出，当时间步到达 300 步时，裂纹沿上、下尖端开始启裂；当时间步到达 500 步时，裂纹沿裂纹尖端继续扩展；当时间步到达 700 步时，裂纹沿着施加荷载的方向发生贯穿，整个岩石样本完全断裂。从图 5.15 的水平应力云图来看，在时间步到达 200 步、裂纹尖端开始启裂前，裂纹的上、下尖端就已经出现了应力集中现象，此时裂纹尖端最大水平应力达到 4×10^6 Pa；当时间步到达 300 步时，裂纹开始启裂，这时裂纹尖端的最大水平应力达到 4.5×10^6 Pa；当时间步到达 500 步时，裂纹尖端水平应力继续增大，裂纹尖端最大水平应力达到 5.5×10^6 Pa；当时间步到达 700 步时，裂纹尖端最大水平应力达到 7.5×10^6 Pa，岩石样本完全断裂。由近场动力学模拟结果和图 5.16 岩石样本的试验断裂图对比可以看出，模拟结果与试验结果吻合较好，说明非普通的状态为基础的近场动力学弹性理论在模拟岩石类物质断裂时具有良好的效果，这为未来预测岩石物质在受拉情况下的断裂过程提供了一定帮助。

算例五：梁的三点弯曲。有一预先存在垂直裂纹的长方形混凝土梁（几何构造如图 5.17 所示），它的长度为 320 mm，高度为 70 mm，样本中裂纹的长度为 23.3 mm，这个混凝土物质的力学参数为：弹性模量 $E = 32.8$ GPa，泊松比 $\nu = 0.25$，坐标原点位于长方形混凝土样本梁底部中心，x 轴垂直于压力方向，拉为正，压为负。上部中点集中荷载，荷载大小为 0.075 mm/min；混凝土板模型被离散为 800×175=140 000 个粒子，相邻两粒子的间距为 $\Delta x = 4\times10^{-4}$ m，计算参数如下：Δt=1.336 7×10^{-8} s，s_0=0.002，密度 $\rho = 2\ 650$ kg/m^3，$\delta = 3\Delta x$，当运行 25 000 时间步时混凝土样本梁发生完全断裂。具体的混凝土样本梁数值模拟断裂云图如图 5.18 所示，混凝土梁断裂过程的最大主应力 σ 云图如图 5.19 所示，具体的试验断裂图如图 5.20 所示，图 5.21 为荷载随位移变化的试验解和模拟解对比曲线图。

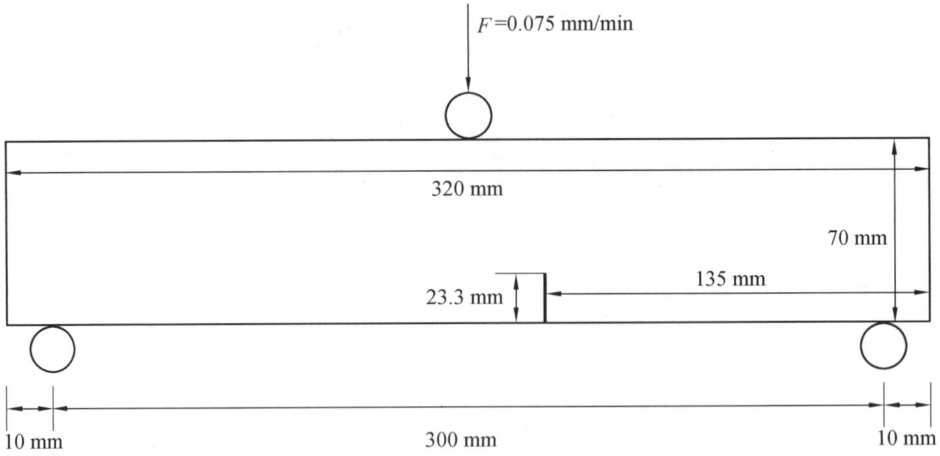

图 5.17　几何模型

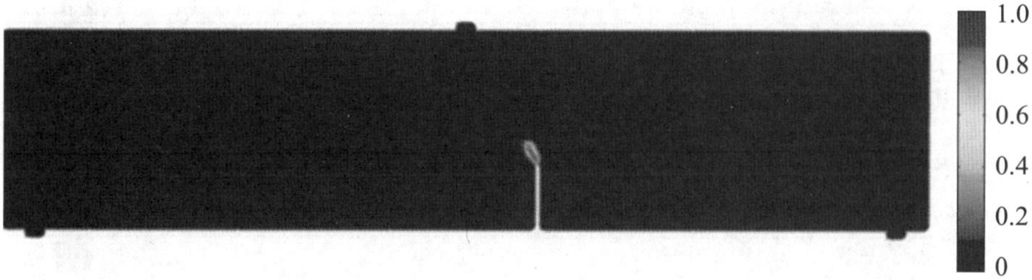

（a）1.336 7×10^{-4} s

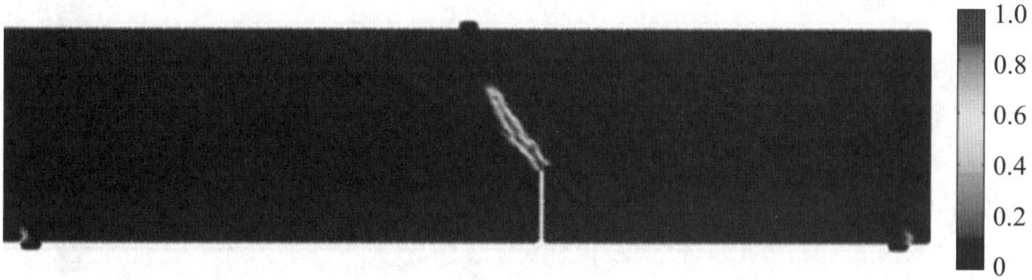

（b）2.005×10^{-4} s

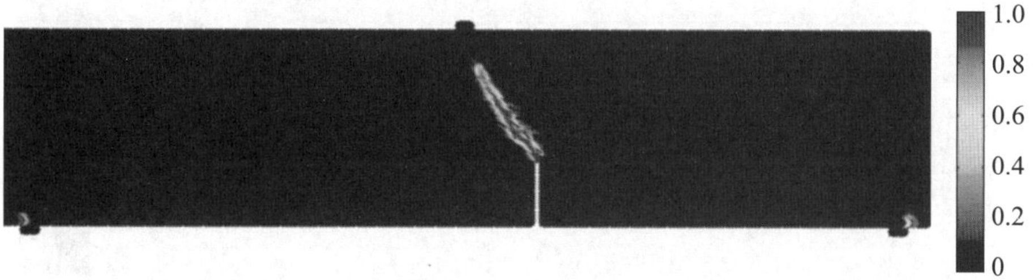

（c）2.673 4×10^{-4} s

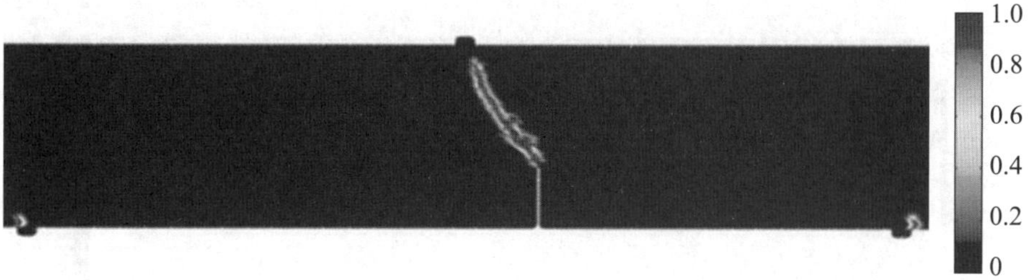

（d）3.341 75×10^{-4} s

图 5.18　混凝土样本梁数值模拟断裂云图

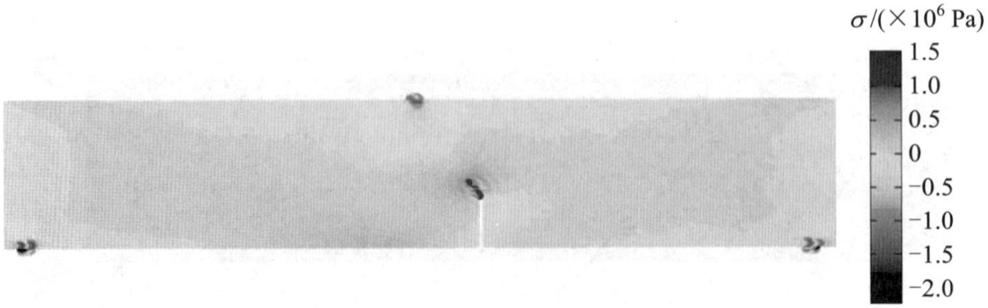

（a）$1.336\ 7\times10^{-4}$ s

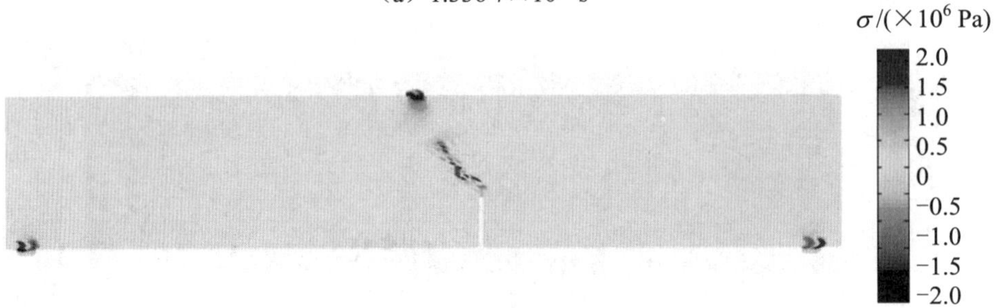

（b）2.005×10^{-4} s

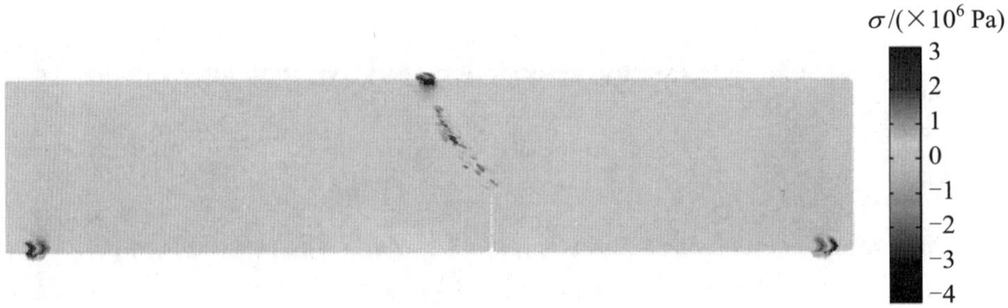

（c）$2.673\ 4\times10^{-4}$ s

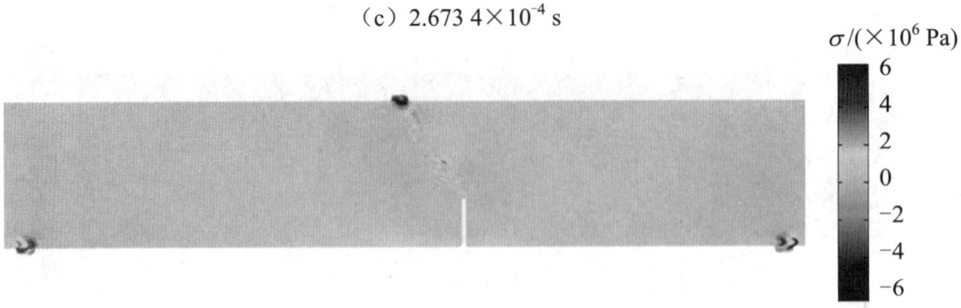

（d）$3.341\ 75\times10^{-4}$ s

图 5.19　混凝土梁断裂过程梁的最大主应力σ 云图

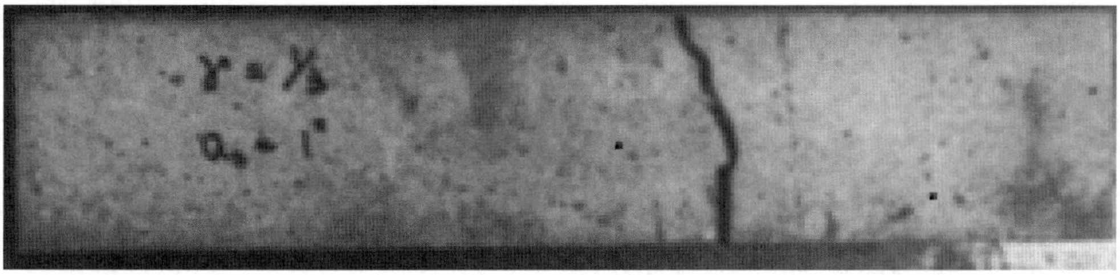

图 5.20　试验断裂图

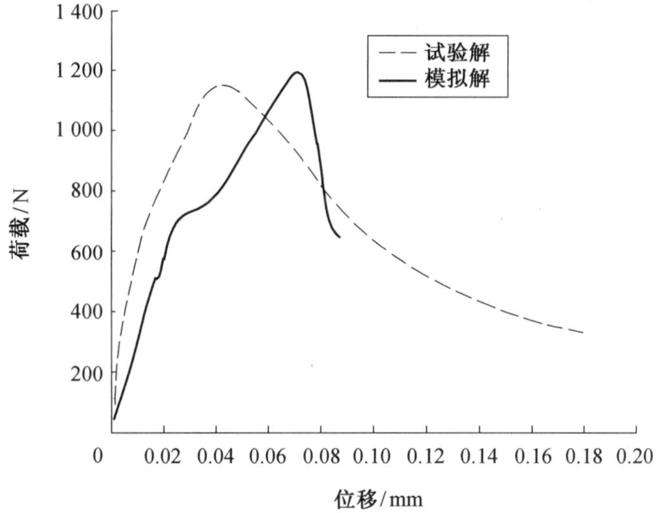

图 5.21　荷载随位移变化的试验解和模拟解对比曲线图

从图 5.18 的断裂云图可以看出，当时间到达 $1.336\ 7\times10^{-4}$ s 时，裂纹开始沿上尖端启裂；当时间到达 2.005×10^{-4} s 时，裂纹沿着施加垂直荷载的方向继续扩展；当时间到达 $2.673\ 4\times10^{-4}$ s 时，裂纹沿着施加垂直荷载的方向继续扩展伸长，同时混凝土样本梁底部的两个支撑部位开始出现断裂；当时间到达 $3.341\ 75\times10^{-4}$ s 时，裂纹伸展到施加垂直荷载的位置，整个混凝土样本完全断裂。从图 5.19 的主应力的云图来看，当时间到达 $1.336\ 7\times10^{-4}$ s 时，裂纹尖端开始出现应力集中现象，且在垂直荷载施加处和混凝土梁的底部两个支撑部位也出现了应力集中，此时裂纹尖端最大应力达到 1.5×10^{6} Pa；当时间到达 2.005×10^{-4} s 时，混凝土尖端的应力集中现象继续向施加垂直荷载的部位扩展，裂纹尖端的最大应力达到 2.2×10^{6} Pa；当时间到达 2.673 4×10^{-4} s 时，裂纹尖端的应力集中现象继续向施加垂直荷载的位置扩展，且裂纹尖端最大应力达到 3.1×10^{6} Pa；当时间到达 3.341 75×10^{-4} s 时，裂纹尖端的应力和垂直荷载施加位置处的应力连为一体，整个混凝土梁样本断裂，裂纹最大应力达到 6.02×10^{6} Pa，且图 5.20 的断裂结果和图 5.21 所示的试验结果基本一致，同时可以看出荷载随位移的变化曲线模拟过程与试验过程趋势基本一致。这些定性和定量的对比，充分说明了非普通的状态为基础近场动力学理论能为岩石类物质的断裂过程的预测提供一定的帮助。

5.4 本章小结

本章首先对非普通的状态为基础的近场动力学理论的基本方程进行了推导和探讨，同时把线弹性本构模型代入基本方程，得出了非普通的状态为基础的近场动力学线弹性基本方程，并通过相应的工程实例把它应用到岩石的断裂模拟中。主要的创新性结论如下所示：

（1）相对于键为基础的近场动力学理论和普通的状态为基础的近场动力学理论，非普通的状态为基础的近场动力学理论不仅突破了泊松比在二维情况下必须等于恒量的限制，而且在模拟岩石物质断裂时引入了应力和应变的概念，这就使得该理论在土木工程岩石类材料方面有了更广泛的应用。

（2）把线弹性本构模型代入非普通的状态为基础的近场动力学理论的基本方程，从而得到了线弹性的非普通的状态为基础的近场动力学理论基本方程，并在非断裂带圆孔板的模拟中对它进行了验证，结果表明它对模拟非断裂问题具有良好的效果。

（3）通过算例把线弹性非普通的状态为基础的近场动力学应用到模拟岩石物质的断裂，结果表明该理论不但能模拟非断裂问题，也能模拟断裂问题，它为岩石物质裂纹的扩展和连接过程的数值模拟提供了一种新方法，并为岩石物质的断裂过程预测提供一定的帮助。

第 6 章　裂纹岩体温度场-应力场耦合的近场动力学理论

近年来，由于新能源及新技术的发展，一些新的以裂纹介质传热为背景的岩石工程领域相继出现，如高放射性核废料地下储存、地热资源的开发利用、高温深埋隧洞、深部采矿等工程领域。因此，需要进一步了解岩石的力学行为受应力和温度耦合作用下的变化规律。由于岩体特有的力学特性，节理裂纹的分布复杂且裂纹损伤演化依赖于加载历史，故岩体在温度场作用下产生的温度应力必然会对岩体宏观力学行为产生影响。就岩体工程稳定性而言，温度场的存在不可忽略。

本章将基于Oterkus和Madenci等人提出的基于键作用的近场动力学热传导理论推导近场动力学热传导方程，根据物质的热膨胀理论，推导出根据温度变形的变形梯度张量，再根据变形梯度张量推导出根据温度变形产生的近场动力学力状态函数，进而得到温度应力耦合的近场动力学运动方程，最后根据近场动力学热传导方程和温度应力耦合的近场动力学运动方程编制计算软件，运用数值模拟算例验证其正确性。

6.1　近场动力学热传导理论

6.1.1　热传导方程

在热传导理论中，热能是通过声子、晶格振动和电子进行传播的。金属材料一般采用电子传导热能，而绝缘材料或半导体材料一般采用声子导热，因此，热传导过程本身属于非局部问题。虽然热传导过程和温度相关，但它们不是同一个概念，温度只是一个标量，而热传导是一个矢量，两个材料点之间的温差是产生热传递的动力。在一个物体上，热流的方向就是温度减小的方向，试验数据表明，热流速度的大小与温度梯度成正比，比例系数为 k_h，表示材料的导热系数。其表达式如下：

$$\boldsymbol{q} = -k_\mathrm{h} \nabla \Theta \tag{6.1}$$

式中，$\boldsymbol{q}$ 为热流矢量；k_h 为导热系数；$\nabla \Theta$ 为温度梯度；负号是为了确保热流是沿着温度递减的方向流动的。热流通过截面 S 的热流速度为

$$\dot{Q}_\mathrm{h} = -\int_S \boldsymbol{q} \cdot \boldsymbol{n} \mathrm{d}S \tag{6.2}$$

式中，负号表示热流流入物体，当热流速度 $\dot{Q}_\mathrm{h}$ 为正时，表明物体热量增加；当 $\dot{Q}_\mathrm{h}$ 为负时，表示物体热量减少。

在近场动力学理论体系中，两个物质点之间的相互作用是非局部的。将近场动力学用于描述热传导时，物质点之间的非局部的相互作用可以视为是由物质点之间的热能差引起的。因此，物质点上的热能会因其影响域范围内的其他物质点的热能作用而发生改变。在拉格朗日坐标系下，欧拉-拉格朗日方程为

$$\frac{\mathrm{d}}{\mathrm{d}t}\left(\frac{\partial L}{\partial \dot{\Theta}}\right) - \frac{\partial L}{\partial \Theta} = 0 \tag{6.3}$$

式中

$$L = \int_V \Gamma \mathrm{d}V \tag{6.4}$$

式中，Θ 为物体的温度；Γ 为拉格朗日密度，近场动力学物质点 $x_{(i)}$的拉格朗日密度定义为

$$\Gamma = Z + \rho s \Theta \tag{6.5}$$

式中，$Z_{(i)}$为热势能函数，它是一个与物质点 $x_{(i)}$相互作用的物质点温度的函数；ρ为密度；s 为单位质量物体的热源。定义微热势能函数 $z_{(i)(j)}$为物质点 $x_{(i)}$和 $x_{(j)}$相互作用产生的热势能函数。微热势能函数是由热能改变而产生的势能，而热能的改变与两个物质点之间的温度改变有关，因此热势能函数可以视为与两物质点之间的温度差相关的函数。$z_{(i)(j)} \neq z_{(j)(i)}$，微热势能函数可以表示为

$$z_{(i)(j)}=z_{(i)(j)}(\Theta_{(1^i)}-\Theta_{(i)},\Theta_{(2^i)}-\Theta_{(i)},\cdots) \tag{6.6（a）}$$

$$z_{(j)(i)}=z_{(j)(i)}(\Theta_{(1^j)}-\Theta_{(j)},\Theta_{(2^j)}-\Theta_{(j)},\cdots) \tag{6.6（b）}$$

式中，$\Theta_{(i)}$ 为物质点 $x_{(i)}$的温度，$\Theta_{(1^i)}$，$\Theta_{(2^i)}$，…为物质点 $x_{(i)}$影响域范围内与 $x_{(i)}$相互作用的物质点的温度；同理，$\Theta_{(j)}$ 为物质点 $x_{(j)}$的温度，$\Theta_{(1^j)}$，$\Theta_{(2^j)}$，…为物质点 $x_{(j)}$影响域范围内与 $x_{(j)}$相互作用的物质点的温度。则物质点 $x_{(i)}$处的热势能函数为

$$Z_{(i)}=\frac{1}{2}\sum_{j=1}^{n}\frac{1}{2}[z_{(i)(j)}(\Theta_{(1^i)}-\Theta_{(i)},\Theta_{(2^i)}-\Theta_{(i)},\cdots)+z_{(j)(i)}(\Theta_{(1^j)}-\Theta_{(j)},\Theta_{(2^j)}-\Theta_{(j)},\cdots)]V_j \tag{6.7}$$

式中，V_j 为物质点 $x_{(j)}$所分配的体积。式（6.7）表明与 $x_{(i)}$点影响域范围内的所有物质点都对其热势产生了影响，在 $x_{(k)}$点处式（6.3）的欧拉-拉格朗日方程可以写为

$$\frac{\mathrm{d}}{\mathrm{d}t}\left(\frac{\partial L}{\partial \dot{\Theta}_{(k)}}\right)-\frac{\partial L}{\partial \Theta_{(k)}}=0 \tag{6.8}$$

式中

$$L=\sum_{i=1}^{\infty}\Gamma_{(i)}V_{(i)} \tag{6.9（a）}$$

$$\Gamma_{(i)}=Z_{(i)}+\rho s_{(i)}\Theta_{(i)} \tag{6.9（b）}$$

将式（6.7）、式（6.9（b））代入式（6.9（a））得：

$$L=\sum_{i=1}^{\infty}\left[\left(\frac{1}{2}\sum_{j=1}^{n}\frac{1}{2}(z_{(i)(j)}+z_{(j)(i)})V_{(j)}\right)+\rho s_{(i)}\Theta_{(i)}\right]V_{(i)} \tag{6.10}$$

将式（6.10）代入式（6.8）可得：

$$\left(\sum_{j}^{m}\frac{1}{2}\left(\sum_{i=1}^{m}\frac{\partial z_{(k)(i)}}{\partial(\Theta_{(j)}-\Theta_{(k)})}V_{(i)}\right)\frac{\partial(\Theta_{(j)}-\Theta_{(k)})}{\partial\Theta_{(k)}}+\right.$$
$$\left.\sum_{j}^{m}\frac{1}{2}\left(\sum_{i=1}^{m}\frac{\partial z_{(i)(k)}}{\partial(\Theta_{(k)}-\Theta_{(j)})}V_{(i)}\right)\frac{\partial(\Theta_{(k)}-\Theta_{(j)})}{\partial\Theta_{(k)}}\right)V_{(k)}+\rho s_{(k)}V_{(k)}=0 \tag{6.11}$$

式中，$\sum_{i=1}^{m}\frac{\partial z_{(k)(i)}}{\partial(\Theta_{(j)}-\Theta_{(k)})}V_{(i)}$ 为物质点 $x_{(j)}$到 $x_{(i)}$的热流密度；$\sum_{i=1}^{m}\frac{\partial z_{(i)(k)}}{\partial(\Theta_{(k)}-\Theta_{(j)})}V_{(i)}$ 为物质点 $x_{(i)}$到 $x_{(j)}$的热流密度，定义为

$$Q_{(k)(j)}=\frac{1}{2}\frac{1}{V_{(j)}}\left(\sum_{i=1}^{m}\frac{\partial z_{(k)(i)}}{\partial(\Theta_{(j)}-\Theta_{(k)})}V_{(i)}\right) \tag{6.12（a）}$$

$$Q_{(j)(k)}=\frac{1}{2}\frac{1}{V_{(j)}}\left(\sum_{i=1}^{m}\frac{\partial z_{(i)(k)}}{\partial(\Theta_{(k)}-\Theta_{(j)})}V_{(i)}\right) \tag{6.12（b）}$$

则式（6.11）可以写为

$$\sum_{j=1}^{m}(Q_{(j)(k)}-Q_{(k)(j)})V_{(j)}+\rho s_{(k)}=0 \tag{6.13}$$

热流密度状态为

$$\underline{q}[\boldsymbol{x}_{(i)},t]=\begin{Bmatrix}Q_{(i)(1)}\\Q_{(i)(2)}\\Q_{(i)(3)}\\\vdots\end{Bmatrix},\quad \underline{q}[\boldsymbol{x}_{(j)},t]=\begin{Bmatrix}Q_{(j)(1)}\\Q_{(j)(2)}\\Q_{(j)(3)}\\\vdots\end{Bmatrix} \tag{6.14}$$

则热流密度可以表示为

$$Q_{(i)(j)}=\underline{q}[\boldsymbol{x}_{(i)},t]\left\langle\boldsymbol{x}_{(j)}-\boldsymbol{x}_{(i)}\right\rangle \tag{6.15（a）}$$

$$Q_{(j)(i)}=\underline{q}[\boldsymbol{x}_{(j)},t]\left\langle\boldsymbol{x}_{(i)}-\boldsymbol{x}_{(j)}\right\rangle \tag{6.15（b）}$$

式中，尖括号表示两物质点间的相互作用。同理，微热势能函数同样可以表达为状态的形式

$$z_{(i)(j)}=\underline{z}[\boldsymbol{x}_{i},t]\left\langle\boldsymbol{x}_{(j)}-\boldsymbol{x}_{(i)}\right\rangle \tag{6.16（a）}$$

$$z_{(j)(i)}=\underline{z}[\boldsymbol{x}_{j},t]\left\langle\boldsymbol{x}_{(i)}-\boldsymbol{x}_{(j)}\right\rangle \tag{6.16（b）}$$

将式（6.15）代入式（6.13），同时将黎曼求和换为积分形式可得

$$\int_{R_0}(\underline{q}[\boldsymbol{x},t]\langle\boldsymbol{x}'-\boldsymbol{x}\rangle-\underline{q}[\boldsymbol{x}',t]\langle\boldsymbol{x}-\boldsymbol{x}'\rangle)\mathrm{d}V_{x'}+\rho s=0 \tag{6.17}$$

温度状态定义为

$$\underline{\tau}[\boldsymbol{x},t]\langle\boldsymbol{x}'-\boldsymbol{x}\rangle=\Theta(\boldsymbol{x}',t)-\Theta(\boldsymbol{x},t) \tag{6.18}$$

能量存储速率为

$$\dot{\varepsilon}_{\mathrm{s}}=c_{\mathrm{v}}\frac{\partial\Theta}{\partial t} \tag{6.19}$$

式中，c_{v} 为材料比热容，则单位质量物体的热源 s 可以写为

$$s=s_{\mathrm{b}}-\dot{\varepsilon}_{\mathrm{s}} \tag{6.20}$$

式中，s_{b} 为热源，将式（6.20）代入式（6.17）可得热传导方程

$$\rho c_{\mathrm{v}}\dot{\Theta}(\boldsymbol{x},t)=\int_{R_0}(\underline{q}[\boldsymbol{x},t]\langle\boldsymbol{x}'-\boldsymbol{x}\rangle-\underline{q}[\boldsymbol{x}',t]\langle\boldsymbol{x}-\boldsymbol{x}'\rangle)\mathrm{d}V_{x'}+\rho s_{\mathrm{b}} \tag{6.21}$$

由于存在温差而在物质点 x 和 x'之间传播的热流密度是一个只与这两点温差相关的函数，因此热流密度满足如下表达式：

$$\underline{q}[\boldsymbol{x},t]\langle\boldsymbol{x}'-\boldsymbol{x}\rangle=-\underline{q}[\boldsymbol{x}',t]\langle\boldsymbol{x}-\boldsymbol{x}'\rangle \tag{6.22}$$

令热流密度函数 $h(x',x,t)$ 为

$$h(\boldsymbol{x}',\boldsymbol{x},t)=\underline{q}[\boldsymbol{x},t]\langle\boldsymbol{x}'-\boldsymbol{x}\rangle-\underline{q}[\boldsymbol{x}',t]\langle\boldsymbol{x}-\boldsymbol{x}'\rangle=2\underline{q}[\boldsymbol{x},t]\langle\boldsymbol{x}'-\boldsymbol{x}\rangle \tag{6.23}$$

热传导方程（6.21）可以写为

$$\rho c_{\mathrm{v}}\dot{\Theta}(\boldsymbol{x},t)=\int_{R_0}h(\Theta',\Theta',\boldsymbol{x}',\boldsymbol{x},t)\mathrm{d}V_{x'}+\rho s_{\mathrm{b}} \tag{6.24}$$

从式（6.24）可以看出，对点热流密度函数 $h(\Theta',\Theta,\boldsymbol{x}',\boldsymbol{x},t)$（热响应函数）只与物质点 x 和 x'的温度相关。在基于键作用的近场动力学热传导理论中，物质点之间的热传递只与键上两端物质点的温度相关，而与影响域范围内其他物质点无关。同时，如果物质点之间的距离过大（$|\boldsymbol{\xi}|=|\boldsymbol{x}'-\boldsymbol{x}|>\delta$），那么热响应函数 $h(\Theta',\Theta,\boldsymbol{x}',\boldsymbol{x},t)$ 等于 0。

6.1.2 参数确定

1. 热响应函数

基于键作用的对点热流密度可以由微热势能函数定义：

$$h=\frac{\partial z}{\partial \tau} \tag{6.25}$$

式中，z 为微热势能，表示两个存在热流的物质点间的热势能；τ 为两物质点的温差函数，定义为

$$\tau(\boldsymbol{x}',\boldsymbol{x},t)=\Theta(\boldsymbol{x}',t)-\Theta(\boldsymbol{x},t) \tag{6.26}$$

在物质点 x 处的总的热能函数为影响域范围内与其存在热流物质点之间的微势能之和，其表达式如下：

$$Z(\boldsymbol{x},t)=\frac{1}{2}\int_{R_0} z(\boldsymbol{x}',\boldsymbol{x},t)\mathrm{d}V_{x'} \tag{6.27}$$

因此，对点热流密度函数（即热响应函数）$h(\boldsymbol{x}',\boldsymbol{x},t)$ 可以表示为

$$h(\boldsymbol{x}',\boldsymbol{x},t)=\kappa\frac{\tau(\boldsymbol{x}',\boldsymbol{x},t)}{|\boldsymbol{\xi}|} \tag{6.28}$$

式中，κ 为近场动力学微导热系数；$|\boldsymbol{\xi}|$ 为物质点之间的距离。根据式（6.25）的定义，可以根据对点热流密度函数 $h(\boldsymbol{x}',\boldsymbol{x},t)$ 反算出微热势能函数：

$$z(\boldsymbol{x}',\boldsymbol{x},t)=\kappa\frac{\tau^2(\boldsymbol{x}',\boldsymbol{x},t)}{2|\boldsymbol{\xi}|} \tag{6.29}$$

2. 微导热系数

近场动力学热传导理论是众多计算热传导的方法中的一种，其计算结果应与实际热传导情况及其他方法求解的结果一致，即能量守恒，因此，近场动力学微导热系数可以由线性变化的温度场某一点的近场动力学热势能函数与用经典热力学理论求出的热势能函数相等求出。大多数热传导问题都是考虑三维介质的，但一些工程

问题可以将其简化为一维或二维问题来解决。因此，下面将分三种情况讨论微导热系数。

（1）一维情况。

假设一个简单的线性温度场为$\Theta(\boldsymbol{x})=\boldsymbol{x}$，其温度差函数为

$$\tau=\Theta(\boldsymbol{x}')-\Theta(\boldsymbol{x})=\boldsymbol{x}'-\boldsymbol{x}=|\boldsymbol{\xi}| \tag{6.30}$$

将式（6.30）代入式（6.29）得近场动力学微势能函数为

$$z=\kappa\frac{\boldsymbol{\xi}^2}{2|\boldsymbol{\xi}|} \tag{6.31}$$

将式（6.31）代入式（6.27）得在物质点 x 处的总的热能函数为

$$Z(\boldsymbol{x},t)=\frac{1}{2}\int_{R_0}z\mathrm{d}V_{x'}=\frac{\kappa}{2}\int_0^\delta\frac{\boldsymbol{\xi}^2}{|\boldsymbol{\xi}|}A\mathrm{d}\boldsymbol{\xi}=\frac{\kappa\delta^2A}{4} \tag{6.32}$$

式中，δ 为近场动力学影响域半径，一维模型物质点的微热势相互作用示意图如图 6.1 所示；A 为一维杆件模型的横截面积，取Δx^2；体积分$\int_{R_0}\mathrm{d}V_{x'}=\int_{-\delta}^{\delta}A\mathrm{d}\boldsymbol{\xi}=2\int_0^\delta A\mathrm{d}\boldsymbol{\xi}$。

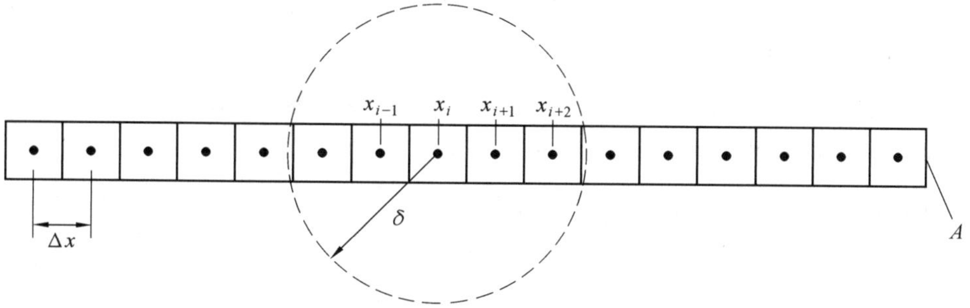

图 6.1　一维模型物质点的微热势相互作用示意图

用经典热力学理论求解的热势能函数为

$$Z_\mathrm{c}=\frac{1}{2}k_\mathrm{h} \tag{6.33}$$

式中，k_h 为经典热力学理论中的宏观导热系数，由式（6.33）与式（6.32）相等可得

$$\kappa = \frac{2k_{\mathrm{h}}}{A\delta^2} \tag{6.34}$$

式中，κ为一维近场动力学热传导模型的微导热系数。

（2）二维情况。

假设一个简单二维线性温度场为$\Theta(\boldsymbol{x}, \boldsymbol{y}) = x + y$，则其近场动力学温度差函数为

$$\tau = \Theta(\boldsymbol{x}', \boldsymbol{y}') - \Theta(\boldsymbol{x}, \boldsymbol{y}) = \boldsymbol{x}' + \boldsymbol{y}' \tag{6.35}$$

式中，假设物质点 x 的坐标为$(x = 0, y = 0)$，将式（6.35）代入式（6.29）得近场动力学微势能函数为

$$z = \kappa \frac{(\boldsymbol{x}' + \boldsymbol{y}')^2}{2|\boldsymbol{\xi}|} \tag{6.36}$$

式中，物质点间距为$|\boldsymbol{\xi}| = \sqrt{\boldsymbol{x}'^2 + \boldsymbol{y}'^2}$，再将上式代入式（6.27），可得在物质点 x 处的总热能函数为

$$\begin{aligned} Z(\boldsymbol{x},t) &= \frac{1}{2}\int_{R_0} z \mathrm{d}V_{x'} = \frac{1}{2}\int_{R_0} \kappa \frac{(\boldsymbol{x}' + \boldsymbol{y}')^2}{2|\boldsymbol{\xi}|} \mathrm{d}V_{x'} \\ &= \frac{1}{2}\int_0^{2\pi}\int_0^{\delta} \kappa \frac{(\boldsymbol{\xi}\cos\theta + \boldsymbol{\xi}\sin\theta)^2}{2|\boldsymbol{\xi}|} \boldsymbol{\xi} \mathrm{d}\boldsymbol{\xi} \mathrm{d}\theta = \frac{\pi\kappa\delta^3}{6} \end{aligned} \tag{6.37}$$

式中，δ 为近场动力学影响域半径，如图 6.2 所示；θ为键与水平方向的夹角；(θ, ξ)为物质点的极坐标系；ξ为物质点之间的键长。

用经典热力学理论求解的热势能函数为

$$Z_{\mathrm{c}} = k_{\mathrm{h}} \tag{6.38}$$

式中，k_{h}为经典热力学理论中的宏观导热系数，由式（6.33）与式（6.32）相等可求得二维近场动力学热传导模型的微导热系数：

$$\kappa = \frac{6k_{\mathrm{h}}}{\pi\delta^3} \tag{6.39}$$

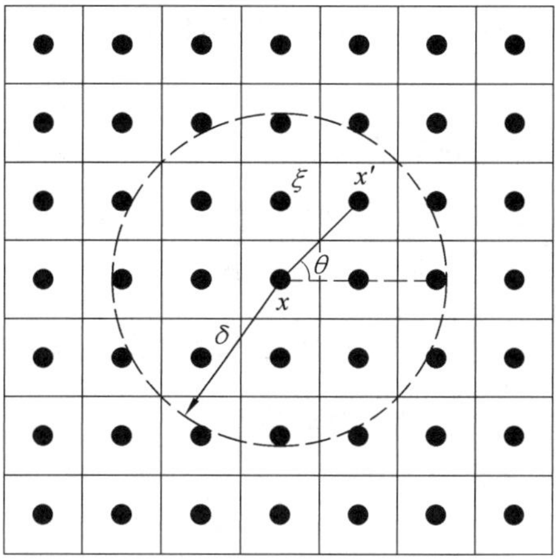

图 6.2　二维模型物质点的微热势相互作用示意图

（3）三维情况。

假设一简单三维线性温度场为 $\Theta(\boldsymbol{x},\boldsymbol{y},\boldsymbol{z})=\boldsymbol{x}+\boldsymbol{y}+\boldsymbol{z}$ ，则其近场动力学温度差函数为

$$\tau=\Theta(\boldsymbol{x}',\boldsymbol{y}',\boldsymbol{z}')-\Theta(\boldsymbol{x},\boldsymbol{y},\boldsymbol{z})=\boldsymbol{x}'+\boldsymbol{y}'+\boldsymbol{z}' \tag{6.40}$$

式中，假设物质点 x 的坐标为 $(x=0,y=0,z=0)$ 。

将式（6.40）代入式（6.29）得近场动力学微势能函数为

$$z=\kappa\frac{(\boldsymbol{x}'+\boldsymbol{y}'+\boldsymbol{z}')^2}{2|\boldsymbol{\xi}|} \tag{6.41}$$

式中，物质点间距为 $|\boldsymbol{\xi}|=\sqrt{\boldsymbol{x}'^2+\boldsymbol{y}'^2+\boldsymbol{z}'^2}$

将式（6.41）代入式（6.27），可得在物质点 x 处的总热能函数为

$$\begin{aligned}Z(\boldsymbol{x},t)&=\frac{1}{2}\int_{R_0}z\mathrm{d}V_{x'}=\frac{1}{2}\int_{R_0}\kappa\frac{(\boldsymbol{x}'+\boldsymbol{y}'+\boldsymbol{z}')^2}{2|\boldsymbol{\xi}|}\mathrm{d}V_{x'}\\&=\frac{1}{2}\int_0^{\delta}\int_0^{2\pi}\int_0^{\pi}\kappa\frac{(\boldsymbol{\xi}\cos\theta\sin\phi+\boldsymbol{\xi}\sin\theta\sin\phi+\boldsymbol{\xi}\cos\phi)^2}{2|\boldsymbol{\xi}|}\\&\cdot\sin\phi\mathrm{d}\phi\mathrm{d}\theta\boldsymbol{\xi}^2\mathrm{d}\boldsymbol{\xi}=\frac{\pi\kappa\delta^4}{4}\end{aligned} \tag{6.42}$$

式中，δ 为近场动力学影响域半径；(ξ,θ,ϕ) 为物质点的球坐标系；ξ 为物质点间的键长。

用经典热力学理论求解的热势能函数为

$$Z_c = \frac{3}{2}k_h \tag{6.43}$$

式中，k_h 为经典热力学理论中的宏观导热系数，由式（6.43）与式（6.42）相等可求得三维近场动力学热传导模型的微导热系数：

$$\kappa = \frac{6k_h}{\pi\delta^4} \tag{6.44}$$

运用经典热力学理论求解一维、二维和三维解热传导问题时，同一种材料使用同一个热传导系数，而对比一维、二维和三维情况下近场动力学微热传导系数可以发现，它们之间存着 $n\delta$ 倍的关系。出现该现象的原因是采用空间积分的方法来代替微分。对一维问题进行积分时必然会产生一个长度量纲 L，对二维问题进行面积积分时会产生一个面积量纲 L^2，对三维问题进行空间积分时会产生一个体积量纲 L^3，因此，与对点力函数类似，此处求得的微导热系数是一个在积分区域上的均值。所以，一维微导热系数是一个在长度 2δ上的均值，二维微导热系数是一个在平面区域$\pi\delta^2$ 上的均值，三维微导热系数是一个在空间体积 $\frac{4}{3}\delta^3$ 上的均值。

6.2 近场动力学热力耦合

6.2.1 理论推导

物体会因温度的改变而产生热膨胀效应，物体的体积会随温度的变化而变化，当温度升高时，体积膨胀；当温度降低时，体积缩小。有

$$\Delta l = l_0 \alpha \Delta\Theta \tag{6.45（a）}$$

$$\Delta S = S_0 \beta \Delta\Theta \tag{6.45（b）}$$

$$\Delta V = V_0 \gamma \Delta \Theta \tag{6.45(c)}$$

式中，α为线膨胀系数；β为面膨胀系数；γ 为体膨胀系数；$\Delta\Theta$为温度变化量。

近场动力学理论将物体离散为物质点，再根据物质点之间的变形来计算其内部的相互作用，计算出每个物质点上的力状态，从而得出其运动方程。如果物质点之间没有相对变形，那么其力状态为零。没有考虑温度耦合的近场动力学，其内部相互作用是通过施加外部荷载或变形使物质点之间产生变形而引起的，即对物体实施应力加载或位移加载，导致物体产生变形，而变形就会产生力状态。当物体受到热加载的时候，由于温度的改变会产生热膨胀效应，其形状将发生改变，因而会产生近场动力学力状态 $\underline{T}$，如图 6.3 所示。键ξ由于热膨胀使键长由原来的$|\boldsymbol{\xi}|$变为$|\boldsymbol{\xi}|(1+\alpha\Delta\Theta)$。根据这个原理，考虑温度变形的近场动力学变形状态为

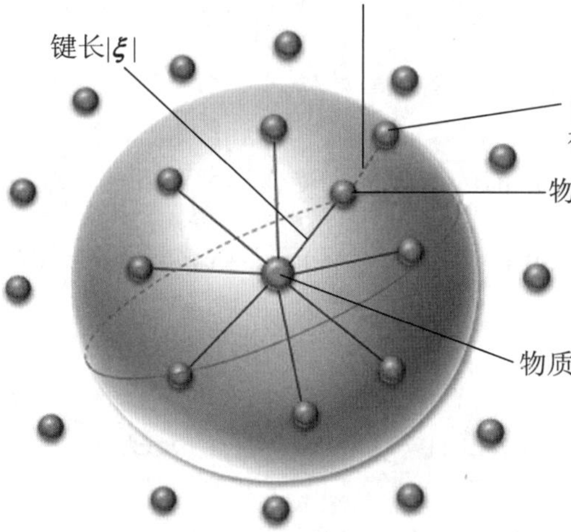

图 6.3　温度变化对键长的变形影响

$$\underline{Y}(\boldsymbol{x},\Theta,t)\langle \boldsymbol{x}'-\boldsymbol{x}\rangle = y(\boldsymbol{x}',t)-y(\boldsymbol{x},t)+\frac{1}{2}\alpha_{\mathrm{p}}\left[\Theta(\boldsymbol{x}',t)-\Theta(\boldsymbol{x}',0)\right]|\boldsymbol{x}'-\boldsymbol{x}|\frac{y(\boldsymbol{x}',t)-y(\boldsymbol{x},t)}{|y(\boldsymbol{x}',t)-y(\boldsymbol{x},t)|}$$
$$+\frac{1}{2}\alpha_{\mathrm{p}}\left[\Theta(\boldsymbol{x},t)-\Theta(\boldsymbol{x},0)\right]|\boldsymbol{x}'-\boldsymbol{x}|\frac{y(\boldsymbol{x}',t)-y(\boldsymbol{x},t)}{|y(\boldsymbol{x}',t)-y(\boldsymbol{x},t)|} \tag{6.46}$$

式中，α_{p} 为近场动力学微膨胀系数；$\Theta(\boldsymbol{x},t)$ 为物质点 x 在 t 时刻的温度；$\Theta(\boldsymbol{x},0)$ 为初始时刻的温度；$\Theta(\boldsymbol{x},t)-\Theta(\boldsymbol{x},0)$ 表示物质点 $\boldsymbol{x}$ 的温度差；$\Theta(\boldsymbol{x}',t)-\Theta(\boldsymbol{x}',0)$ 表示物质点 x'的温度差；$|\boldsymbol{x}'-\boldsymbol{x}|$表示键的长度。

从式(6.46)可以看出，当物质点 x 和 x'的温度增加时，$\alpha_{\mathrm{p}}[\Theta(\boldsymbol{x}',t)-\Theta(\boldsymbol{x}',0)]|\boldsymbol{x}'-\boldsymbol{x}|$ 和 $\alpha_{\mathrm{p}}[\Theta(\boldsymbol{x},t)-\Theta(\boldsymbol{x},0)]|\boldsymbol{x}'-\boldsymbol{x}|$ 为正，则表示 $\frac{1}{2}\alpha_{\mathrm{p}}[\Theta(\boldsymbol{x}',t)-\Theta(\boldsymbol{x}',0)]|\boldsymbol{x}'-\boldsymbol{x}|\frac{y(\boldsymbol{x}',t)-y(\boldsymbol{x},t)}{|y(\boldsymbol{x}',t)-y(\boldsymbol{x},t)|}$ 和 $\frac{1}{2}\alpha_{\mathrm{p}}[\Theta(\boldsymbol{x},t)-\Theta(\boldsymbol{x},0)]|\boldsymbol{x}'-\boldsymbol{x}|\frac{y(\boldsymbol{x}',t)-y(\boldsymbol{x},t)}{|y(\boldsymbol{x}',t)-y(\boldsymbol{x},t)|}$ 为与 $y(\boldsymbol{x}',t)-y(\boldsymbol{x},t)$ 方向相同的矢量，两温度项的存在会增加两物质点间的间距，发生热膨胀。由于温度是一个标量，没有方向性，当材料的热膨胀系数存在各向异性时，由温度引起的热膨胀可以根据各个方向键上的热膨胀系数的不同来体现其各向异性。

将式（6.46）代入非普通的状态为基础的近场动力学理论中，则变形梯度张量为

$$\boldsymbol{F}(\boldsymbol{x},\Theta,t)=\int_{R_0}\omega(|\boldsymbol{x}'-\boldsymbol{x}|)(\underline{Y}(\boldsymbol{x},\Theta,t)\langle\boldsymbol{x}'-\boldsymbol{x}\rangle\otimes(\boldsymbol{x}'-\boldsymbol{x})\mathrm{d}V_{x'}\cdot\boldsymbol{K}^{-1}(\boldsymbol{x}) \tag{6.47}$$

式中，形张量为物体变形前的构形，未受变形和温度的影响，其表达式如下：

$$\boldsymbol{K}(\boldsymbol{x})=\int_{R_0}\omega(|\boldsymbol{x}'-\boldsymbol{x}|)[(\boldsymbol{x}'-\boldsymbol{x})\otimes(\boldsymbol{x}'-\boldsymbol{x})]\mathrm{d}V_{x'} \tag{6.48}$$

则格林-拉格朗日应变张量为

$$\boldsymbol{E}(\boldsymbol{x},\Theta,t)=\frac{1}{2}[\boldsymbol{F}^{\mathrm{T}}(\boldsymbol{x},\Theta,t)\boldsymbol{F}(\boldsymbol{x},\Theta,t)-I] \tag{6.49}$$

第二类皮奥拉-基尔霍夫应力张量为

$$\boldsymbol{S}(\boldsymbol{x},\Theta,t)=\lambda\mathrm{tr}[\boldsymbol{E}(\boldsymbol{x},\Theta,t)]+2G\boldsymbol{E}(\boldsymbol{x},\Theta,t) \tag{6.50}$$

式中，λ为材料的拉梅常数；G 为材料的剪切模量；tr 为矩阵求迹符号。

柯西应力张量为

$$\boldsymbol{\sigma}(\boldsymbol{x},\Theta,t)=\boldsymbol{F}(\boldsymbol{x},\Theta,t)\left\{\frac{1}{\det[\boldsymbol{F}(\boldsymbol{x},\Theta,t)]}\boldsymbol{S}(\boldsymbol{x},\Theta,t)\right\}\boldsymbol{F}^{\mathrm{T}}(\boldsymbol{x},\Theta,t) \tag{6.51}$$

可以得出第一类皮奥拉-基尔霍夫应力张量为

$$\boldsymbol{P}(\boldsymbol{x},\Theta,t)=J\sigma(\boldsymbol{x},\Theta,t)\cdot\boldsymbol{F}^{-\mathrm{T}}(\boldsymbol{x},\Theta,t) \tag{6.52}$$

则在物质点 x 考虑温度变形的力状态函数为

$$\underline{\boldsymbol{T}}(\boldsymbol{x},\Theta,t)\langle\boldsymbol{x}'-\boldsymbol{x}\rangle=\omega(|\boldsymbol{x}'-\boldsymbol{x}|)\cdot\boldsymbol{P}(\boldsymbol{x},\Theta,t)\cdot\boldsymbol{K}^{-1}(\boldsymbol{x}'-\boldsymbol{x}) \tag{6.53}$$

则近场动力学热力耦合运动方程为

$$\rho\ddot{\boldsymbol{u}}(\boldsymbol{x},\Theta,t)=\int_{R_0}\left[\underline{\boldsymbol{T}}(\boldsymbol{x},\Theta,t)\langle\boldsymbol{x}'-\boldsymbol{x}\rangle-\underline{\boldsymbol{T}}(\boldsymbol{x}',\Theta',t)\langle\boldsymbol{x}-\boldsymbol{x}'\rangle\right]\mathrm{d}V_{x'}+\boldsymbol{b}(\boldsymbol{x},t) \tag{6.54}$$

则近场动力学热力耦合的控制方程可以写为

$$\rho c_{\mathrm{v}}\dot{\Theta}(\boldsymbol{x},t)=\int_{R_0}h(\Theta',\Theta,\boldsymbol{x}',\boldsymbol{x},t)\mathrm{d}V_{x'}+\rho s_{\mathrm{b}} \tag{6.55}$$

$$\rho\ddot{\boldsymbol{u}}(\boldsymbol{x},\Theta,t)=\int_{R_0}\left[\underline{\boldsymbol{T}}(\boldsymbol{x},\Theta,t)\langle\boldsymbol{x}'-\boldsymbol{x}\rangle-\underline{\boldsymbol{T}}(\boldsymbol{x}',\Theta',t)\langle\boldsymbol{x}-\boldsymbol{x}'\rangle\right]\mathrm{d}V_{x'}+\boldsymbol{b}(\boldsymbol{x},t) \tag{6.56}$$

$$\boldsymbol{\sigma}(\boldsymbol{x},\Theta,t)=\boldsymbol{F}(\boldsymbol{x},\Theta,t)\left\{\frac{1}{\det[\boldsymbol{F}(\boldsymbol{x},\Theta,t)]}\boldsymbol{S}(\boldsymbol{x},\Theta,t)\right\}\boldsymbol{F}^{\mathrm{T}}(\boldsymbol{x},\Theta,t) \tag{6.57}$$

传统的用连续介质力学求解的热力耦合方程可以描述为

$$kT_{ij,ii}+Q=\rho c\dot{T}+\beta\dot{T}_0\dot{\boldsymbol{\varepsilon}}_{kk} \tag{6.58(a)}$$

$$\boldsymbol{\sigma}_{ij,ii}+\boldsymbol{F}_{\mathrm{b}i}=\rho\ddot{\boldsymbol{u}}_i \tag{6.58(b)}$$

$$\boldsymbol{\varepsilon}_{ij}=\frac{\boldsymbol{u}_{i,j}+\boldsymbol{u}_{j,i}}{2} \tag{6.58(c)}$$

$$\boldsymbol{\sigma}_{ij}=\lambda\boldsymbol{\varepsilon}_{mm}\delta_{ij}+2G\boldsymbol{\varepsilon}_{ij}-\beta\Delta T\delta_{ij} \tag{6.58(d)}$$

$$\beta=(3\lambda+2G)\alpha \tag{6.58(e)}$$

可以看出连续介质力学求解的热力耦合方程需要用到大量微分运算，当岩石在热应力作用于下发生破裂产生裂纹时，平衡方程（6.58（b））将会发生奇异，难以模拟裂纹破裂的动态过程。而基于近场动力学的热力耦合方程运用空间积分代替微分的算法很好地克服了这个问题，运用动力算法能得到其完整的破裂过程。经过下面数值模拟的验证，本书提出的近场动力学热力耦合模型达到了较好的数值模拟效果。

6. 2. 2 微膨胀系数

近场动力学微膨胀系数可以由均匀变化的温度场某一点的近场动力学物质点的膨胀应变与用经典热力学理论求出的热膨胀应变相等得到。大多数情况下热膨胀问题都是考虑三维介质的，但一些工程问题可以将其简化为一维或二维问题来解决，并且近场动力学影响域范围的求解一维情况、二维情况和三维情况都不相同，因此，下面将分三种情况讨论微膨胀系数。

1. 一维情况

假设一维杆上各个点的温度大小相等，且均匀变化，$\Theta(x,t)=\dfrac{\Theta}{t_0}t$。初始时刻一维杆上的温度都为 0 ℃，$t_0$ 时刻的温度为 Θ，则该杆的温度变化量为 Θ。此时物质点 x 处每个键上由于温度变化而产生的单根键上的膨胀量为

$$\Delta l=\alpha_{\mathrm{p}}\Theta\,|\boldsymbol{\xi}| \tag{6.59}$$

总膨胀量为

$$\Delta L=\frac{1}{2}\int_{R_0}\Delta l\mathrm{d}V=\int_0^{\delta}\alpha_{\mathrm{p}}\Theta\,|\boldsymbol{\xi}|\,\mathrm{d}\boldsymbol{\xi}=\frac{\alpha_{\mathrm{p}}\Theta\delta^2}{2} \tag{6.60}$$

由近场动力学求解的热膨胀应变为

$$\boldsymbol{\varepsilon}_{\mathrm{p}}=\frac{\Delta L}{L}=\frac{\alpha_{\mathrm{p}}\Theta\delta^2}{2}\cdot\frac{1}{2\delta}=\frac{\alpha_{\mathrm{p}}\Theta\delta}{4} \tag{6.61}$$

由经典热力学理论求出热膨胀应变为

$$\boldsymbol{\varepsilon}_{\mathrm{c}}=\frac{\Delta L}{L}=\alpha\Theta \tag{6.62}$$

式中，α为材料的线膨胀系数。由式（6.62）与式（6.61）相等，得一维近场动力学微膨胀系数为

$$\alpha_{\mathrm{p}}=\frac{4\alpha}{\delta} \tag{6.63}$$

2. 二维情况

假设二维板上各个点的温度大小相等，且均匀变化，$\Theta(\boldsymbol{x},t)=\dfrac{\Theta}{t_0}t$。初始时刻板上的温度都为 0 ℃，$t_0$ 时刻的温度为Θ，则该板的温度变化量为Θ。此时物质点 x 处每个键上由于温度变化而产生的膨胀量为

$$\Delta s=\alpha_{\mathrm{p}}\Theta\,|\boldsymbol{\xi}| \tag{6.64}$$

总膨胀量为

$$\Delta S=\frac{1}{2}\int_{R_0}\Delta s\mathrm{d}V=\frac{1}{2}\int_0^{2\pi}\int_0^{\delta}\alpha_{\mathrm{p}}\Theta\,|\boldsymbol{\xi}|\,\boldsymbol{\xi}\mathrm{d}\boldsymbol{\xi}\mathrm{d}\theta=\frac{\pi\alpha_{\mathrm{p}}\Theta\delta^3}{3} \tag{6.65}$$

由近场动力学求解的热膨胀应变为

$$\boldsymbol{\varepsilon}_{\mathrm{p}}=\frac{\Delta S}{S}=\frac{\alpha_{\mathrm{p}}\Theta\delta}{3} \tag{6.66}$$

由经典热力学理论求出热膨胀应变为

$$\boldsymbol{\varepsilon}_{\mathrm{c}}=\frac{\Delta S}{S}=\beta\Theta \tag{6.67}$$

式中，β为面膨胀系数。由式（6.66）与式（6.67）相等，得二维近场动力学微膨胀系数为

$$\alpha_{\mathrm{p}}=\frac{3\beta}{\delta} \tag{6.68}$$

3. 三维情况

假设三维物体上各个点的温度大小相等，且均匀变化，$\Theta(\boldsymbol{x},t)=\dfrac{\Theta}{t_0}t$。初始时刻物体上的温度都为 0 ℃，$t_0$ 时刻的温度为Θ，则该物体的温度变化为Θ。物质点 x 处

每个键上由于温度变化而产生的膨胀量为

$$\Delta v = \alpha_{\mathrm{p}} \Theta |\boldsymbol{\xi}| \tag{6.69}$$

总膨胀量为

$$\Delta V = \frac{1}{2}\int_{R_0} \Delta s \mathrm{d}V = \frac{1}{2}\int_0^{\delta}\int_0^{2\pi}\int_0^{\pi} \alpha_{\mathrm{p}} \Theta |\boldsymbol{\xi}| \cdot \sin\phi \mathrm{d}\phi \mathrm{d}\theta \boldsymbol{\xi}^2 \mathrm{d}\boldsymbol{\xi} = \frac{\pi \alpha_{\mathrm{p}} \Theta \delta^4}{2} \tag{6.70}$$

由近场动力学求解的热膨胀应变为

$$\boldsymbol{\varepsilon}_{\mathrm{p}} = \frac{\Delta V}{V} = \frac{\pi \alpha_{\mathrm{p}} \Theta \delta^4}{2} \cdot \frac{3}{4\pi\delta^3} = \frac{3\alpha_{\mathrm{p}} \Theta \delta}{8} \tag{6.71}$$

如式（6.45）所示，由经典热力学理论求出热膨胀应变为

$$\boldsymbol{\varepsilon}_{\mathrm{c}} = \frac{\Delta V}{V} = \gamma \Theta \tag{6.72}$$

式中，γ 为体膨胀系数。由式（6.72）与式（6.71）相等，得三维近场动力学微膨胀系数为

$$\alpha_{\mathrm{p}} = \frac{8\gamma}{3\delta} \tag{6.73}$$

6.2.3 模型离散化

1. 热传导方程离散化

物质点 $x_{(i)}$、$x_{(j)}$间的温度差函数：

$$\tau(\boldsymbol{x}_{(j)}, \boldsymbol{x}_{(i)}, t) = \Theta(\boldsymbol{x}_{(j)}, t) - \Theta(\boldsymbol{x}_{(i)}, t) \tag{6.74}$$

物质点 $x_{(i)}$、$x_{(j)}$的热响应函数：

$$h(\boldsymbol{x}_{(j)}, \boldsymbol{x}_{(i)}, t) = \kappa \frac{\tau(\boldsymbol{x}_{(j)}, \boldsymbol{x}_{(i)}, t)}{\left|\boldsymbol{x}_{(j)} - \boldsymbol{x}_{(i)}\right|} \tag{6.75}$$

物质点之间的热传递作用的积分形式可以用黎曼和表示：

$$\int_{R_0} h(\Theta', \Theta, \boldsymbol{x}', \boldsymbol{x}, t) \mathrm{d}V_{x'} \approx \sum_{j=1}^{m} h(\boldsymbol{x}_{(j)}, \boldsymbol{x}_{(i)}, t) V_{x_{(j)}} \tag{6.76}$$

式中，m 为物质点 x 影响域范围内与之相互作用的物质点数。

温度对时间的一阶偏导 $\dot{\Theta}$ 采用向前差分法离散：

$$\Theta(\boldsymbol{x}_{(i)},t+\Delta t)=\Theta(\boldsymbol{x}_{(i)},t)+\Delta t\dot{\Theta}(\boldsymbol{x}_{(i)},t) \tag{6.77}$$

因此，有

$$\rho c_v\frac{\Theta(\boldsymbol{x}_{(i)},t+\Delta t)-\Theta(\boldsymbol{x}_{(i)},t)}{\Delta t}=\sum_{j=1}^{m}\kappa\frac{\Theta(\boldsymbol{x}_{(j)},t)-\Theta(\boldsymbol{x}_{(i)},t)}{|\boldsymbol{x}_{(j)}-\boldsymbol{x}_{(i)}|}V_{x_{(j)}}+\rho s_{\mathrm{b}}(\boldsymbol{x}_{(i)},t) \tag{6.78}$$

2. 近场动力学热力耦合运动方程离散化

变形状态函数离散化：

$$\begin{aligned}\underline{Y}(\boldsymbol{x}_{(j)},\boldsymbol{x}_{(i)},t)=&\,y(\boldsymbol{x}_{(j)},t)-y(\boldsymbol{x}_{(i)},t)\\&+\frac{1}{2}\alpha_{\mathrm{p}}[\Theta(\boldsymbol{x}_{(j)},t)-\Theta(\boldsymbol{x}_{(j)},0)]\,|\boldsymbol{x}'-\boldsymbol{x}|\,\frac{y(\boldsymbol{x}_{(j)},t)-y(\boldsymbol{x}_{(i)},t)}{\left|y(\boldsymbol{x}_{(j)},t)-y(\boldsymbol{x}_{(i)},t)\right|}\\&+\frac{1}{2}\alpha_{\mathrm{p}}[\Theta(\boldsymbol{x}_{(i)},t)-\Theta(\boldsymbol{x}_{(i)},0)]\,|\boldsymbol{x}'-\boldsymbol{x}|\,\frac{y(\boldsymbol{x}_{(j)},t)-y(\boldsymbol{x}_{(i)},t)}{\left|y(\boldsymbol{x}_{(j)},t)-y(\boldsymbol{x}_{(i)},t)\right|}\end{aligned} \tag{6.79}$$

形张量离散为

$$\begin{aligned}\boldsymbol{K}(\boldsymbol{x}_{(i)})&=\int_{R_0}\omega(|(\boldsymbol{x}_{(j)}-\boldsymbol{x}_{(i)})|)[(\boldsymbol{x}_{(j)}-\boldsymbol{x}_{(i)})\otimes(\boldsymbol{x}_{(j)}-\boldsymbol{x}_{(i)})]\mathrm{d}V_{x_{(j)}}\\&\approx\sum_{n=1}^{m}\omega(|\boldsymbol{x}_{(j)}-\boldsymbol{x}_{(i)}|)(\boldsymbol{x}_{(j)}-\boldsymbol{x}_{(i)})\otimes(\boldsymbol{x}_{(j)}-\boldsymbol{x}_{(i)})V_{x_{(j)}}\end{aligned} \tag{6.80}$$

变形梯度张量的离散形式：

$$\begin{aligned}\boldsymbol{F}(\boldsymbol{x}_{(i)},\Theta,t)&=\left\{\int_{R_0}\omega(|\boldsymbol{x}_{(j)}-\boldsymbol{x}_{(i)}|)[\underline{Y}(\boldsymbol{x}_{(i)},\Theta,t)\otimes(\boldsymbol{x}_{(j)}-\boldsymbol{x}_{(i)})]\mathrm{d}V_{x_{(j)}}\right\}\cdot\boldsymbol{K}^{-1}(\boldsymbol{x}_{(i)})\\&\approx\left[\sum_{n=1}^{m}\omega(|\boldsymbol{x}_{(j)}-\boldsymbol{x}_{(i)}|)\underline{Y}(\boldsymbol{x}_{(i)},\Theta,t)\otimes(\boldsymbol{x}_{(j)}-\boldsymbol{x}_{(i)})V_{x_{(j)}}\right]\cdot\boldsymbol{K}^{-1}(\boldsymbol{x}_i)\end{aligned} \tag{6.81}$$

位移对时间的二阶偏导 $\ddot{\boldsymbol{u}}$ 采用中心差分法离散：

$$\ddot{\boldsymbol{u}}(\boldsymbol{x}_{(i)},t)\approx\frac{\boldsymbol{u}(\boldsymbol{x}_{(i)},t+\Delta t)-2\boldsymbol{u}(\boldsymbol{x}_{(i)},t)+\boldsymbol{u}(\boldsymbol{x}_{(i)},t-\Delta t)}{\Delta t^2} \tag{6.82}$$

式中，Δt 为计算的时间步长。在程序实现时，其迭代过程如下：

$$\dot{\boldsymbol{u}}(\boldsymbol{x}_{(i)},t+\Delta t)=\dot{\boldsymbol{u}}(\boldsymbol{x}_{(i)},t)+\ddot{\boldsymbol{u}}(\boldsymbol{x}_{(i)},t)\Delta t \tag{6.83（a）}$$

$$\boldsymbol{u}(\boldsymbol{x}_{(i)},t+\Delta t)=\boldsymbol{u}(\boldsymbol{x}_{(i)},t)+\dot{\boldsymbol{u}}(\boldsymbol{x}_{(i)},t+\Delta t)\Delta t \tag{6.83（b）}$$

则式（6.54）离散化为

$$\begin{aligned}&\rho\frac{\boldsymbol{u}(\boldsymbol{x}_{(i)},t+\Delta t)-2\boldsymbol{u}(\boldsymbol{x}_{(i)},t)+\boldsymbol{u}(\boldsymbol{x}_{(i)},t-\Delta t)}{\Delta t^2}\\&=\sum_{j=1}^{m}\left[\underline{\boldsymbol{T}}(\boldsymbol{x}_{(i)},\Theta,t)\left\langle\boldsymbol{x}_{(j)}-\boldsymbol{x}_{(i)}\right\rangle-\underline{\boldsymbol{T}}(\boldsymbol{x}_{(j)},\Theta,t)\left\langle\boldsymbol{x}_{(i)}-\boldsymbol{x}_{(j)}\right\rangle\right]V_n+\boldsymbol{b}(\boldsymbol{x}_{(i)},t)\end{aligned} \tag{6.84}$$

3. 数值计算稳定性

热传导方程中温度对时间的积分采用了向前差分法离散，该方法需要对时间步长Δt 加以限制才能得到稳定解。与 Silling 和 Askari 所使用的方法一样，这里采用冯·诺依曼稳定分析法来推导该稳定条件。假设温度场在每一时间步长的表达式为

$$\Theta_i^n=\zeta^n\exp(\vartheta i\sqrt{-1}) \tag{6.85}$$

式中，ϑ 为波数，是一个正实数；ζ是一个复数；n 为计算步步数。对时间步长的限制是为了确保上式解随着时间的增加而趋近于一个定值，而不是随着时间的增加 Θ_i^n 一直增大或一直减小。因此，对于任意波数 ϑ，上式的ζ应满足如下条件：

$$|\zeta|\leqslant 1 \tag{6.86}$$

将式（6.85）代入式（6.78），同时不考虑外部热源，有

$$\rho c_{\mathrm{v}}\frac{(\zeta^{n+1}-\zeta^n)e^{\vartheta i\sqrt{-1}}}{\Delta t}=\sum_{j=1}^{m}\frac{\kappa\zeta^n e^{\vartheta i\sqrt{-1}}(e^{\vartheta(j-i)\sqrt{-1}}-1)}{\left|\boldsymbol{x}_{(j)}-\boldsymbol{x}_{(i)}\right|}V_{x_{(j)}}+\rho s_{\mathrm{b}}(\boldsymbol{x}_{(i)},t) \tag{6.87}$$

整理可得

$$\begin{aligned}\rho c_{\mathrm{v}}\frac{\zeta-1}{\Delta t}&=\sum_{j=1}^{m}\frac{\kappa}{\left|\boldsymbol{x}_{(j)}-\boldsymbol{x}_{(i)}\right|}\left(e^{\vartheta(j-i)\sqrt{-1}}-1\right)V_{x_{(j)}}\\&=\sum_{j=1}^{m}\frac{\kappa}{\left|\boldsymbol{x}_{(j)}-\boldsymbol{x}_{(i)}\right|}[\cos\vartheta(j-i)-1]V_{x_{(j)}}=-M_{\vartheta}\end{aligned} \tag{6.88}$$

式中

$$M_{\vartheta}=\sum_{j=1}^{m}\frac{\kappa}{\left|\boldsymbol{x}_{(j)}-\boldsymbol{x}_{(i)}\right|}[1-\cos\vartheta(j-i)]V_{x_{(j)}} \tag{6.89}$$

根据式（6.88）可得：

$$\zeta=1-\frac{M_{\vartheta}\Delta t}{\rho c_{\mathrm{v}}} \tag{6.90}$$

由于ζ需满足式（6.86）的条件，因此将式（6.90）代入式（6.86）得：

$$0<\frac{M_{\vartheta}\Delta t}{\rho c_{\mathrm{v}}}<2 \tag{6.91}$$

则对时间步长的限制条件为

$$\Delta t<\frac{2\rho c_{\mathrm{v}}}{M_{\vartheta}} \tag{6.92}$$

由于$0\leqslant(1-\cos\vartheta(j-i))\leqslant 2$，则式（6.89）满足以下不等式：

$$M_{\vartheta}=\sum_{j=1}^{m}\frac{\kappa}{\left|\boldsymbol{x}_{(j)}-\boldsymbol{x}_{(i)}\right|}[1-\cos\vartheta(j-i)]V_{x_{(j)}}\leqslant\sum_{j=1}^{m}2\frac{\kappa}{\left|\boldsymbol{x}_{(j)}-\boldsymbol{x}_{(i)}\right|}V_{x_{(j)}} \tag{6.93}$$

将式（6.93）代入式（6.92），时间步长应满足如下条件：

$$\Delta t<\frac{2\rho c_{\mathrm{v}}}{\sum_{j=1}^{m}2\frac{\kappa}{\left|\boldsymbol{x}_{(j)}-\boldsymbol{x}_{(i)}\right|}V_{x_{(j)}}} \tag{6.94}$$

6.2.4　程序流程图

近场动力学采用逐步迭代的方式对物质点的运动状态求解，因此需要进行大量的运算，计算机程序能很好地实现迭代程序运算。为此，采用 Fortran95 程序语言编制了温度与应力耦合的近场动力学的数值计算程序，并且成功用该程序模拟了在温度加载条件下应力场的分布及由热应力引起的裂纹的启裂、扩展、连接和贯通。程序的算法流程图如图 6.4 所示。算法分为三部分：前处理，计算过程和后处理。前处理部分主要计算数据的输入及模型的离散化；计算过程部分计算每个物质点的位移场随时间的迭代过程；后处理部分根据输出数据绘出试件温度场、应力场及损伤破坏图。

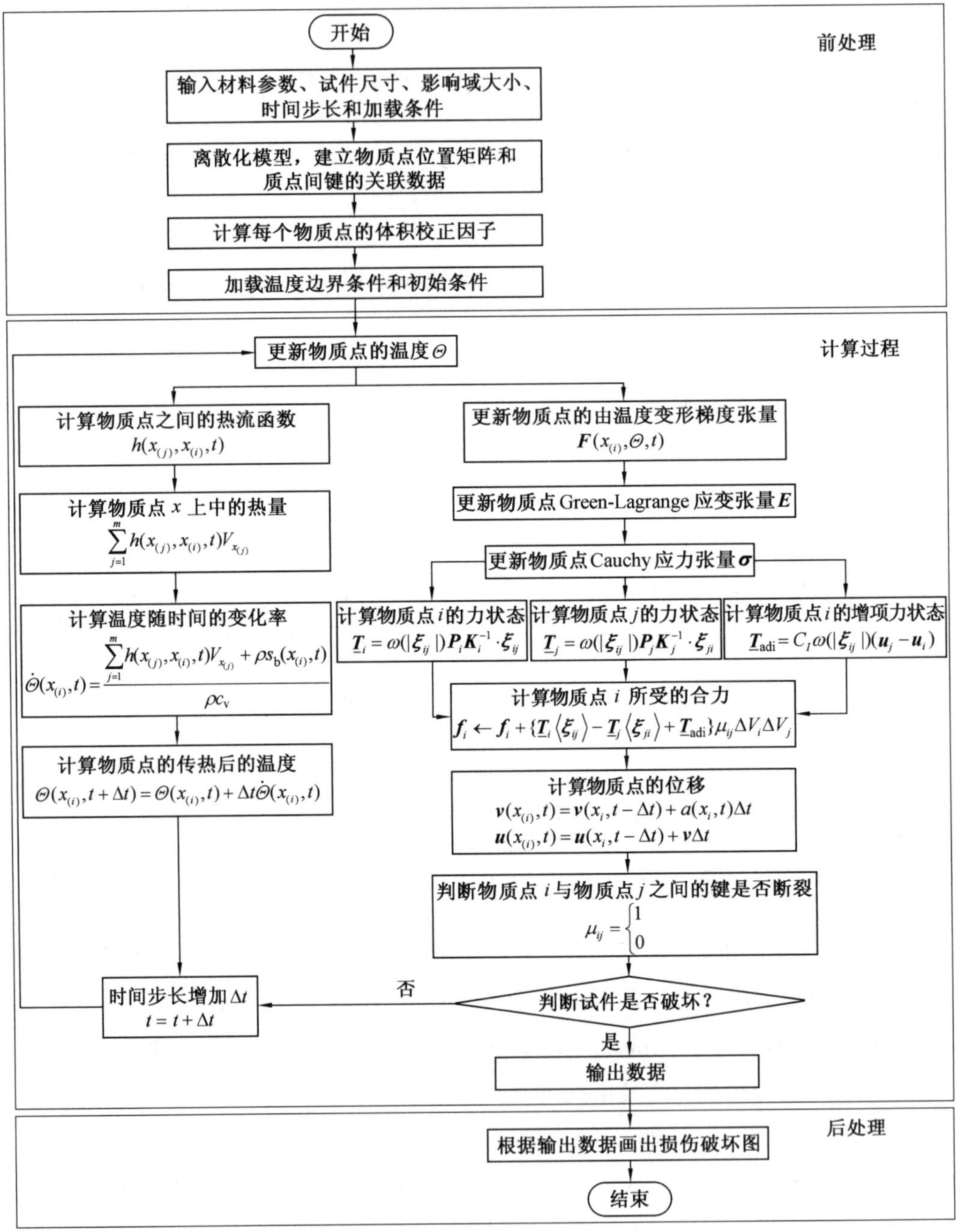

图 6.4　热力耦合近场动力学程序算法流程图

6.3　温度与应力耦合的近场动力学数值模拟

6.3.1　岩石热传导模拟验证

为了与理论解析解对比，无限长板热传导计算模型如图 6.5（a）所示，假设一横向宽度 L=0.1 m、纵向长度无限大的岩石材料板，其初始时刻温度为 0 ℃，在模型右边界施加一个随时间线性增加的温度变化$\Theta=Ct$，其中 C 为常数。由于板在纵向方向尺寸无限大，热流在板的纵向方向均匀，故可在纵向方向取一个物质点的长度分析，将其变为一维问题，如图 6.5（b）所示，左端 L 为无限长板的宽度，右端δ为温度加载质点。本算例影响域范围δ=3.015Δx，右端加载质点为 3 个，加载质点的温度取$\Theta=Ct$；左端加载质点为 3 个，加载质点的温度取 0 ℃。将模型在 x 方向离散为 100 个物质点，则物质点的间距Δx=0.001 m。时间步长Δt 取 1.0×10^{-6} s。

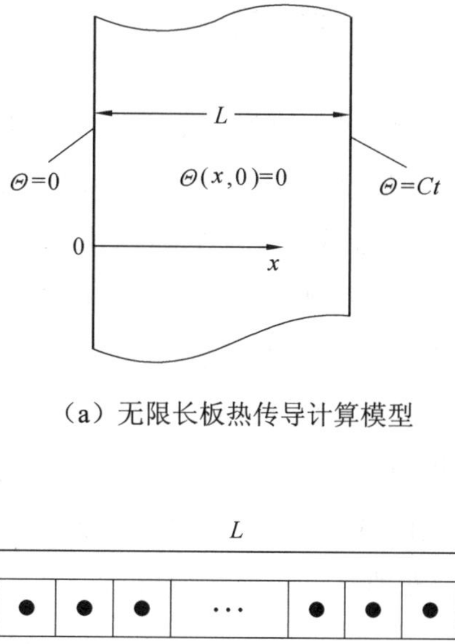

（a）无限长板热传导计算模型

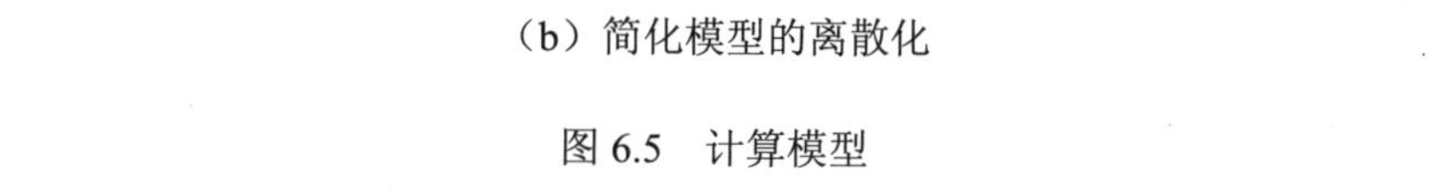

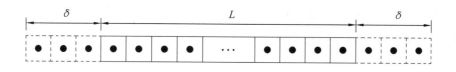

（b）简化模型的离散化

图 6.5　计算模型

一维岩石材料热传导数值模拟参数见表 6.1。

表 6.1　一维岩石材料热传导数值模拟参数

参数名称	参数值
岩石密度ρ	2.7×10^3 kg/m^3
岩石比热容 c_v	0.794 kJ/(kg·K)
导热系数 k	2.721 W/(m·K)
边界条件 C	10
物质点数	$10^6\times1=10^6$
时间步长	1.0×10^{-6} s

该数值模型温度场的解析解如下：

$$\Theta(x,t)=C\frac{x}{L}t+C\frac{2\rho c_v L^2}{\pi^3 k}\sum_{n=1}^{\infty}\frac{(-1)^n}{n^3}\left[1-e^{-\frac{k}{\rho c_v}\left(\frac{n\pi}{L}\right)^2 t}\right]\sin\frac{n\pi x}{L} \tag{6.95}$$

数值模拟温度分布与解析解的对比如图 6.6 所示，图中的曲线分别为当时间为 5 s、10 s、15 s、20 s 和 25 s 时的解析解，断点线为相应的近场动力学的数值模拟结果。当 t=5 s 时，模型右边界的加载温度为 50 ℃，其温度分布曲线为一条非线性曲线，从边界处温度逐渐降低，数值计算结果与解析解吻合。当 t=25 s 时，模型右边界的加载温度为 250 ℃，其温度分布曲线为一条非线性曲线，从边界处温度逐渐降低，数值计算结果与解析解吻合。由此证明：由近场动力学理论基本原理推导得出的热传导数值模拟方法可以用于岩石热传导问题的数值模拟。从结果可以看出，由于岩石的导热系数较低，且比热容较高，导致其温度传导较慢。当热传递时间足够长时，图 6.6 所示的温度分布曲线将趋近一条倾斜的直线。

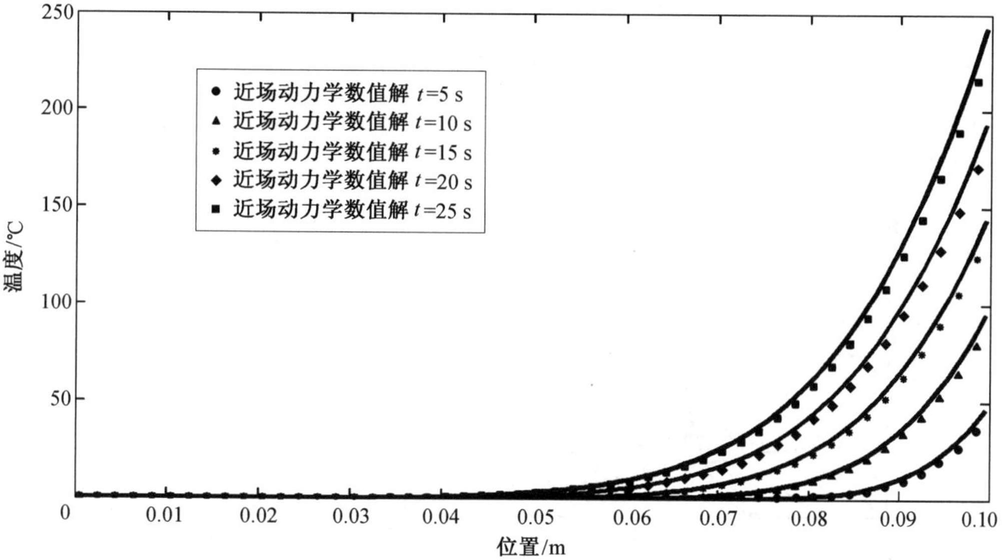

图 6.6　近场动力学数值模拟温度分布与解析解的对比

6.3.2　岩石在热力耦合作用下热破裂的数值模拟

1. 岩石的非均匀特性的数值实现

岩石是由各种矿物组成的天然材料，这些矿物成分力学性质各不相同，其内部含有各种微观节理裂纹等，因此，岩石材料是一种非均质材料。然而，在理论推导过程中通常将岩石假设为各向同性材料。本书为了使结果更符合实际情况，模拟岩石的非均质性，运用 Weibull 统计分布的方法来描述岩石的非均匀性，给与每个键上的岩石单轴抗压强度一个 Weibull 随机分布。

Weibull 分布的概率密度函数表示如下：

$$f(x)=\frac{m}{x_0}\left(\frac{x}{x_0}\right)^{m-1}\mathrm{e}^{-\left(\frac{x}{x_0}\right)^m} \tag{6.96}$$

式中，x 为随机变量；x_0 为期望值（如材料强度的平均值）；m 为非均匀指标，其决定了 Weibull 分布概率密度函数的形状。相同的期望值 x_0、不同的非均匀指标 m 下 Weibull 分布概率密度函数的形状如图 6.7 所示。

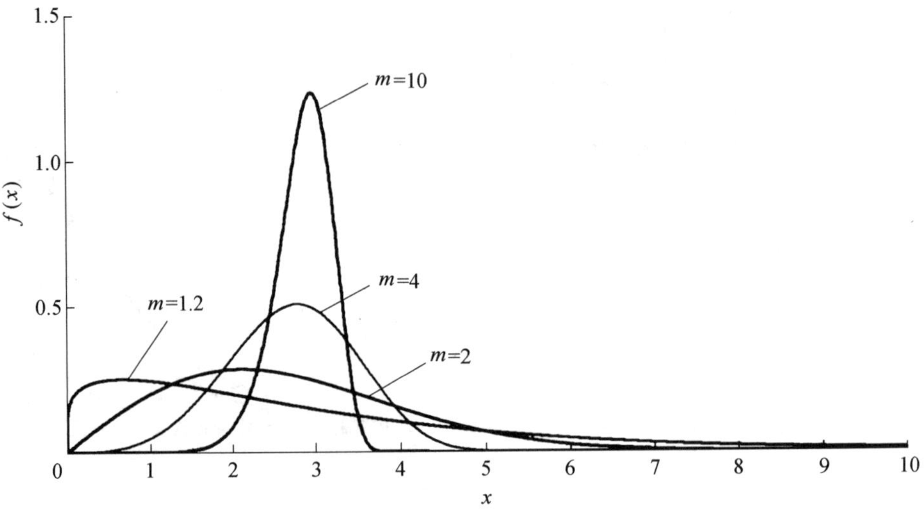

图 6.7　不同非均匀指标 m 下 Weibull 分布概率密度函数形状（x_0=3）

从图 6.7 可以看出，Weibull 概率分布概率密度函数中的非均质指标 m 反映了函数的离散程度，m 越小，$f(x)$越趋于离散；m 越大，$f(x)$越趋于集中。如果 x_0 代表的是材料的单轴抗压强度，那么这就表明随着 m 的增大，由 Weibull 分布函数得到的物质点单轴抗压强度逐渐趋于均匀，反之则趋于不均匀。m 相同而 x_0 不同的 Weibull 分布概率密度函数的形状如图 6.8 所示。从图中可以看到，随着期望值 x_0 的增大，Weibull 分布概率密度函数曲线的峰值减小，同时峰值点所对应的横坐标增大，向右平移，曲线变得更平坦，函数值的分布趋于分散。

岩石的单轴抗压强度采用 Weibull 随机分布之后，其内部每个物质点上的单轴抗压强度由原来的相等变为在期望值左右不均匀随机分布。一个期望值为 50 MPa 的采用 Weibull 分布的非均质岩石单轴抗压强度分布云图如图 6.9 所示。从图中可以看出，随着 m 值的增加，强度值的变化范围逐渐减小，分布逐渐趋于均匀；当 m 为无穷大时，分布将完全均匀。

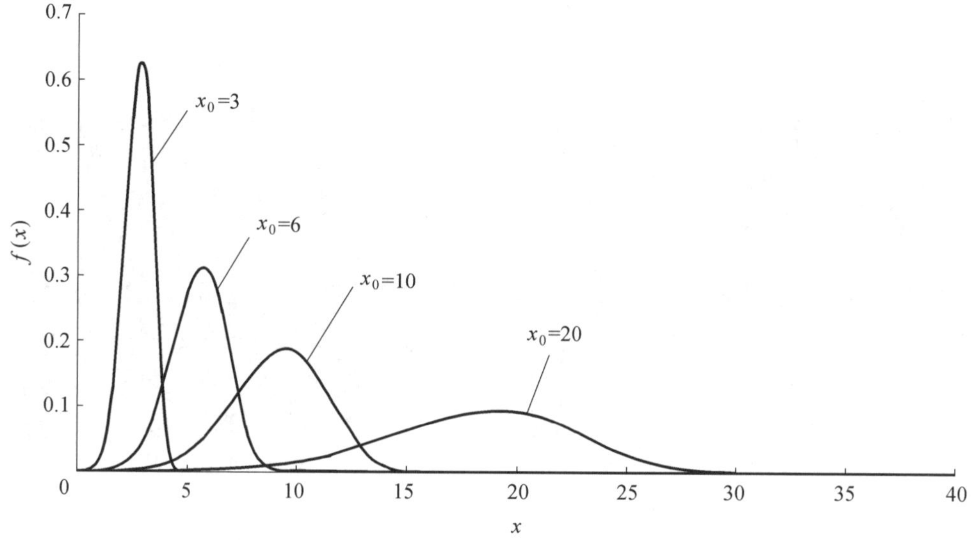

图 6.8　不同期望值 x_0 下 Weibull 分布概率密度函数形状（m=5）

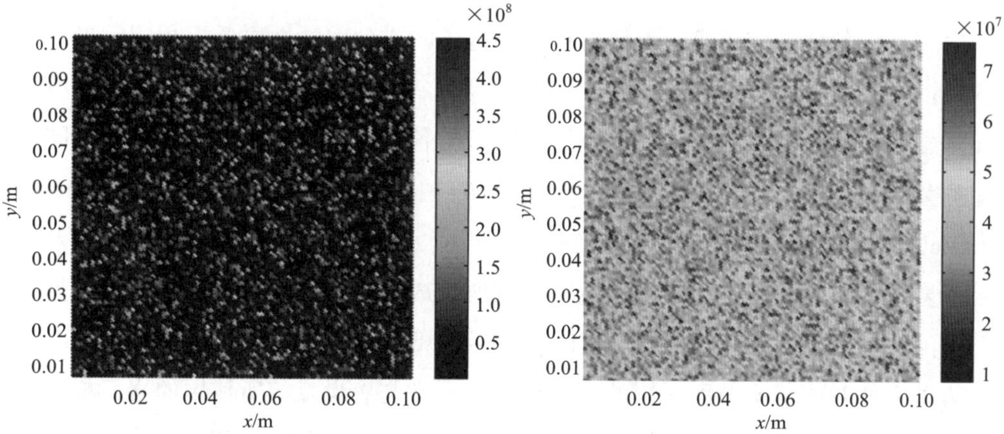

（a）m=1　　　　（b）m=5

图 6.9　采用 Weibull 分布的非均质岩石单轴抗压强度分布云图

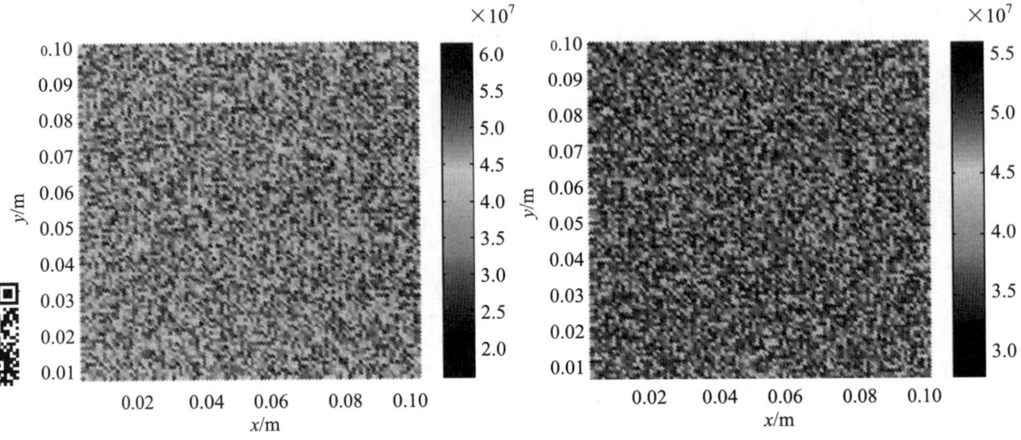

（c）m=10　　（d）m=20

续图 6.9

2. 岩石在热力耦合模型

岩石是由各种矿物组成的天然材料，这些矿物成分力学性质各不相同。当岩体受热后，如果不考虑由于温度梯度产生的热应力，其内部还会存在一部分由温度改变而产生的热应力，这部分热应力是组成岩石的各种矿物颗粒的热膨胀系数不同，且矿物颗粒之间相互嵌固约束所造成的，该热应力称为非匹配热应力（thermal mismatch stress）。为了验证本节提出的温度与应力耦合的近场动力学理论，以及分析由于岩体中矿物颗粒的热膨胀系数不一致所造成的岩石破裂模式，本节将根据产生非匹配热应力的原理，建立一个非匹配热应力算例模型。

为了方便对比，本节所采用的岩石模型及参数与唐世斌等所使用的岩石材料数值模型一致。数值模拟示意图如图 6.10 所示。模型由两个同心圆组成，半径为 r 的内圆为内嵌的填充材料，半径为 R 的外圆环为需要模拟的基质材料。

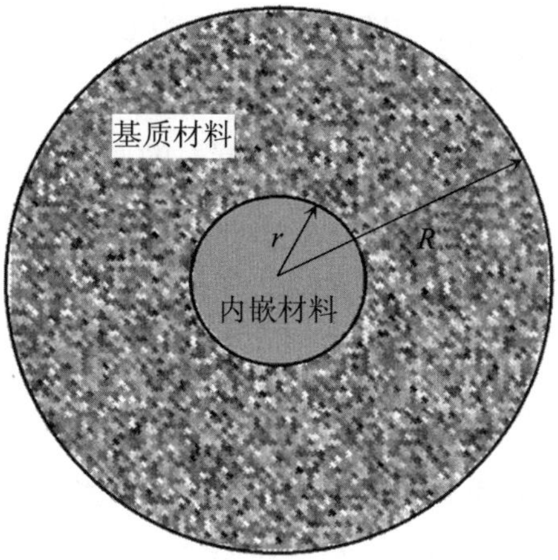

图 6.10　数值模拟示意图

内、外两种介质的热膨胀系数不同，以此模拟岩石中的不同矿物颗粒。当内、外材料的温度发生改变时，两种材料内部会产生变形，由于两种材料相互嵌套而形成约束且热膨胀系数不同，两种材料内部就会产生热应力，当热应力达到一定程度时模型发生破坏。岩石热破裂的数值模拟参数见表 6.2。

表 6.2　岩石热破裂的数值模拟参数

参数名称	参数值	
	基质	内嵌材料
岩石密度 ρ/(kg·m^{-3})	2.7×10^3	2.7×10^3
弹性模量 E/GPa	20	40
泊松比 ν	0.2	0.3
岩石比热容 c_v/(kJ·kg^{-1}·℃$^{-1}$)	0.8	0.6
导热系数 k/(W·m^{-1}·K^{-1})	2.721	2.5
热膨胀系数 β/(×10^{-6} ℃)	10	15
单轴压缩强度 σ_c/MPa	70	100
均值系数 m	20	20
半径 r/mm	25	8

为了方便计算，假设初始时刻模型的温度都为 0 ℃，从 t=0 开始给内嵌材料和基质材料一个随时间线性增长的温度变化Θ=Ct，其中 C=10，最终温度将升高到 300 ℃。运用 Weibull 统计分布的方法来描述岩石的非均匀性，给岩石的单轴抗压强度和弹性模量均质度为 10 的 Weibull 随机分布，将模型离散为 7 844 个物质点，质点间距Δx=0.5 mm，影响域范围为δ=3.015Δx，时间步长为Δt=1.0×10^{-6} s。

3. 数值模拟结果

由式（6.46）可知，当温度升高时，物质点的间距将会发生改变，产生温度变形。由于基质材料的热膨胀系数小于内嵌材料的热膨胀系数，因此内嵌材料的变形将大于基质材料，内嵌材料在受到基质材料均匀约束的情况下将会处于静水压力状态；而基质材料由于受到内嵌材料膨胀挤压作用，环向会产生拉应力作用，径向会产生压应力作用，而岩石是一种脆性材料，抗压强度远大于抗拉强度，因此当温度增加到一定程度时，基质材料将会在拉应力作用下产生径向裂纹，进而发生受拉破坏。热力耦合损伤示意图如图 6.11 所示，当温度达到 100 ℃时，由于材料的强度值满足 Weibull 分布的随机值，在某些强度较小的区域物质点间的键发生断裂，产生了少量的裂纹启裂点；当温度达到 200 ℃时，基质材料内圈上的裂纹开始沿着径向向外扩展，并形成了多条向外扩展的拉裂纹；当温度达到 260 ℃时，径向裂纹继续向外扩展，这些向外扩展的裂纹中，有两条扩展距离较长；当温度达到 280 ℃时，较长的径向裂纹扩展到基质材料模型边缘，而其他径向裂纹几乎停止扩展；当温度达到 300 ℃时，两条条径向裂纹贯穿整个基质材料模型，模型发生破坏。从试件的整个破坏过程可以发现，在温度达到 200 ℃之后，裂纹的扩展速度有明显提高，这是由于在前期的升温阶段是一个材料积蓄应变能的阶段，当其应力达到材料的临界时，应变能就会突然释放，这与脆性材料的性质一致。岩石热破裂的试验结果如图 6.12 所示，与图 6.11（f）对比可以看出，运用近场动力学温度与应力耦合计算程序得到的试件破坏模式与试验结果能较好地吻合。

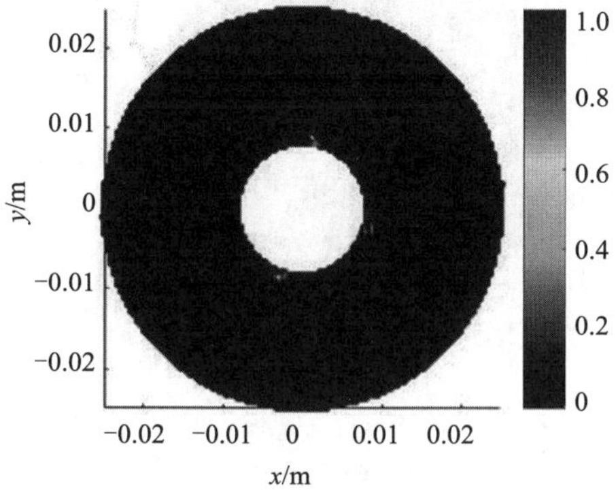

（a）Θ=100 ℃

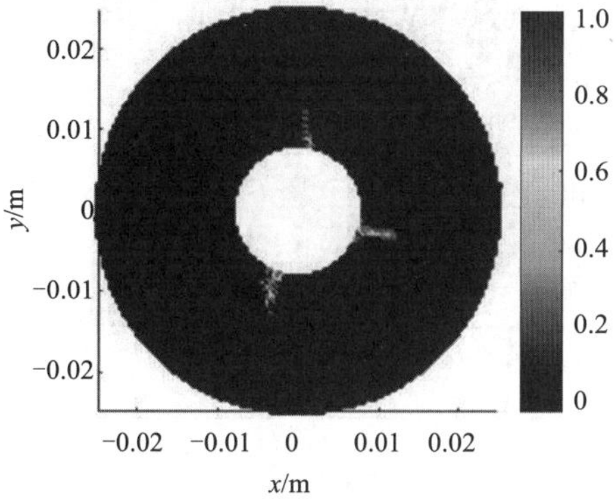

（b）Θ=200 ℃

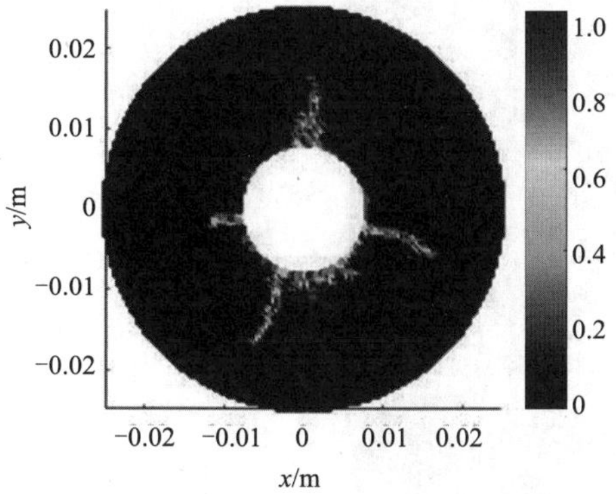

（c）Θ=250 ℃

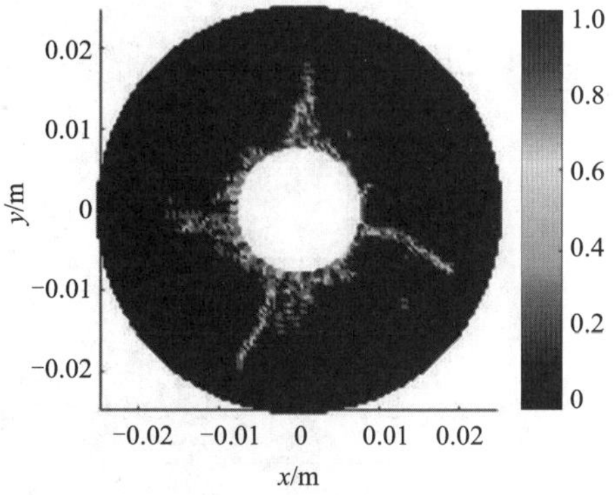

（d）Θ=260 ℃

图 6.11　热力耦合损伤示意图

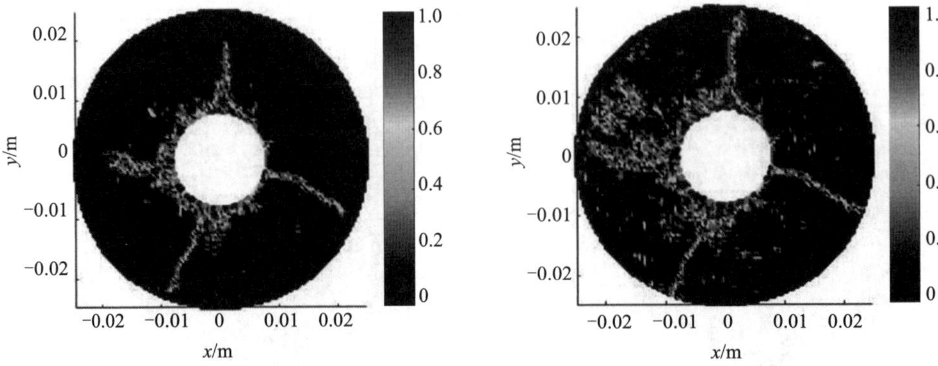

（e）Θ=280 ℃ （f）Θ=300 ℃

续图 6.11

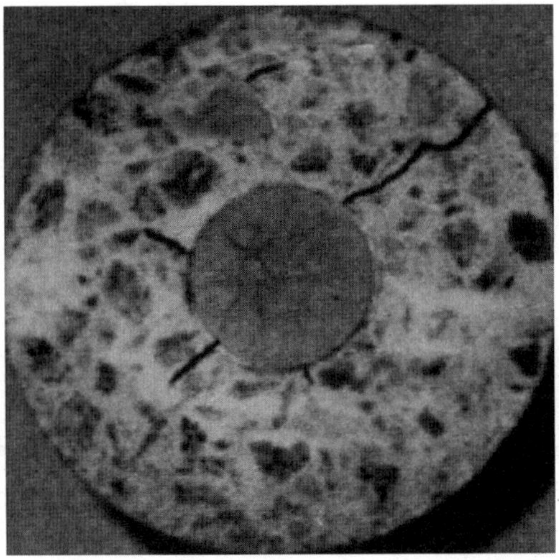

图 6.12 岩石热破裂的试验结果

不同温度加载条件下的应变云图如图 6.13 所示，其中左图为 x 方向应变云图，右图为 y 方向应变云图。由于内嵌材料的热膨胀系数比基质材料的热膨胀系数大，当模型整体升温时，内嵌材料就会产生热膨胀，并且会对基质材料产生一个向外的挤压作用，温度达到 100 ℃时的应变场如图 6.13（a）所示，此时裂纹还未扩展，应变受裂纹的影响较小。从图 6.13（a）的左图可以看出基质材料圆环内圈上、下两端出现水平拉伸应变，左、右两边出现水平压缩应变，此时最大水平方向拉伸应变为 0.006；当温度达到 200 ℃时，最大水平方向拉伸应变为 0.005，这是由于在基质材料圆环内圈上两端出现了一条张拉裂纹，使其应变能释放，应变减小。因内嵌材料的膨胀而产生的裂纹向外扩展，裂纹的扩展使基质材料的应力场重新分布，应变场也发生改变，并且在裂纹附近产生不连续的应变；当温度达到 260 ℃时，随着内嵌材料继续膨胀，基质材料的应变逐渐增加。

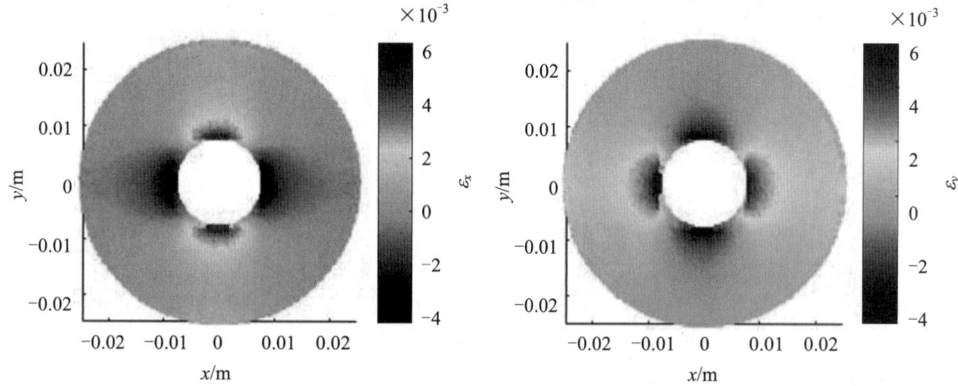

（a）Θ=100 ℃

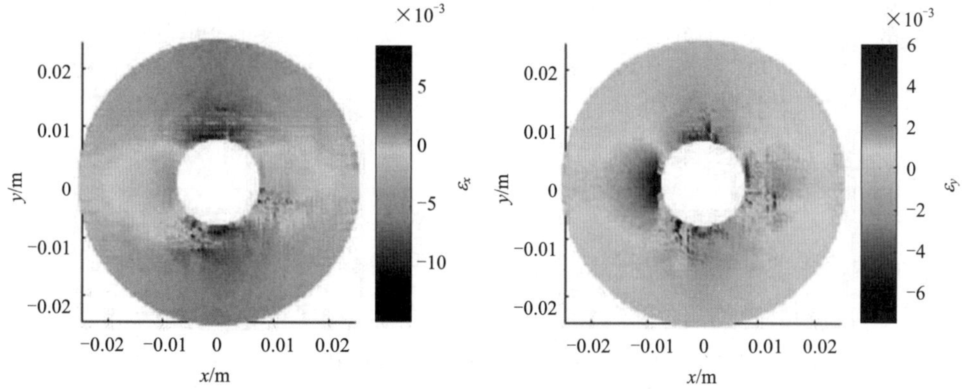

（b）Θ=200 ℃

图 6.13　不同温度加载条件下的应变云图（左图为 x 方向应变，右图为 y 方向应变）

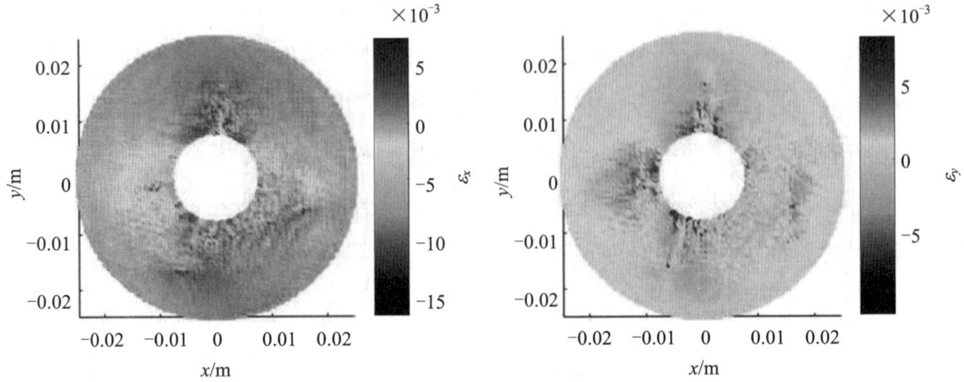

（c）Θ=250 ℃

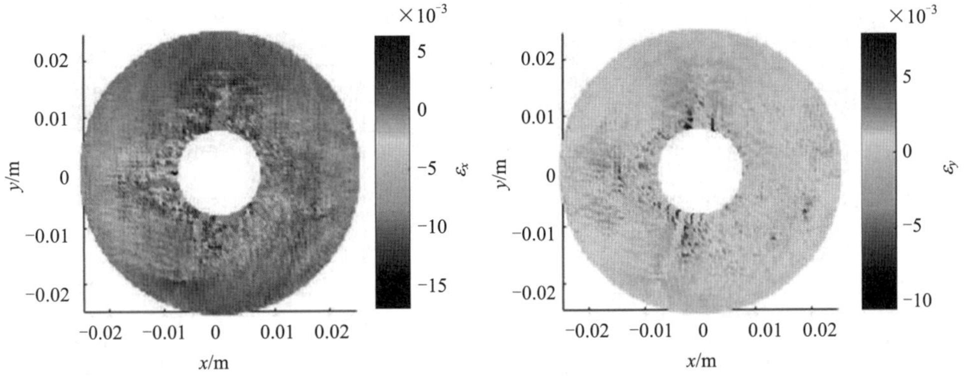

（d）Θ=260 ℃

续图 6.13

不同温度加载条件下物质点的位移云图如图 6.14 所示，其中左边为圆环径向位移云图，右边为圆环切向位移云图。由于近场动力学程序算法是一种动力学算法，主要靠物质点间距和物质点的运动状态来描述物质的状态，因此，在变形较小时其位移场会存在一定的波动，温度为 100 ℃时的位移云图如图 6.14（a）所示。由于受到内嵌材料的挤压，基质材料内边界径向位移最大，沿着径向向外逐渐减小，切向位移存在一定波动，但其环向位移之和为零。当温度达到 200 ℃时，由于内嵌材料持续膨胀，基质材料径向位移继续增大。基质材料中的裂纹向外扩展，从其切向位移云图可以看出，在张拉裂纹处存在切向位移不连续现象，即裂纹张开，因此可以根据切向位移云图估算张拉裂纹的张开度。当温度达到 260 ℃时，由于裂纹将要贯穿基质材料，在裂纹的扩展过程中释放了材料中前期存储积蓄的应变能，材料的应变减小，变形梯度也减小，因此模型的位移云图较为均匀。

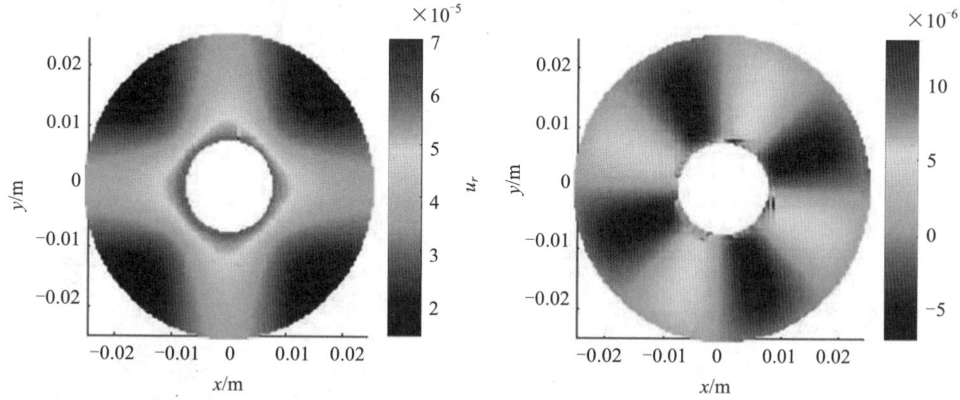

（a）Θ=100 ℃

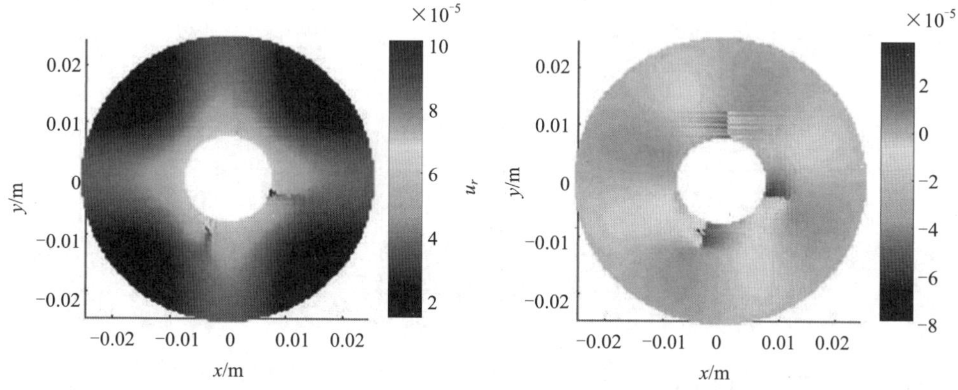

（b）Θ=200 ℃

图 6.14　不同温度加载条件下物质点的位移云图（左图为圆环径向位移云图，右图为圆环切向位移云图）

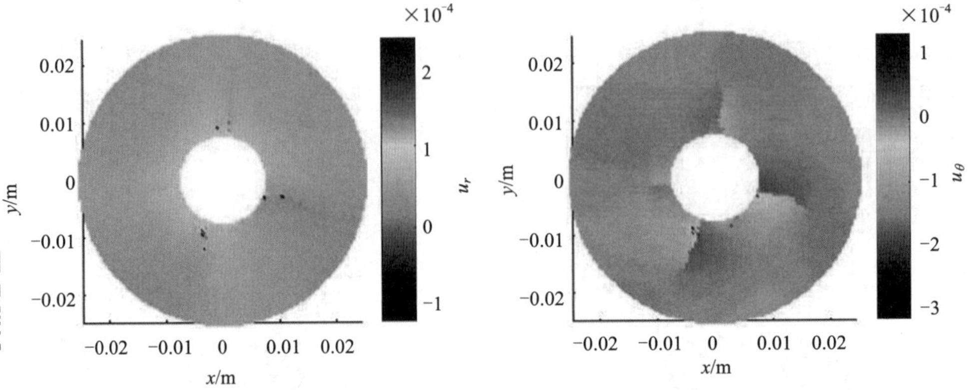

（c）Θ=250 ℃

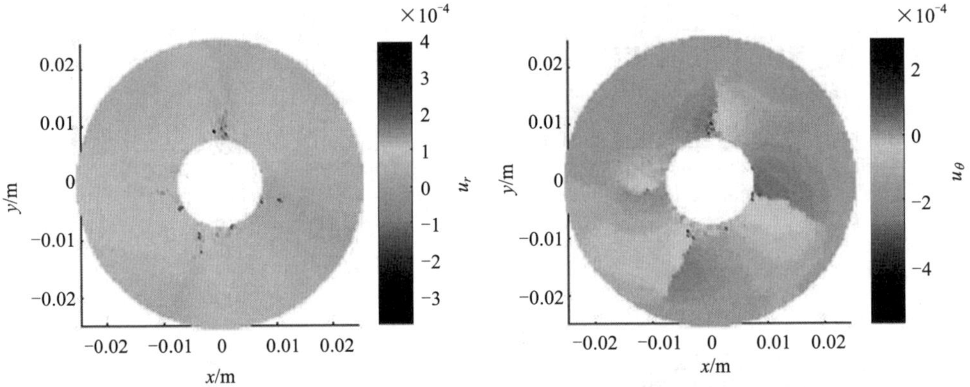

（d）Θ=260 ℃

续图 6.14

6.4 本章小结

本章根据热传导理论，基于欧拉-拉格朗日方程推导了近场动力学热传导方程，得到了近场动力学导热系数与材料宏观导热系数之间的关系；运用材料的热膨胀特性，将根据近场动力学热传导方程求解出的温度场转换为近场动力学物质点的变形梯度张量，再将变形梯度张量代入非普通的状态为基础的近场动力学的力状态函数中，从而实现了温度场与应力场的耦合。最后运用本章提出的温度场与应力场耦合的近场动力学理论编制了相应的计算程序，并运用该程序模拟了岩体在非匹配热应力下的破坏过程，得到了以下结论：

（1）通过一个无限长板热传导的数值试验与解析解的对比，验证了近场动力学热传导方程的正确性，证明了由近场动力学理论基本原理推导出的热传导数值模拟方法可以用于岩石热传导问题的数值模拟。

（2）运用 Weibull 统计分布的方法来描述岩石的非均匀性，在模拟岩石热破裂时，实现了材料的非均匀性造成的破坏带来的随机性

（3）成功模拟了岩体在非匹配热应力下的破坏过程，其破坏模式与试验结果一致，验证了温度场与应力场耦合的近场动力学理论的正确性。

第 7 章　裂纹岩体渗流场-应力场耦合的近场动力学理论

工程岩体经历了长期的成岩和地质改造，内部形成了大量的缺陷，如节理、裂纹、微裂纹和孔隙等。这些缺陷的存在为地下水提供了存储和转移的场所，并且大大改变了岩体的物理力学性质和化学性质，也严重影响了岩体的渗流特性。裂纹岩体的渗流场随岩体应力场的变化而改变，同时渗流场变化又将反过来影响岩体应力场，这种相互影响称为渗流-应力耦合。渗流场与应力场相互耦合是岩体力学中一个重要的特性，因此深入研究渗流场与应力场相互耦合对研究裂纹岩体破坏的机理是非常有必要的。

裂纹岩体渗流的理论模型可以分为等效连续介质渗流模型、裂纹网络非连续介质渗流模型和两相介质渗流模型。等效连续介质渗流模型是以渗透张量理论为基础，将裂纹岩体均匀简化为连续介质，用连续介质方法描述渗流问题，该模型可采用经典的多孔介质力学的 Biot 非稳定饱和渗流耦合方程求解。当岩体裂纹中的实际流速远大于等效连续介质达西流速时，宜采用裂纹网络非连续介质渗流模型或两相介质渗流模型。裂纹网络非连续介质渗流模型把裂纹介质视为由不同大小、不同方向的裂纹在空间交叉构成的网状系统，水只能在裂纹网络中运动。水在裂纹中的流动可以视为一系列平行管道中的一维流动。两相介质渗流模型假定岩体是孔隙介质和裂纹介质相重叠的连续介质，孔隙介质储水，裂纹介质导水。研究两者之间的水交换过程及由此产生的两种介质的变形，并引入 Biot 多孔弹性介质理论和单裂纹立方定律即可进行耦合计算。Jabakhanji 基于近场动力学理论，推导了多孔介质的渗流模型。本章将在基于该模型的同时结合裂纹岩体等效连续介质渗流模型推导基于近场动力学理论的渗流场与应力场耦合模型。

7.1　裂纹岩体渗透性能等效连续化处理

岩体是由各种矿物质晶粒和胶结物组成的含有各种节理、裂纹的非连续各向异性材料。节理、裂纹等缺陷的存在大大降低了岩体的稳定性，是导致岩体工程围岩破坏的主要原因，同时这些微裂纹的存在也提供了存储地下水的场所，裂纹间相互交叉切割形成的贯通通道为地下水的运动和转移创造了条件。因而在裂纹岩体多场耦合过程中，裂纹的分布、裂纹的宽度及裂纹的扩展、贯通情况都会直接影响岩体的温度、渗流和应力场的分布。可以说，正是这些裂纹的存在，才导致了裂纹岩体温度场-渗流场-应力场的相互耦合作用。岩体中裂纹的存在使得岩体呈现复杂的不连续特性，导致岩体的渗透性、热物理特性和力学特性变得非常复杂和不确定。本节为了简化计算同时更真实地还原实际工程中裂纹岩体的多场耦合状态，对含有微裂纹岩体进行等效连续性简化处理，将裂纹岩体视为等效连续化的介质，在实际分析中保留岩体中较大裂纹或结构面，在计算分析时进行场量分析的同时还考虑了岩体中不连续的裂纹或结构面在耦合过程中的影响和作用。

7.1.1　等效连续化岩体的渗透系数

由于裂纹岩体中的不连续面可以通过裂纹结构面密度来度量，等效化连续介质的渗透系数可以采用渗透张量来表示，裂纹岩体渗透张量模型如下：

$$\bar{\boldsymbol{K}}=\frac{g\rho_{\mathrm{w}}b^3\lambda}{12\eta}\begin{bmatrix}1-\cos^2\alpha\sin^2\beta & -\sin\alpha\cos\alpha\sin^2\beta & -\cos\alpha\sin\beta\cos\beta\\ -\sin\alpha\cos\alpha\sin^2\beta & 1-\sin^2\alpha\sin^2\beta & -\sin\alpha\sin\beta\cos\beta\\ -\cos\alpha\sin\beta\cos\beta & -\sin\alpha\sin\beta\cos\beta & 1-\cos^2\beta\end{bmatrix}\tag{7.1}$$

式中，$\bar{\boldsymbol{K}}$ 为裂纹岩体渗透张量；b 为裂纹结构面张开度；λ为裂纹结构面密度（单位长度上裂纹的数量）；ρ_{w} 为地下水密度；g 为重力加速度；η为地下水黏度；α和β分别为裂纹结构面的倾向和倾角；

渗透张量理论是 20 世纪 60 年代中期由美国学者 D. T. Snow、苏联学者 E. E. Pomm 和法国学者 C. Louis 共同提出的用于描述各向异性的裂纹岩体渗透性的数学模型，该模型从裂纹结构几何形状和空间位置等方面来描述岩体渗透性的各向异性。

式（7.1）表示三维裂纹岩体的渗透张量，裂纹渗透张量模型如图 7.1 所示，当裂纹结构面垂直于面 *ABCD* 时，可以将其视为平面应变问题，此时裂纹结构面的倾向α=90°，因此对于面 *ABCD* 上的渗透张量为

$$\bar{\boldsymbol{K}}=\frac{g\rho_{\mathrm{w}}b^{3}\lambda}{12\eta}\begin{bmatrix}1-\sin^{2}\beta & -\sin\beta\cos\beta\\ -\sin\beta\cos\beta & 1-\cos^{2}\beta\end{bmatrix}\tag{7.2}$$

然而在实际工程中，裂纹岩体中富含微裂纹，无法统计所有微裂纹的倾角、倾向及其张开度；而且，式（7.2）为裂纹结构面无限延伸情况下的渗透张量，但是在实际裂纹岩体中，裂纹结构面的长度是有限的，因此为了简化计算，假设裂纹岩体中的微裂纹均匀分布，将裂纹倾角均匀化处理，则各向同性的渗透张量为

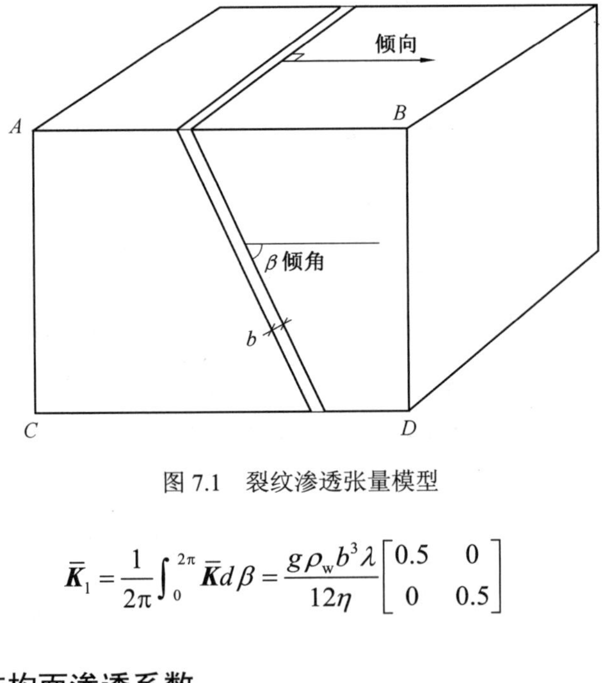

图 7.1　裂纹渗透张量模型

$$\bar{\boldsymbol{K}}_{1}=\frac{1}{2\pi}\int_{0}^{2\pi}\bar{\boldsymbol{K}}d\beta=\frac{g\rho_{\mathrm{w}}b^{3}\lambda}{12\eta}\begin{bmatrix}0.5 & 0\\ 0 & 0.5\end{bmatrix}\tag{7.3}$$

7.1.2　岩体结构面渗透系数

岩体单根裂纹或结构面中渗透系数可以由渗透张量退化得到，当计算裂纹或结构面中的渗透系数时，式（7.2）中取 $b\lambda=1$，$\beta=90°$，如图 7.2 所示，则式（7.2）

可以写为

$$\bar{\boldsymbol{K}} = \frac{g\rho_{\mathrm{w}}b^2}{12\eta}\begin{bmatrix} 0 & 0 \\ 0 & 1 \end{bmatrix} \tag{7.4}$$

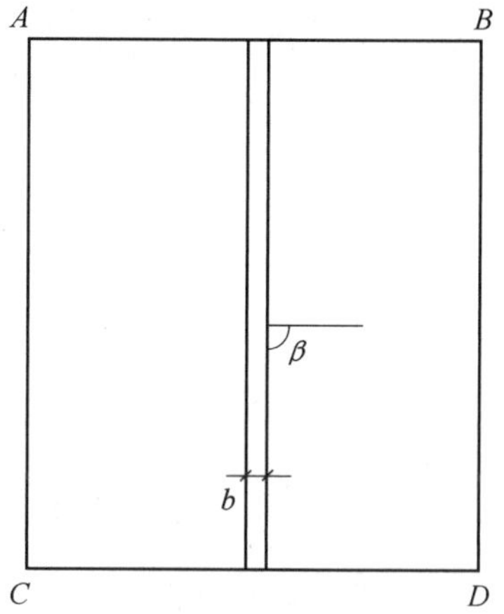

图 7.2　岩石单裂纹渗流模型

式（7.4）表明在裂纹中沿竖直方向的渗透系数为

$$K_{\mathrm{f}} = \frac{g\rho_{\mathrm{w}}b^2}{12\eta} \tag{7.5}$$

式（7.5）即为单根裂纹或结构面中渗透系数的表达式，该式表明岩体中裂纹的渗透系数与裂纹宽度的平方成正比，与裂纹中地下水的黏度成反比。

7.2　近场动力学渗流理论

7.2.1　基本原理

将裂纹岩体视为等效连续化介质 R，近场动力学渗流模型如图 7.3 所示，根据近场动力学理论将其离散为许多物质点，物质点微体积为 $\mathrm{d}V_x$。物质点视为可以存储模型中水的容器。每个物质点都有一个半径为 δ 的子域 R_0，子域内物质点与物质点之

间通过可以传递水的“键”相互连接（“键”只能传递水流，而不会存储水流）。物质点 x 的水头为 $H(x)$，则通过“键” $|xx'|$ 的流密度函数为

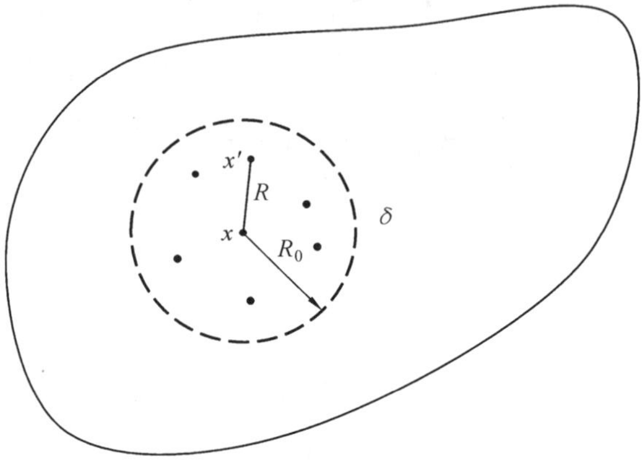

图 7.3　近场动力学渗流模型

$$J(x,x')=C(x,x')[H(x')-H(x)] \tag{7.6}$$

式中，$C(x, x')$ 为近场动力学导水密度函数，表示在单位水头差作用下单位时间内从物质点 x' 流入物质点 x 的水流量。近场动力学导水密度函数 $C(x, x')$ 可以表示为

$$C(x,x')=\frac{k(x',x)}{|xx'|} \tag{7.7}$$

其中，$k(x', x)$ 为近场动力学渗透系数，可以由经典达西定律求出，具体求解方式见 7.1.2 节。

在存在水头差的情况下，一根“键”两端物质点含水量的改变量为

$$\Delta V_{\mathrm{m}}(x,x')=k(x,x')n\frac{[H(x')-H(x)]}{|xx'|}\mathrm{d}V_x\mathrm{d}V_{x'} \tag{7.8}$$

$$\Delta V_{\mathrm{m}}(x',x)=k(x',x)n\frac{[H(x)-H(x')]}{|x'x|}\mathrm{d}V_{x'}\mathrm{d}V_x \tag{7.9}$$

式中，$\Delta V_{\mathrm{m}}(x, x')$ 为物质点 x 上含水量的增量；$\Delta V_{\mathrm{m}}(x', x)$ 为物质点 x' 上含水量的增量；n 为模型的孔隙率。由于“键”不能存储水，且物质点上总的含水量应该保持不变，因此有

$$\Delta V_{\mathrm{m}}(x,x') = -\Delta V_{\mathrm{m}}(x',x) \tag{7.10}$$

由于键长$|xx'| = |x'x|$，由式（7.8）、式（7.9）和式（7.10）可得

$$k(x,x') = k(x',x) \tag{7.11}$$

式（7.11）表明水流在“键”两个方向上传递的近场动力学渗透系数是相等的。

根据近场动力学基本理论非局部思想，物质点 x 总含水量的变化量等于影响域 R_0 范围内所有与之相互作用的物质点对其影响之和。物质点 x 总的含水量的变化量为

$$L(x) = \int_{R_0} k(x,x') n \frac{[H(x') - H(x)]}{|xx'|} \mathrm{d}V_{x'} \tag{7.12}$$

则物质点 x 的渗流平衡方程为

$$\frac{\partial Q(x)}{\partial t} = \int_{R_0} k(x,x') n \frac{[H(x') - H(x)]}{|xx'|} \mathrm{d}V_{x'} + S(x) \tag{7.13}$$

式中，$Q(x)$为物质点 x 处的孔隙中水的体积；$S(x)$为对物质点 x 施加的外部渗水量。

将式（7.13）在影响域 R_0 内积分，可得影响域 R_0 范围内总的渗流平衡方程为

$$\int_{R_0} \frac{\partial Q(x)}{\partial t} \mathrm{d}V_x = \int_{R_0}\int_{R_0} k(x,x') n \frac{[H(x') - H(x)]}{|xx'|} \mathrm{d}V_{x'} \mathrm{d}V_x + \int_{R_0} S(x) \mathrm{d}V_x \tag{7.14}$$

式（7.14）等号右边的积分项可以写为

$$\begin{aligned}
&\int_{R_0}\int_{R_0} k(x,x') n \frac{[H(x') - H(x)]}{|xx'|} \mathrm{d}V_{x'} \mathrm{d}V_x \\
&= \int_{R_0}\int_{R_0} k(x,x') n \frac{H(x')}{|xx'|} \mathrm{d}V_{x'} \mathrm{d}V_x - \int_{R_0}\int_{R_0} k(x,x') n \frac{H(x)}{|xx'|} \mathrm{d}V_{x'} \mathrm{d}V_x \\
&= \int_{R_0}\int_{R_0} k(x,x') n \frac{H(x')}{|xx'|} \mathrm{d}V_{x'} \mathrm{d}V_x - \int_{R_0}\int_{R_0} k(x',x) n \frac{H(x)}{|x'x|} \mathrm{d}V_x \mathrm{d}V_{x'} \\
&= 0
\end{aligned} \tag{7.15}$$

将式（7.15）代入式（7.14）可得

$$\int_{R_0} \frac{\partial Q(x)}{\partial t} \mathrm{d}V_x = \int_{R_0} S(x) \mathrm{d}V_x \tag{7.16}$$

式（7.16）表明模型总含水量的变化量只与外部水源有关。水在物质点之间的流动满足质量守恒定律。

7.2.2 近场动力学渗透系数

近场动力学渗透系数可以通过运用近场动力学方法计算出的流过单位截面的水流量与运用达西定律求出的流过单位截面的水流量相等得到，进而得到近场动力学渗透系数 $k(x, x')$与经典的渗透系数 K 之间的关系。

如果在物质点 x 处存在一截面 S，$S_\perp$ 为该截面的法线方向，如图 7.4 所示，则物质点 x 与 x'的水流量在 $S_\perp$ 上的分量为

$$J_\perp(x,x') = J(x,x')\frac{xx'}{|xx'|}\cdot S_\perp \tag{7.17}$$

式中，$S_\perp$ 为截面 S 法线方向的单位矢量。

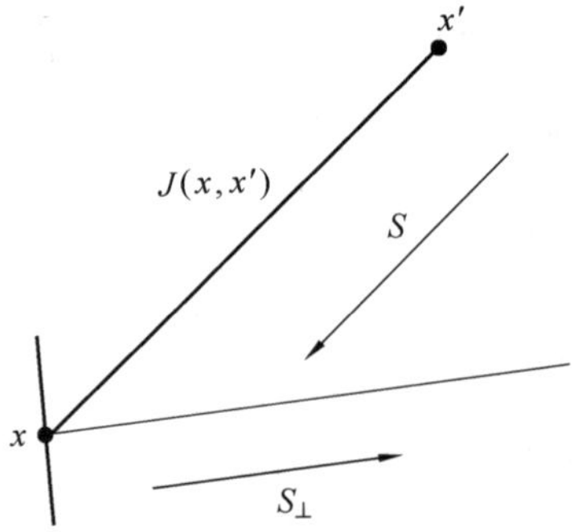

图 7.4　水流分量示意图

1. 一维渗流

近场动力学一维渗流模型如图 7.5 所示，其物质点间距为Δx，影响域大小设为$\delta = 3.015\Delta x$。质点 x 的影响域范围内，有左边物质点 x_{l1}、x_{l2}、x_{l3} 和右边物质点 x_{r1}、x_{r2}、x_{r3} 与之相互作用。假设左边物质点的水头高于右边物质点，则水流将会从左向

右流动。设在物质点 x 处存在一垂直于模型的截面 S，则通过截面 S 的水流量为图 7.5 四种情况的叠加。

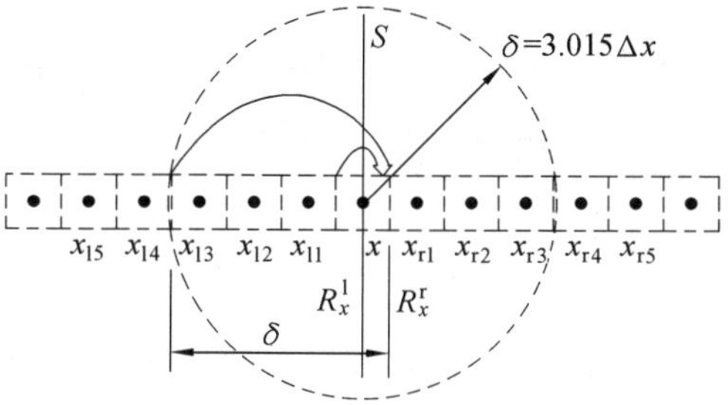

（a）物质点 x_{l1}、x_{l2}、x_{l3} 流向 x

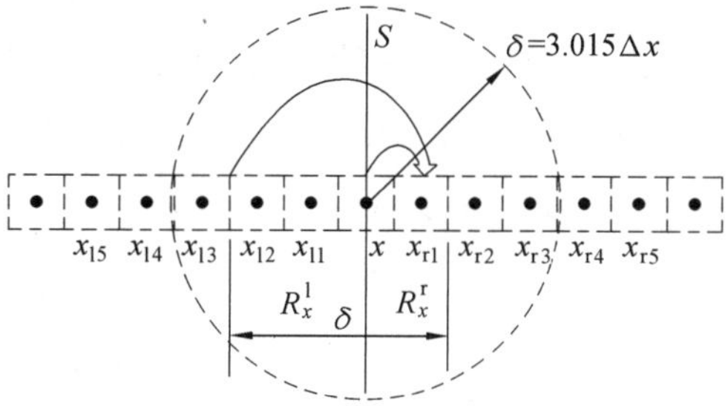

（b）物质点 x_{l1}、x_{l2}、x 流向 x_{r1}

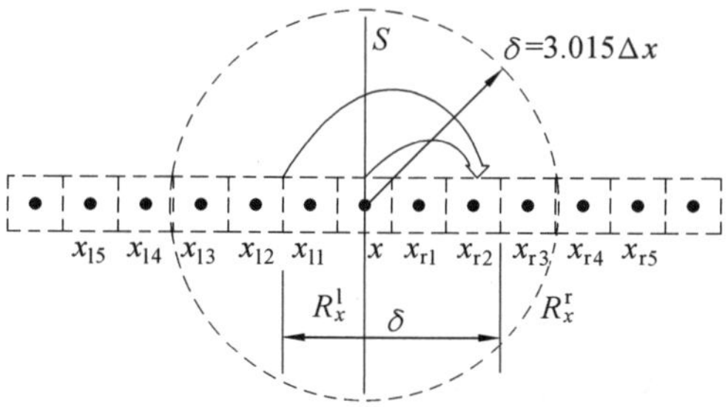

（c）物质点 x_{l1}、x 流向 x_{r2}

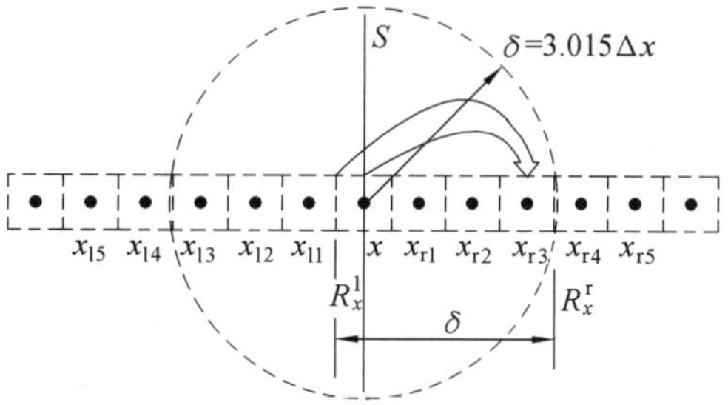

（d）物质点 x 流向 x_{r3}

图 7.5　近场动力学一维渗流模型

图 7.5(a)表示在物质点 x 影响域范围内左边物质点 x_{l1}、x_{l2}、x_{l3} 中的水通过“键”向物质点 x 渗流，水流通过截面 S。物质点 x 与物质点 x_{l3} 的间距为 $3\Delta x$，小于影响域半径δ，物质点 x 与物质点 x_{l3} 之间存在渗流；而离物质点 x 更远的物质点 x_{l4}，由于其间距为 $4\Delta x$，大于影响域半径，因此物质点 x 与物质点 x_{l4} 之间不存在渗流。

图 7.5（b）表示物质点 x_{l1}、x_{l2} 和 x 中的水通过“键”向物质点 x_{r1} 渗流，水流通过截面 S。物质点 x_{l2} 与物质点 x_{r1} 的间距为 $3\Delta x$，小于影响域半径δ，满足近场动力学渗流条件。

图 7.5（c）表示物质点 x_{l1} 和 x 中的水通过“键”向物质点 x_{r2} 渗流，水流通过截面 S。物质点 x_{r1} 中的水也可以通过“键”向物质点 x_{r2} 渗流，但水流没有通过截面 S，故不考虑该部分水流。物质点 x_{l1} 与物质点 x_{r2} 的间距为 $3\Delta x$，小于影响域半径δ，满足近场动力学渗流条件。

图 7.5（d）表示物质点 x 和 x_{r3} 中的水通过“键”向物质点 x_{r3} 渗流，水流通过截面 S。物质点 x_{r1} 和 x_{r2} 中的水也可以通过“键”向物质点 x_{r3} 渗流，但水流没有通过截面 S，故不考虑该部分水流。物质点 x 与物质点 x_{r3} 的间距为 $3\Delta x$，小于影响域半径δ，满足近场动力学渗流条件。

为了方便理论推导，将上述离散模型简化为连续介质模型，如图 7.6 所示，物质点 x 的影响域范围为$[x-\delta, x+\delta]$。

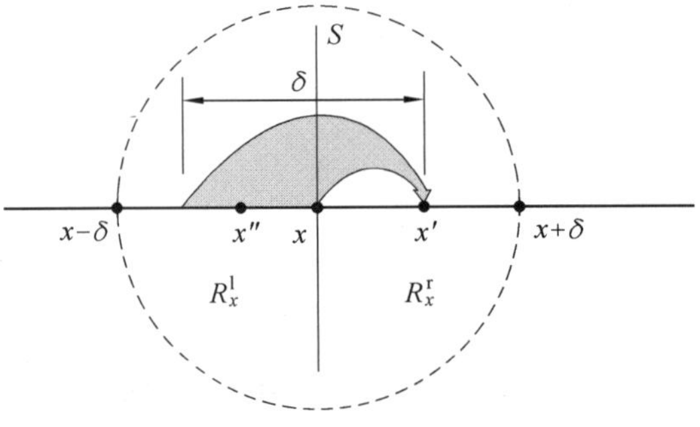

图 7.6　近场动力学一维渗流连续介质模型

设物质点 x 影响域范围内左边物质点 x_{l1}、x_{l2} 和 x_{l3} 等所在的子域为 R_x^{l}，右边物质点 x_{r1}、x_{r2} 和 x_{r3} 等所在的子域为 R_x^{r}，则

$$R_x^{\mathrm{l}} = \left\{ x_{\mathrm{l}} \in R_0 \mid x x_{\mathrm{l}} \cdot S_{\perp} > 0 \right\} \tag{7.18}$$

$$R_x^{\mathrm{r}} = \{x_{\mathrm{r}} \in R_0 \big| x_{\mathrm{r}} \notin R_x^{\mathrm{l}}\} \tag{7.19}$$

将子域 R_x^{r} 中的物质点与子域 R_x^{l} 中的物质点间距小于等于 δ 的物质点定义为 $R_{x_{\mathrm{r}}}^{\mathrm{l}}$，则 $R_{x_{\mathrm{r}}}^{\mathrm{l}}$ 可表示为

$$R_{x_{\mathrm{r}}}^{\mathrm{l}} = \{x_{\mathrm{r}}' \in R_x^{\mathrm{r}} \big| \, |x_1 x_{\mathrm{r}}'| \leqslant \delta,\ \ x_1 \in R_x^{\mathrm{l}}\} \tag{7.20}$$

将通过截面 S 的所有流量求和，可得近场动力学渗流模型渗流量公式：

$$q_{\perp S}(x) = -\int_{R_{x_{\mathrm{r}}}^{\mathrm{l}}} \int_{R_x^{\mathrm{r}}} J_{\perp}(x_{\mathrm{r}} x_{\mathrm{r}}') \mathrm{d}V_{x_{\mathrm{r}}} \mathrm{d}V_{x_{\mathrm{r}}'} \tag{7.21}$$

如图 7.6 所示，$R_{x_{\mathrm{r}}}^{\mathrm{l}}$ 中的物质点坐标为 x''，R_x^{r} 中的物质点坐标为 x'，则根据式（7.7）、式（7.7）和式（7.17），式（7.21）可写为

$$q(x) = -\int_{x-\delta}^{x} \int_{x}^{x''+\delta} k(x', x'') n \frac{[H(x'') - H(x')]}{|x'x''|} \mathrm{d}x' \mathrm{d}x'' \tag{7.22}$$

根据达西定律可得渗流量的表达式为

$$q(x) = K \frac{\partial H(x)}{\partial x} \tag{7.23}$$

对比式（7.22）与式（7.23）可以看出，运用近场动力学理论求解的渗流表达式采用积分的形式，避免了在水头突降区域采用微分求解而导致的奇异性。

为了方便计算，假设图 7.6 所示的模型在水平方向受到一个线性水力梯度场 $H(x) = ax + c$ 的作用。因此，根据达西定律，在物质点 x 处的渗透流量为

$$q(x) = -Ka \tag{7.24}$$

式中，K 为渗透系数；a 为水力梯度。将水力梯度场 $H(x) = ax + c$ 代入式（7.22）可得近场动力学渗透流量

$$q(x) = -\int_{x-\delta}^{x} \int_{x}^{x''+\delta} k(x', x'') a \mathrm{d}x' \mathrm{d}x'' \tag{7.25}$$

设每根“键”的近场动力学渗透系数都相等，$k(x', x'') = k$，则由式（7.25）可得

$$q(x) = -\int_{x-\delta}^{x}\int_{x}^{x''+\delta} ka\mathrm{d}x'\mathrm{d}x'' - \int_{x-\delta}^{x}\int_{x}^{x''+\delta} ka\mathrm{d}x'\mathrm{d}x'' = -\int_{x-\delta}^{x} ka(x''+\delta-x)\mathrm{d}x'' = -\frac{ka\delta^2}{2} \quad (7.26)$$

式（7.24）应与式（7.26）相等，则可求出近场动力学渗透系数与经典渗透系数的关系为

$$k = \frac{2K}{\delta^2} \quad (7.27)$$

2. 二维渗流

近场动力学二维渗流连续模型如图 7.7 所示。物质点 x 处存在一截面 S，截面 S 的法线方向 $S_\perp$ 与横坐标的夹角为 ϕ。本模型将计算通过物质点 x 且垂直于截面 S 的渗透流量，在极坐标系下，物质点 x 的坐标为(0, 0)；物质点 x'的坐标为 (r',θ)；物质点 x''的坐标为 $(r'',\theta+\pi)$；物质点 x、x'和 x''正好处于一条直线上。为了保证物质点 x''处的水能流向物质点 x'，x'与 x''的距离应小于等于影响域半径δ，故

$$r' + r'' \leqslant \delta \quad (7.28)$$

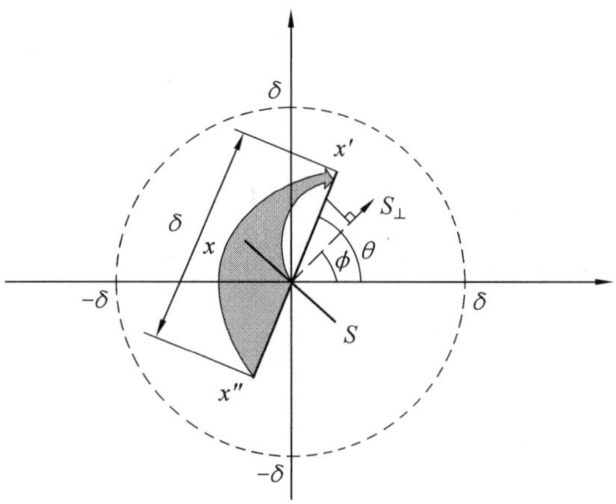

图 7.7　近场动力学二维渗流连续模型

如图 7.7 所示，点(0,0)与点 $(r'',\theta+\pi)$ 之间的物质点中存储的水将通过“键”经过物质点 x 向物质点 $x'(r',\theta)$ 渗流，其水流量在 $S_\perp$ 上的分量为

$$J_{S\perp}(x',x'')=J(x',x'')\frac{x'x''}{|x'x''|}\cdot S_{\perp}=J(x',x'')\cos(\theta-\phi) \tag{7.29}$$

与一维渗流模型类似，先对角度为θ的“键”上渗流积分，根据式（7.21）可得：

$$q(\theta)=\int_{\delta}^{0}\int_{0}^{\delta-r''}J_{S\perp}(x',x'')\mathrm{d}r'\mathrm{d}r'' \tag{7.30}$$

再将式（7.30）在角度θ沿$\left(\phi-\frac{\pi}{2},\phi+\frac{\pi}{2}\right)$积分

$$\begin{aligned}q(\phi)&=\int_{\phi-\frac{\pi}{2}}^{\phi+\frac{\pi}{2}}\int_{\delta}^{0}\int_{0}^{\delta-r''}J_{S\perp}(x',x'')\mathrm{d}r'\mathrm{d}r''|x'x''|\mathrm{d}\theta\\&=\int_{\phi-\frac{\pi}{2}}^{\phi+\frac{\pi}{2}}\int_{\delta}^{0}\int_{0}^{\delta-r''}J(x',x'')\cos(\theta-\phi)\mathrm{d}r'\mathrm{d}r''|x'x''|\mathrm{d}\theta\\&=\int_{\phi-\frac{\pi}{2}}^{\phi+\frac{\pi}{2}}\int_{\delta}^{0}\int_{0}^{\delta-r''}k(x',x'')[H(x'')-H(x')]\cos(\theta-\phi)\mathrm{d}r'\mathrm{d}r''\mathrm{d}\theta\end{aligned} \tag{7.31}$$

为了方便计算，设模型受到线性水力梯度场$H(x)=ax\cdot\hat{j}+c$的作用，$\hat{j}=(1,0)$，则

$$H(x'')-H(x')=a(r'+r'')\sin\theta \tag{7.32}$$

设每根“键”的近场动力学渗透系数都相等，$k(x',x'')=k$，将式（7.32）代入式（7.31）可得：

$$q(\phi)=\int_{\phi-\frac{\pi}{2}}^{\phi+\frac{\pi}{2}}\int_{\delta}^{0}\int_{0}^{\delta-r''}k(x',x'')a(r'+r'')\sin\theta\cos(\theta-\phi)\mathrm{d}r'\mathrm{d}r''\mathrm{d}\theta=-\frac{1}{6}ka\pi\delta^{3}\sin\phi \tag{7.33}$$

而根据达西定律，在物质点x处沿ϕ方向的渗流量为

$$q(\phi)=-Ka\sin\phi \tag{7.34}$$

式（7.33）应与式（7.34）相等，则可求出近场动力学渗透系数与经典渗透系数的关系为

$$k = \frac{6K}{\pi\delta^3} \tag{7.35}$$

根据近场动力学理论单位面积渗流量与达西定律求出的单位面积渗流量相等的基本思想，得到了一维和二维微观近场动力学渗透系数与宏观的渗透系数的关系。

7.2.3 近场动力学渗流方程离散化

1. 离散化

近场动力学渗流模型是一种非局部的无网格法，需要将式（7.13）进行离散化。与前面类似，可将孔隙中水的体积对时间的微分用差分法离散：

$$\frac{\partial Q(x)}{\partial t} \approx \frac{Q(x,t) - Q(x,t-\Delta t)}{\Delta t} \tag{7.36}$$

式中，Δt 为计算的时间步长。在程序实现时，其迭代过程如下：

$$Q(x,t) = Q(x,t-\Delta t) + \frac{\partial Q(x)}{\partial t}\Delta t \tag{7.37}$$

式（7.13）中的积分项可以运用求和的方式进行离散：

$$\int_{R_0} k(x,x')\frac{[H(x') - H(x)]}{|xx'|}\mathrm{d}V_{x'} \approx \sum_{j=1}^{m} k(x,x_j)\frac{[H(x_j) - H(x)]}{|xx_j|}V_j \tag{7.38}$$

式中，x 表示当前计算的物质点；x_j 表示物质点 x 影响域范围内的其他物质点；m 表示物质点 x 影响域范围内物质点的数量；$H(x_j)$为物质点 x_j 的水头；$H(x)$为物质点 x 的水头；V_j 表示物质点 x_j 所占空间的体积。

式（7.13）可以离散为

$$\frac{Q(x,t) - Q(x,t-\Delta t)}{\Delta t} = \sum_{j=1}^{m} k(x,x_j)\frac{[H(x_j) - H(x)]}{|xx_j|}V_j + S(x) \tag{7.39}$$

2. 物质点中水的增量与水头增量的关系

根据式（7.38）可以计算出迭代步Δt之内每个物质点含水量的变化量$\Delta Q(x, t)$，物质点中含水量的改变必然会导致物质点水头改变，再将物质点水头的改变量叠加到上一迭代步所算出的水头上就可以得到当前计算步水头。

根据多孔介质的 Biot 本构关系，多孔介质中的体积应变与孔隙水压力的关系为

$$\zeta=\frac{\sigma_{kk}}{3H}+\frac{p}{R} \tag{7.40}$$

式中，ζ 为多孔介质中液体的体积应变；H 和 R 为表征固体、流体应力和应变之间关系的耦合系数，量纲都为应力量纲；$\frac{\sigma_{kk}}{3}$ 为球应力张量，本节只考虑多孔介质渗流，故不考虑应力张量的影响。

液体的体积应变定义为

$$\zeta=\frac{\Delta Q}{nV_x} \tag{7.41}$$

式中，ΔQ 为近场动力学物质点上含水量的改变量；V_x 为该物质点所占空间的体积；n 为多孔介质的孔隙率。

只考虑渗流的情况下，根据式（7.40）和式（7.41）可得物质点 x 中水的增量与水头增量的关系：

$$\frac{\Delta Q(x)}{nV_x}=\frac{\rho g\Delta H(x)}{R} \tag{7.42}$$

式中，ρ 为孔隙液体密度；g 为重力加速度。

7.2.4　均质岩体地下水渗流模型模拟试验

1. 一维稳态渗流模拟试验

稳态渗流是指多孔介质的流场中各个空间点上的物理量（如压力、流速等）均与时间无关。在实际问题中，如果流入端和流出端保持恒定不变的流量和压力较长时间，则可以近似认为渗流是稳态的。

为了验证本书所推导的近场动力学渗流理论的正确性，对一简单的一维单向稳态渗流模型进行模拟。一维单向稳态渗流模型示意图如图 7.8 所示，计算区域岩体长度为 L=1 m，厚度为 H=0.4 m，岩体上、下面为不透水层，左、右边界为透水层。左边界施加压强为 p_I 的水压，右边界施加压强为 p_O 的水压，且 $p_I>p_O$。岩体孔隙率为 n=0.05，不考虑重力对孔隙水压力的影响，设初始时刻透水层里的孔隙水压力为零，随着边界条件的施加，外部水源从岩体左边界进入透水层并向右侧渗流。

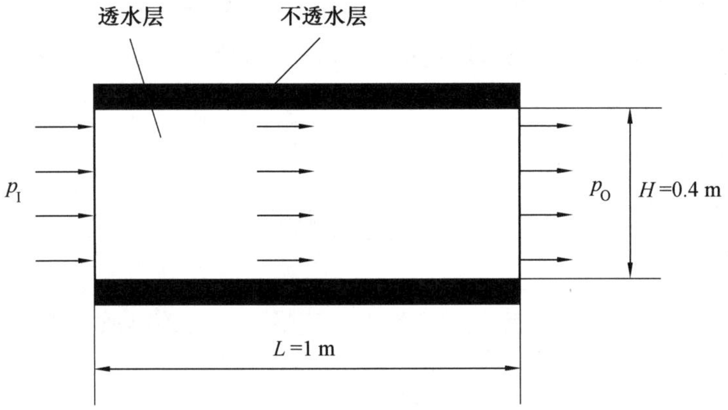

图 7.8　一维单向稳态渗流模型示意图

一维渗流问题的渗流方程为

$$\frac{\partial h}{\partial t}=\frac{1}{S}k_x\frac{\partial^2 h}{\partial x^2} \tag{7.43}$$

则该问题的方程和定解条件可以写为

$$\begin{cases}\dfrac{\mathrm{d}^2 p}{\mathrm{d}x^2}=0\\ p(x=0)=p_I\\ p(x=L)=p_O\end{cases} \tag{7.44}$$

解上式可得压力分布函数为

$$p(x) = p_{\mathrm{I}} - (p_{\mathrm{I}} - p_{\mathrm{O}})\frac{x}{L} \tag{7.45}$$

一维渗流数值模拟参数见表 7.1。

表 7.1　一维渗流数值模拟参数

参数名称	参数值
流入端水压力 p_{I}	40 kPa
流出端水压力 p_{O}	10 kPa
渗透系数 K	0.043 2 m/d
物质点数	200×80=16 000
物质点间距 Δx	0.005 m
影响域 δ	3.015Δx
时间步长	1.0×10^{-3} d

渗流场中不同渗流时间下的孔隙水压力云图如图 7.9 所示，岩体在左侧施加 p_{I} = 40 kPa、右侧施加 p_{O}=10 kPa 的孔隙水压力下开始渗流。由于初始时刻渗透层不含孔隙水，故渗流在岩体的左右两边同时进行。随着渗流时间的推移，外部水源沿岩体边界渗入岩体，岩体孔隙水压力逐渐变化，最终岩体渗流场趋于稳定，形成稳态渗流。

不同渗流时间下孔隙水压力的近场动力学数值解与解析解如图 7.10 所示，为了更直观地对比孔隙水压力的近场动力学数值解与解析解，选取了模型中间排物质点的孔隙水压力数据。在不同的渗流时间下，渗流场均沿水平方向呈非线性光滑分布，随着渗流时间的增加，岩体中的孔隙水压力逐渐增大，最后趋近解析解。这证明了近场动力学渗流理论能够很好地解决一维稳态渗流问题。

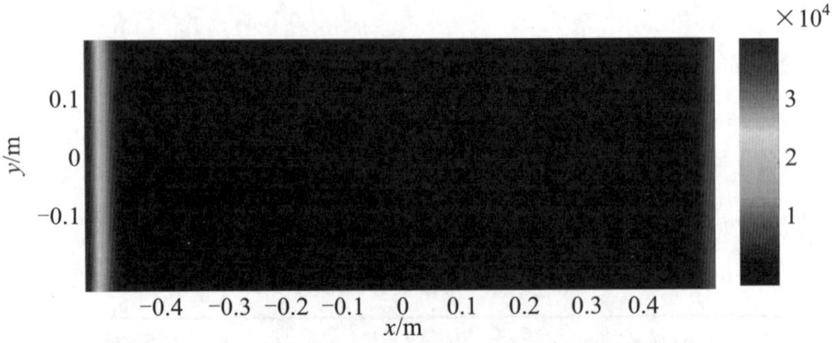

（a）t=0.1 d

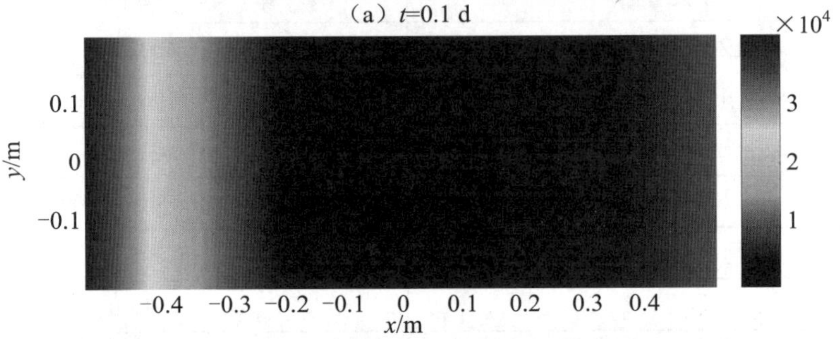

（b）t=2 d

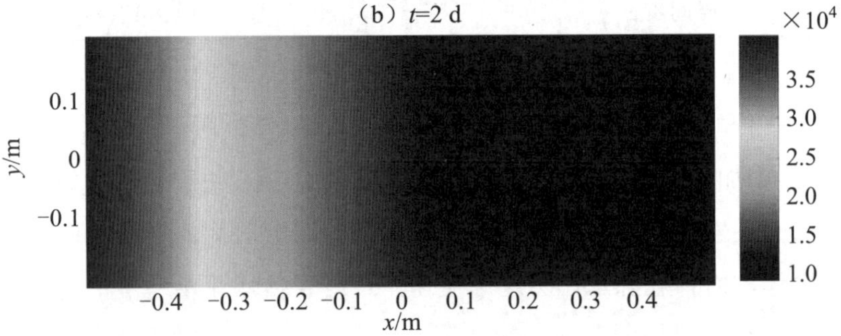

（c）t=4 d

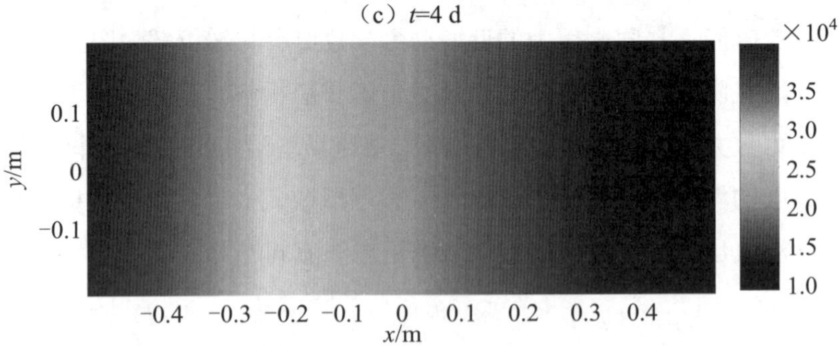

（d）t=6 d

图 7.9　渗流场中不同渗流时间下的孔隙水压力云图

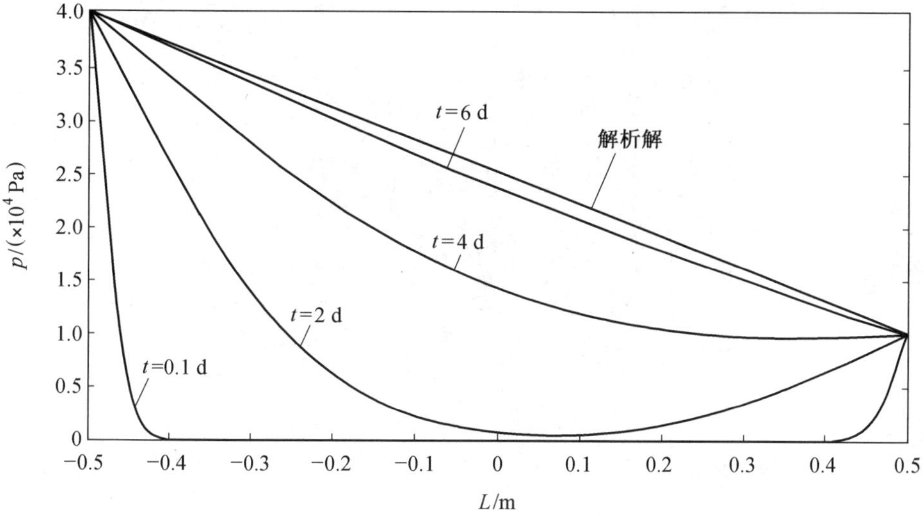

图 7.10　不同渗流时间下孔隙水压力的近场动力学数值解与解析解

2. 二稳渗流模拟试验

为了验证所推导的近场动力学渗流理论求解二维渗流问题的正确性，本节将运用近场动力学渗流理论计算一个简单的五点井网问题。五点井网布井方式是石油开采过程中常见的布井方式，每口采油井受四口注水井影响，注水后油井见效快，采油速度高。五点井网布井法示意图如图 7.11 所示，通过在四个角点的注水井中强制注水使岩体中的石油在注水的驱动下从中间的井点涌出，从而开采岩体中的石油，是一种强采强注的开采方式。

如图 7.11 所示，为了方便计算，取模型尺寸为 $L\times L$=400 m×400 m，在角点(0, 0)和(400, 400)的位置设置井点，并分别施加 8 MPa 和−8 MPa 的水压力，模型的其他地方不设置井点。模型四周为不透水层，因此孔隙水将通过角点(0, 0)处的井点流入岩体，最后从(400, 400)处的井点流出，设初始状态岩体处于饱和含水状态，孔隙水压力为 0。

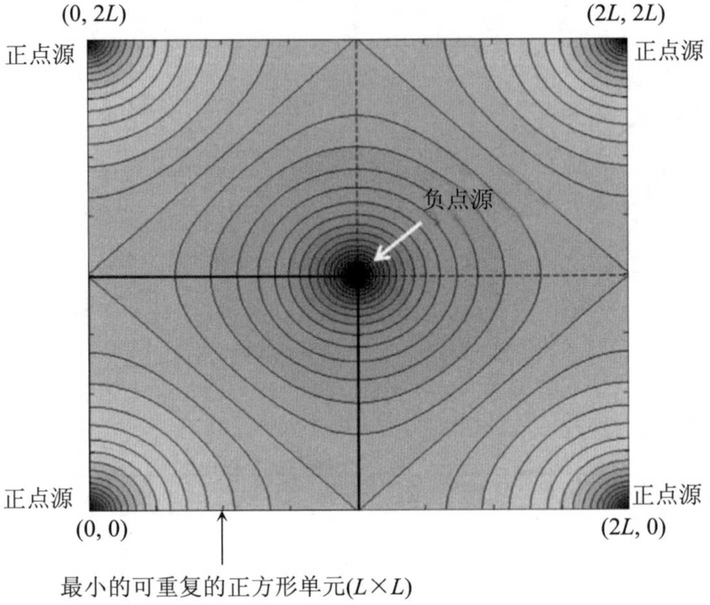

图 7.11　五点井网布井法示意图

二维渗流数值模拟参数见表 7.2。

表 7.2　二维渗流数值模拟参数

参数名称	参数值
流入端水压力 p_{I}	8 MPa
流出端水压力 p_{O}	−8 MPa
渗透系数 K	0.034 2 m/d
物质点数	200×200=40 000
物质点间距Δx	2 m
影响域δ	3.015Δx
时间步长	1.0×10^{-3} d

不同时刻岩体中孔隙水压力云图如图 7.12 所示，为了模拟井点注水和井点抽水，在角点(0,0)和角点(400,400)处分别取 4×4 个物质点作为流入端水压力和流出端水压

力物质点，并且在迭代计算过程中对这两组物质点分别持续施加 8 MPa 和-8 MPa 的水压力。从图中可以看出入水端和流出端附近的渗流速度较快，孔隙水压力变化梯度较大，并且随着时间的增加，渗流场逐渐趋于稳定。稳态渗流孔隙水压力云图如图 7.13 所示，对比图 7.12（d）与图 7.13 可以看出，运用近场动力学渗流场数值解与解析解有相当高的吻合度，证明了近场动力学渗流理论能够合理、有效地分析地下水渗流场问题。

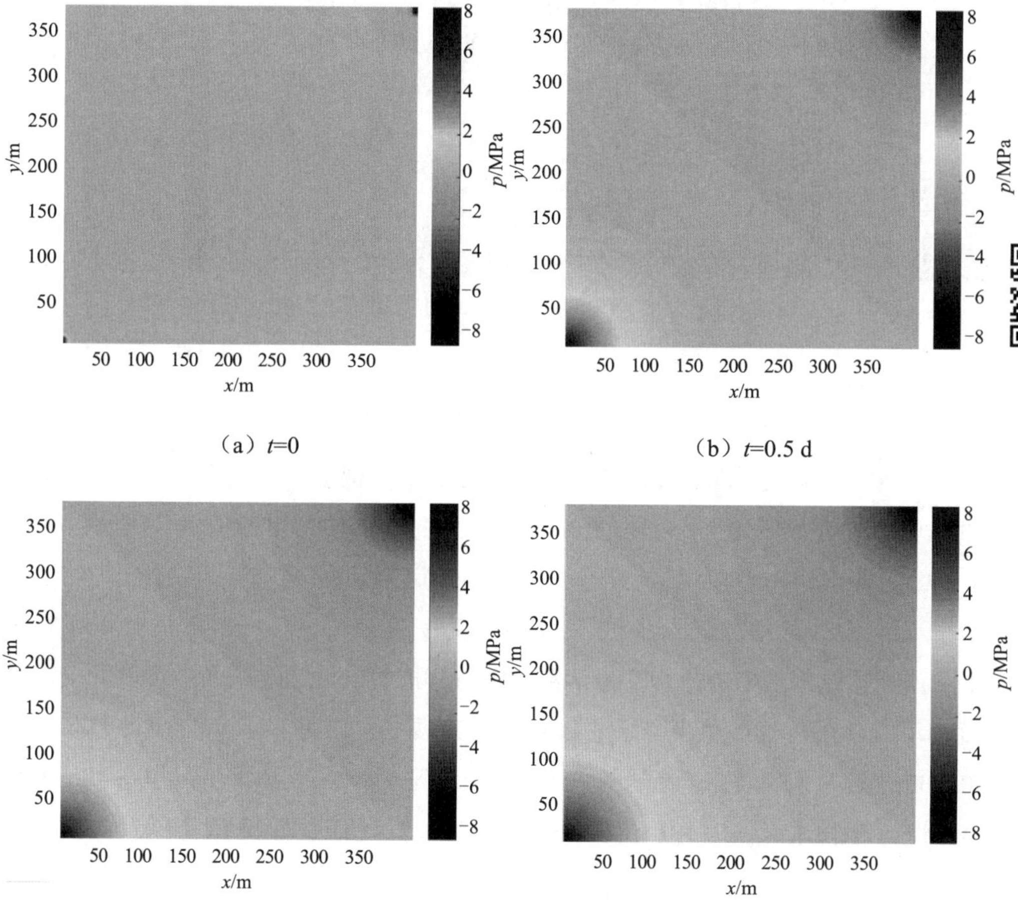

（a）t=0　　（b）t=0.5 d

（c）t=1.5 d　　（d）t=2 d

图 7.12　不同时刻岩体中孔隙水压力云图

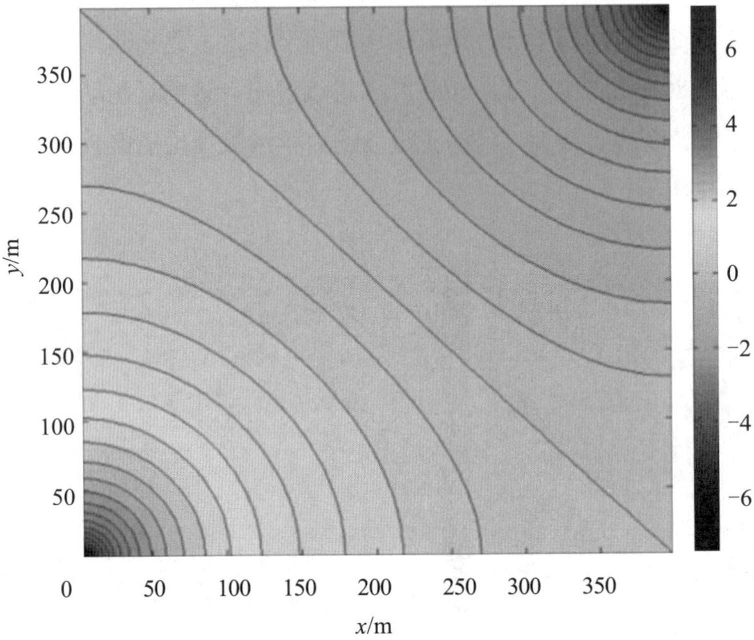

图 7.13　稳态渗流孔隙水压力云图

为了能够更加直观地观测渗流场数据，提取了模型中不同位置物质点的孔隙水压力与理论值进行对比，不同位置孔隙水压力的近场动力学数值解与解析解如图 7.14 所示。图 7.14（a）为点(0, 0)与点(400, 400)连线上的物质点孔隙水压力的近场动力学数值解与解析解的对比，图 7.14（b）为 $y = \Delta y / 2$ 和 $y = L - \Delta y / 2$ 两条直线上的物质点孔隙水压力的近场动力学数值解与解析解的对比。从图中可以看出，运用近场动力学渗流场数值解与解析解能很好地吻合，在水流流入端(0,0)和流出端(400, 400)附近数值解与解析解存在一定偏差，这是因为在角点(0, 0)和(400, 400)采用了 4×4=16 个物质点作为水流流入端和流出端，与解析解模型假设不一致。

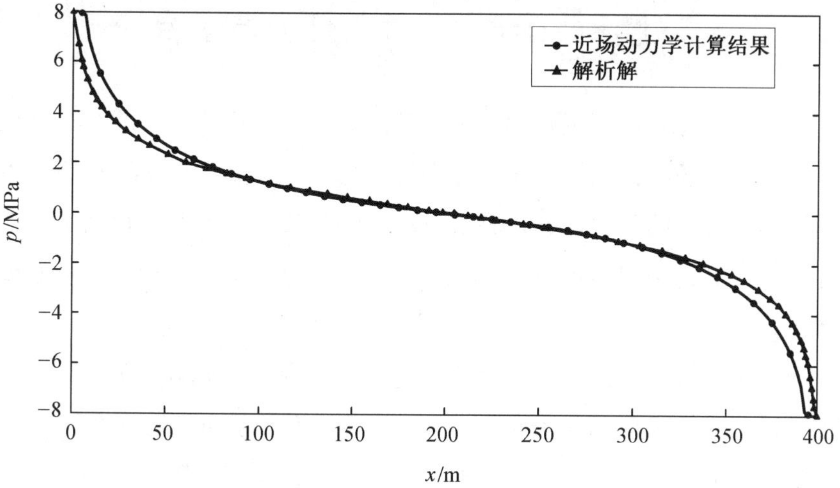

（a）模型对角线 $y=x$ 上物质点水压力与解析解对比

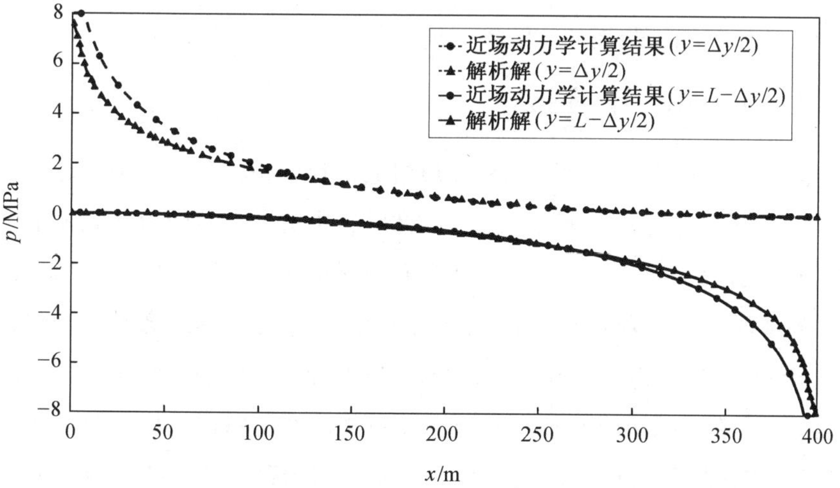

（b）模型上下边界 $y=\Delta y/2$ 和 $y=L-\Delta y/2$ 上物质点水压力与解析解对比

图 7.14　不同位置孔隙水压力的近场动力学数值解与解析解

7.3 近场动力学渗流场与应力场耦合理论

工程岩体中含有大量不规则的节理、裂纹等缺陷，这些缺陷的存在为地下水提供了存储和转移的场所。根据裂纹岩体的这一特性，本书将裂纹岩体简化为多孔介质。根据近场动力学的基本理论，将近场动力学物质点视为可以存储水的孔隙，将物质点与物质点间的键视为可以传递水流（不可以存储水）的管道，从而模拟多孔介质的渗流。

一方面，岩体应力场的改变必然会引起岩体的变形，影响孔隙的大小及微裂纹的张开度，从而影响岩体的渗透系数，同时改变岩体中孔隙水压力的大小，进而影响渗流场；另一方面，渗流场的改变必然会导致裂纹岩体孔隙水压力的变化，影响岩体的应力场。本节将通过在近场动力学渗流方程中引入受应力场影响的近场动力学渗透系数来考虑应力场对渗流场的影响，同时近场动力学力状态本构方程中根据有效应力原理引入渗流场应力的体积应变来考虑渗流场对应力场的影响。最后，编制相应的数值计算程序验证该方法的正确性。

7.3.1 等效孔隙水压力系数

对于含水的多孔介质主要由两种介质组成：骨架颗粒和水，当其达到饱和含水状态时，多孔介质中的应力可以分解为固体骨架上所受有效应力和孔隙水压力。多孔介质饱和含水状态如图 7.15 所示，在多孔介质饱和含水层中做一面积为 A 的水平面，其上施加的总压力为 $A\boldsymbol{\sigma}$，平面包含固体颗粒和含水孔隙两部分。固体颗粒与固体颗粒的接触面积为 mA，这部分接触面积只占总面积 A 的很小一部分，即 $m \ll 1$，孔隙水与岩石接触的面积为$(1-m)A$。于是根据力的平衡原理，总面积 A 上的应力等于固体与固体接触部分应力 $m\boldsymbol{\sigma}_{\mathrm{s}}$ 和孔隙水与固体接触部分压力$(1-m)p$ 之和，即

$$\boldsymbol{\sigma} = m\boldsymbol{\sigma}_{\mathrm{s}} + (1-m)p \tag{7.46}$$

式中，$\boldsymbol{\sigma}_{\mathrm{s}}$ 为固体应力；p 为孔隙水压力；$m\boldsymbol{\sigma}_{\mathrm{s}}$ 称为固体骨架的有效应力，记为 $\boldsymbol{\sigma}'$。

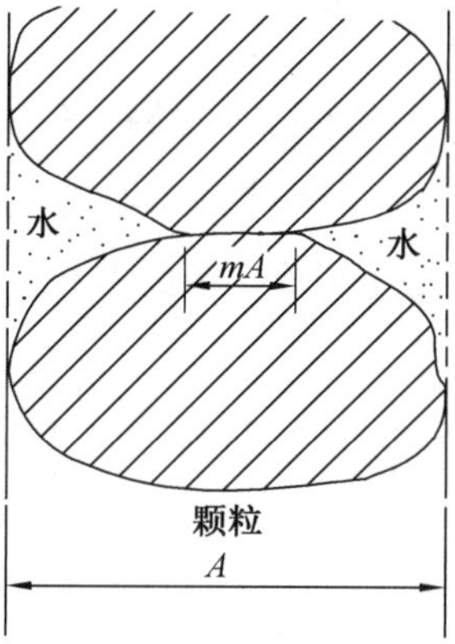

图 7.15　多孔介质饱和含水状态

由于 m 的值很小，因此 $(1-m)p \approx p$ ，所以式（7.46）可以改写为

$$\boldsymbol{\sigma} = \boldsymbol{\sigma}' + p \tag{7.47}$$

式（7.47）为 Terzaghi 所提出的有效应力原理。然而，该有效应力原理却存在一定的缺陷。Skempton 发现 Terzaghi 有效应力原理可以近似用于散体介质材料，但却不适用于岩石类材料。为此，需要对 Terzaghi 有效应力原理进行修正。由于岩石类材料孔隙远小于散体材料，即式（7.46）中的系数 m 不再远小于 1，故不能再忽略 m 值对孔隙水压力的影响。因此引入孔隙水压力修正系数α，将孔隙中的孔隙水压力 p 折算到对表征单元的影响修正为αp，α 称为等效孔隙水压力系数（也称为有效应力系数），取值范围为 $0<\alpha<1$，它是表征孔隙和裂纹力学性质的参数。对于岩石类材料，式（7.47）需改写为

$$\boldsymbol{\sigma} = \boldsymbol{\sigma}' + \alpha p \tag{7.48}$$

Robinson 和 Handin 等通过试验测出了不同岩石孔隙水压力修正系数。赵阳升等通过对孔隙瓦斯作用下煤体有效应力规律的试验研究，得出了等效孔隙压力系数是体积应力和孔隙压力的双线性函数，确定了等效孔隙水压力系数的四个分布区：类土作用区($\alpha=1$)、压裂作用区($0<\alpha<1$)、正常作用区($0<\alpha<1$)和非作用区($\alpha=1$)。

7.3.2 近场动力学流固耦合本构关系

岩体的有效应力是岩体不均匀的孔隙、裂纹在孔隙水压力作用下的宏观响应的平均表示。Biot 根据有效应力原理，在考虑多孔介质本构关系时将孔隙流体的压力 p 和水容量的增量ΔV 也列为状态改变量。考虑多孔弹性介质时，其本构关系为

$$\begin{cases} \boldsymbol{\varepsilon}_{ij} = \dfrac{\sigma_{ij}}{2G} - \dfrac{1}{2G}\dfrac{\nu}{1+\nu}\boldsymbol{\sigma}_{kk}\delta_{ij} + \dfrac{1-2\nu}{2G(1+\nu)}\alpha p\delta_{ij} \\ \zeta = \dfrac{\sigma_{kk}}{3H} + \dfrac{\boldsymbol{p}}{R} \end{cases} \tag{7.49}$$

式中，p 为孔隙水压力；$\boldsymbol{\zeta}$为一个无量纲的量，表征多孔介质中流体含量的改变，其定义为单位体积多孔介质材料中流体体积的改变，即可以将$\boldsymbol{\zeta}$视为多孔介质中流体的体积应变；H 和 R 为表征固体、流体应力和应变之间关系的耦合系数，量纲为应力量纲。$\dfrac{\boldsymbol{\sigma}_{ij}}{2G} - \dfrac{1}{2G}\dfrac{\nu}{1+\nu}\boldsymbol{\sigma}_{kk}\delta_{ij}$ 为经典弹性项；$\dfrac{1-2\nu}{2G(1+\nu)}\alpha p\delta_{ij}$ 为孔隙压力附加项；α 为等效孔隙水压力系数。α、R 和 H 之间的关系为

$$\alpha = \frac{3\lambda+2G}{3H} \tag{7.50}$$

$$\frac{1}{R} = \frac{1}{Q} + \frac{\alpha}{H} \tag{7.51}$$

式中，λ和 G 为拉梅常数；$\dfrac{1}{Q}$ 表示多孔介质总体积不变的情况下，在水压作用下进入孔隙介质中的水量。对于饱和岩体，在介质总体积不变的情况下进入介质孔隙中的水量可以忽略，$\dfrac{1}{Q} \approx 0$。因此，根据式（7.50）和式（7.51）可得耦合系数 H 和 R 为

$$H = \frac{3\lambda+2G}{3\alpha} \tag{7.52}$$

$$R = \frac{3\lambda+2G}{3\alpha^2} \tag{7.53}$$

当用流体的体积应变$\boldsymbol{\zeta}$作为耦合参量的多孔介质本构关系时，式（7.49）可以写为

$$\begin{cases}\boldsymbol{\varepsilon}_{ij}=\dfrac{\boldsymbol{\sigma}_{ij}}{2G}-\dfrac{1}{2G}\cdot\dfrac{\nu_{\mathrm{u}}}{1+\nu_{\mathrm{u}}}\boldsymbol{\sigma}_{kk}\delta_{ij}+\dfrac{B}{3}\zeta\delta_{ij}\\ \boldsymbol{\zeta}=\dfrac{\boldsymbol{\sigma}_{kk}}{3H}+\dfrac{p}{R}\end{cases} \tag{7.54}$$

式中，B 为斯肯普顿（Skempton）孔隙压力系数。令式（7.54）第二式中的$\boldsymbol{\zeta}=\mathbf{0}$，则表示多孔介质非排水情况的体积响应，此时 $p=\dfrac{R}{H}\cdot\dfrac{\boldsymbol{\sigma}_{kk}}{3}=B\dfrac{\boldsymbol{\sigma}_{kk}}{3}$，因此斯肯普顿孔隙压力系数的物理意义为球应力张量对孔隙水压力的影响 $B\in[0,1]$，对于各向同性的多孔介质斯肯普顿孔隙压力系数可以表示为

$$B=\frac{3(\nu_{\mathrm{u}}-\nu)}{\alpha(1-2\nu)(1+\nu_{\mathrm{u}})} \tag{7.55}$$

$$\nu_{\mathrm{u}}=\frac{3K_{\mathrm{u}}-2G}{2(3K_{\mathrm{u}}+G)} \tag{7.56}$$

式中，G 为剪切模量；K_{u} 为非排水体积模量；ν_{u} 为非排水泊松比。K_{u} 有

$$K_{\mathrm{u}}=K_{\mathrm{v}}\left(1+\frac{K_{\mathrm{v}}R}{H^2-K_{\mathrm{v}}R}\right) \tag{7.57}$$

式中，K_{v} 为体积模量。

将式（7.49）中孔隙压力附加项 $\dfrac{1-2\nu}{2G(1+\nu)}\alpha p\delta_{ij}$ 代入式（5.40）中，可得考虑了孔隙水压影响的格林-拉格朗日应变张量：

$$\boldsymbol{E}'=\frac{1}{2}(\boldsymbol{F}^{\mathrm{T}}\boldsymbol{F}-I)+\frac{1-2\nu}{2G(1+\nu)}\alpha pI \tag{7.58}$$

则根据基于非普通状态的近场动力学理论有：第二类皮奥拉-基尔霍夫应力张量 $\boldsymbol{S}'$ 为

$$\boldsymbol{S}' = \lambda \mathrm{tr}(\boldsymbol{E}') + 2G\boldsymbol{E}' \tag{7.59}$$

柯西应力张量为

$$\boldsymbol{\sigma}' = F\left[\frac{1}{\det(\boldsymbol{F})}\boldsymbol{S}'\right]\boldsymbol{F}^{\mathrm{T}} \tag{7.60}$$

第一类皮奥拉-基尔霍夫应力张量为

$$\boldsymbol{P}' = J\boldsymbol{\sigma}' \cdot \boldsymbol{F}^{-\mathrm{T}} \tag{7.61}$$

由此可以得到考虑了渗流场孔隙水压力的点 x 处的力状态函数为

$$\underline{\boldsymbol{T}}(\boldsymbol{x}, p, t)\langle \boldsymbol{x}' - \boldsymbol{x} \rangle = \omega(|\boldsymbol{\xi}|)\boldsymbol{P}'(\boldsymbol{F}, p, t)K^{-1}\boldsymbol{\xi} \tag{7.62}$$

考虑了渗流场孔隙水压力的基于非普通状态的近场动力学基本运动方程为

$$\rho\ddot{\boldsymbol{u}}(\boldsymbol{x}, t) = \int_{R_0} \{\underline{\boldsymbol{T}}(\boldsymbol{x}, p, t)\langle \boldsymbol{x}' - \boldsymbol{x} \rangle - \underline{T}(\boldsymbol{x}', \boldsymbol{P}', t)\langle \boldsymbol{x} - \boldsymbol{x}' \rangle\}\mathrm{d}V_{x'} + \boldsymbol{b}(\boldsymbol{x}, t) \tag{7.63}$$

式（7.63）为渗流场对应力场的作用。

7.3.3 近场动力学渗流场方程

根据式（7.3）、式（7.5）、式（7.31）、式（7.40）和式（7.41）应力场对渗流场的作用可以得出：

$$\begin{cases} \dfrac{\partial Q(x)}{\partial t} = \displaystyle\int_{R_0} k(x, x')\frac{[H(x') - H(x)]}{|xx'|}\mathrm{d}V_{x'} + S(x) \\ \dfrac{\Delta Q}{nV_x} = \dfrac{\boldsymbol{\sigma}_{kk}}{3H'} + \dfrac{p}{R'} \\ k(x, x') = \dfrac{6K}{\pi\delta^3} \\ K = \dfrac{g\rho_{\mathrm{w}}b^3\lambda}{24\eta} \end{cases} \tag{7.64}$$

从式（7.64）可以看出，当应力场发生改变时，会引起孔隙水压力和渗流量的改变，从而影响渗流过程。然而在实际工程中，应力场发生改变时会伴随着岩体的变形，岩体变形将改变岩体中孔隙的大小和微裂纹的张开度。裂纹岩体中的孔隙和微裂纹不仅是存储水流的场所，还是传递和运输水流的通道，因此岩体中孔隙的大小和微裂纹张开度的改变必然会导致岩体渗透系数 K 的改变。故还需要引入渗透系数与应力场的耦合方程。根据对岩石渗流渗透系数与应力耦合特性研究思路的不同，方程可以分为三种：

（1）通过流固耦合试验得到渗透系数与应力、应变之间关系的经验公式。

（2）根据试验研究成果设定渗透系数与应力关系的函数形式，再运用力学推导的方式得到函数中相关变量的表达式。

（3）以各类模拟渗透现象的物理模型为基础，利用力学工具建立耦合关系式。

Louis 通过整理大量的钻孔压水试验数据，得到了岩体平均渗透系数与应力状态之间的经验公式：

$$K = K_0 e^{-\alpha\sigma}, \quad \boldsymbol{\sigma} \approx \gamma H - p \tag{7.65}$$

式中，K_0 为地表渗透系数；γH 为监测点覆岩重度；p 为孔隙水压力；α为根据试验拟合的系数。

McKee 根据深埋岩体的钻孔试验资料，总结出了渗透系数与应力函数之间的关系：

$$K = K_0 e^{C\sigma} \tag{7.66}$$

式中，$\boldsymbol{\sigma}$为岩石的应力；K_0、C 为常数。

杨天鸿根据孔隙变化量推导出的渗透系数与应力的关系式为

$$K_{ij}(\boldsymbol{\sigma}, p) = K_0 e^{-a\left(\frac{\frac{\sigma_{ii}}{3} - \alpha p}{H}\right)} \tag{7.67}$$

式中，a 为耦合参数，表征应力、应变对渗透系数的影响程度；$\dfrac{\sigma_{ii}}{3}$ 为平均总应力；H 为 Biot 常数；$\dfrac{1}{H}$ 度量了由水压变化引起的介质整体体积的变化；K_0 为初始渗透系数；p 为孔隙水压力；α为等效孔隙水压力系数。

从上述学者的研究成果可以看出，通过大量试验资料总结出的渗透系数与应力之间的经验公式，都满足渗透系数与岩体应力呈负指数的关系，并且经过一定的理论推导可以确定相关参数的物理意义。本书使用考虑了孔隙变化量的式（7.67）作为渗透系数与应力关系表达式，将式（7.67）代入式（7.64）中的近场动力学渗透系数表达式，则裂纹岩体中近场动力学渗透系数为

$$k_{xx'} = \frac{g\rho_{\mathrm{w}} b^3 \lambda}{4\eta\pi\delta^3} \mathrm{e}^{-a\left(\frac{\frac{\sigma_{ii}}{3}-\alpha p}{H}\right)} \tag{7.68}$$

近场动力学是一种非局部理论，在计算模型中某个物质点 x 的渗流状态时需要考虑该点影响域范围内其他物质点 x'对物质点 x 的影响，即式（7.64）的积分项。然而，影响域范围内的物质点的间距有大有小，物质点间距越小，物质点 x'对物质点 x 的影响就越大；物质点间距越大，物质点 x'对物质点 x 的影响就越小。在近场动力学渗透系数表达式中引入一个影响函数 $\omega(|x_i x_j|)$：

$$\omega(|x_i x_j|) = 1 - \frac{|x_i x_j|}{\delta} \tag{7.69}$$

近场动力学渗透系数影响函数如图 7.16 所示。图 7.16（a）为没有考虑物质点间距对渗流影响时的渗透系数影响函数，即任何地方都有 $\omega(|x_i x_j|)=1$；图 7.16（b）为本节所取影响函数。

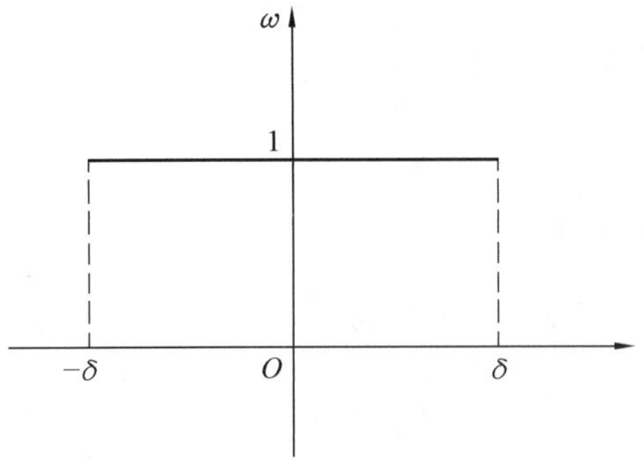

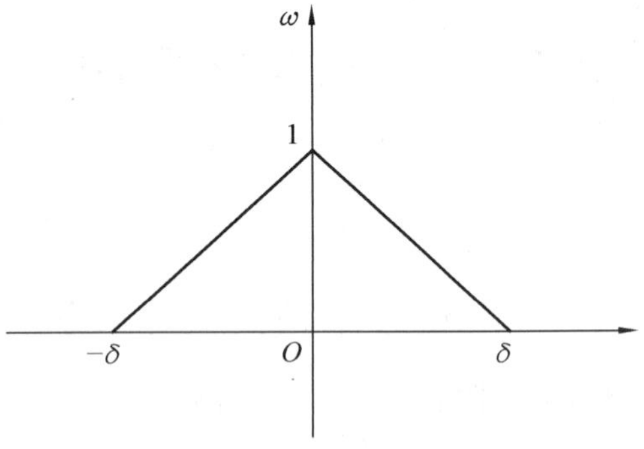

图 7.16　近场动力学渗透系数影响函数

7.3.4 物质点损伤演化过程渗流-应力耦合

当作用在岩体上的外力达到一定程度时，岩体就会发生损伤破坏，产生较大的裂纹。这些裂纹不仅会改变岩体的应力场，还会改变岩体的渗流场。因此，在分析岩体的渗流-应力耦合问题时必然要考虑裂纹的启裂和扩展对应力场和渗流场的影响。

近场动力学理论对于破裂问题的处理方式为切断横跨破裂面的“键”，本节采用前面提出的应力法作为判断物质点间“键”是否断裂的准则。首先，计算出每个物质点上的柯西应力；然后，用算数平均的方法求出每根“键”上的应力状态，再将每根“键”上的应力状态代入最大拉应力强度准则、莫尔-库仑强度准则和双剪强度准则，模拟岩石的拉伸破坏和剪切破坏；最后，将每个物质点上断裂的“键”的数量与该物质点上包含“键”的总数的比值作为该物质点的损伤函数。物质点间的“键”发生断裂后，键两端的物质点不再处于平衡状态，但它们会在下一个时间步重新达到平衡，并且近场动力学核函数会使物质点上的应力自动重新分布，从而实现材料发生损伤破坏时应力场重分布。

当岩体发生损伤破坏时，会产生较大裂纹，裂纹中的空洞是连续贯通的，水流在裂纹中的传播速度远大于在完整岩石中的传播速度，即裂纹中的渗透系数远大于岩体的平均渗透系数。因此，在数值计算时，应单独考虑裂纹中的渗流。本节首先运用应力法判断物质点 x 与 x'间的“键”是否断裂，当物质点 x 与 x'间的“键”断裂时，令这根“键”上的渗透系数为

$$K = K_{\mathrm{f}} \mathrm{e}^{-a\left(\frac{\frac{\sigma_{ii}}{3}-\alpha p}{H}\right)} \tag{7.70}$$

式中，K_{f}为岩体宏观裂纹中的渗透系数。将式（7.5）代入式（7.68），可得

$$K = \frac{g\rho_{\mathrm{w}} b^2}{12\eta} \mathrm{e}^{-a\left(\frac{\frac{\sigma_{ii}}{3}-\alpha p}{H}\right)} \tag{7.71}$$

将式（7.69）代入式（7.35），得裂纹岩体中宏观裂纹或结构面的近场动力学渗透系数为

$$k_{xx'} = \frac{g\rho_{\mathrm{w}} b^2}{2\eta\pi\delta^3} \mathrm{e}^{-a\left(\frac{\frac{\sigma_{ii}}{3}-\alpha p}{H}\right)} \tag{7.72}$$

在近场动力学渗流场与应力场耦合求解过程中，虽然求解渗流场和应力场采用的是同一组物质点离散形式，且用同一根“键”（即传递力状态 $\underline{T}$ 的杆件又作为传递水流 J 的管道），但渗流场与应力场的耦合是通过孔隙水压力和岩体有效应力相互作用来完成的，而不是通过“键”进行耦合。传递力状态的“键”既能传递拉应力状态，又能传递压应力状态。当“键”上的应力达到极限状态时，“键”就会断裂，不能再传递力状态；而作为传递水流的“管道”，只能传递孔隙水压力，而且只要岩体处于饱和状态，传递水流的“管道”就会一直存在。因此，当传递力状态的“键”发生断裂时，传递水流的“管道”也不会断裂，渗透系数反而会增加。

因此，岩体等效连续介质中的渗流场-应力场控制方程为

$$
\begin{cases}
\rho\ddot{\boldsymbol{u}}(\boldsymbol{x},t)=\int_{R_0}\left\{\underline{\boldsymbol{T}}(\boldsymbol{x},p,t)\left\langle\boldsymbol{x}'-\boldsymbol{x}\right\rangle-\underline{\boldsymbol{T}}(\boldsymbol{x}',\boldsymbol{P}',t)\left\langle\boldsymbol{x}-\boldsymbol{x}'\right\rangle\right\}\mathrm{d}V_{x'}+\boldsymbol{b}(\boldsymbol{x},t)\\
\dfrac{\partial Q(x)}{\partial t}=\int_{R_0}k\left(x,x'\right)\dfrac{[H(x')-H(x)]}{|xx'|}\mathrm{d}V_{x'}+S(x)\\
\dfrac{\Delta Q}{nV_x}=\dfrac{\boldsymbol{\sigma}_{kk}}{3H'}+\dfrac{p}{R'}\\
k(x,x')=\dfrac{g\rho_{\mathrm{w}}b^3\lambda}{4\eta\pi\delta^3}\mathrm{e}^{-a\left(\frac{\frac{\boldsymbol{\sigma}_{ii}}{3}-\alpha p}{H}\right)}
\end{cases}
\tag{7.73}
$$

岩体宏观裂纹或结构面中渗流场-应力场控制方程为

$$
\begin{cases}
\rho\ddot{\boldsymbol{u}}(\boldsymbol{x},t)=\int_{R_0}\{\underline{\boldsymbol{T}}(\boldsymbol{x},p,t)\left\langle\boldsymbol{x}'-\boldsymbol{x}\right\rangle-\underline{\boldsymbol{T}}(\boldsymbol{x}',\boldsymbol{P}',t)\left\langle\boldsymbol{x}-\boldsymbol{x}'\right\rangle\}\mathrm{d}V_{x'}+\boldsymbol{b}(\boldsymbol{x},t)\\
\dfrac{\partial Q(x)}{\partial t}=\int_{R_0}k(x,x')\dfrac{[H(x')-H(x)]}{|xx'|}\mathrm{d}V_{x'}+S(x)\\
\dfrac{\Delta Q}{nV_x}=\dfrac{\boldsymbol{\sigma}_{kk}}{3H'}+\dfrac{p}{R'}\\
k(x,x')=\dfrac{g\rho_{\mathrm{w}}b^2}{2\eta\pi\delta^3}\mathrm{e}^{-a\left(\frac{\frac{\boldsymbol{\sigma}_{ii}}{3}-\alpha p}{H}\right)}
\end{cases}
\tag{7.74}
$$

7.3.5　渗流应力耦合求解过程

式（7.73）和式（7.74）为近场动力学渗流场与应力场耦合方程，根据这两个方程得到解析的精确解是极其困难的，只能通过数值迭代方法求得其数值解。因此，按照近场动力学数值算法的基本思路，将计算模型离散为均匀分布的点，物质点既要作为求解近场动力学力状态的物质点（包含自身的位置、质量、体积、弹性模量、泊松比等信息），又要作为求解近场动力学渗流场的储水空间；物质点与物质点之间的“键”既要作为传递力状态的介质，又要作为传递运输水流的管道。耦合计算流程如图 7.17 所示。

近场动力学渗流场控制方程和应力场控制方程都用数值迭代的方式求解，即每时间步长Δt 所有物质点迭代计算一次，经过多次迭代计算得到稳定解。但岩体的渗流是孔隙水在岩体中缓慢流动的过程，其时间跨度较长，少则数小时，多则数天甚至数十天。因此，为了能在得到岩体渗流全过程的同时减少计算量，在数值计算时时间步长Δt 较大。而近场动力学力状态平衡方程计算的是应力在岩体中的传播过程，其几乎是瞬时发生的，因此，在数值计算时时间步长$\Delta t'$较小。本节在运用近场动力学渗流方程和力状态平衡方程进行流固耦合计算时，采用两个不同的时间步长，先根据模型应力边界条件经过多次迭代计算出其应力场，再将该应力场代入近场动力学渗流方程中计算。

（1）由变形梯度张量和流体体积应变计算力状态矩阵（程序第一个迭代步变形梯度张量和流体体积应变都为零）。

（2）求解应力场和物质点位移场。

（3）重复（1）（2），直到应力场稳定。

（4）根据应力场计算解近场动力学渗透系数 k_{ij}。

（5）根据渗流场方程计算物质点水头和流体体积应变。

（6）重复（1）～（5），直到渗流场稳定。

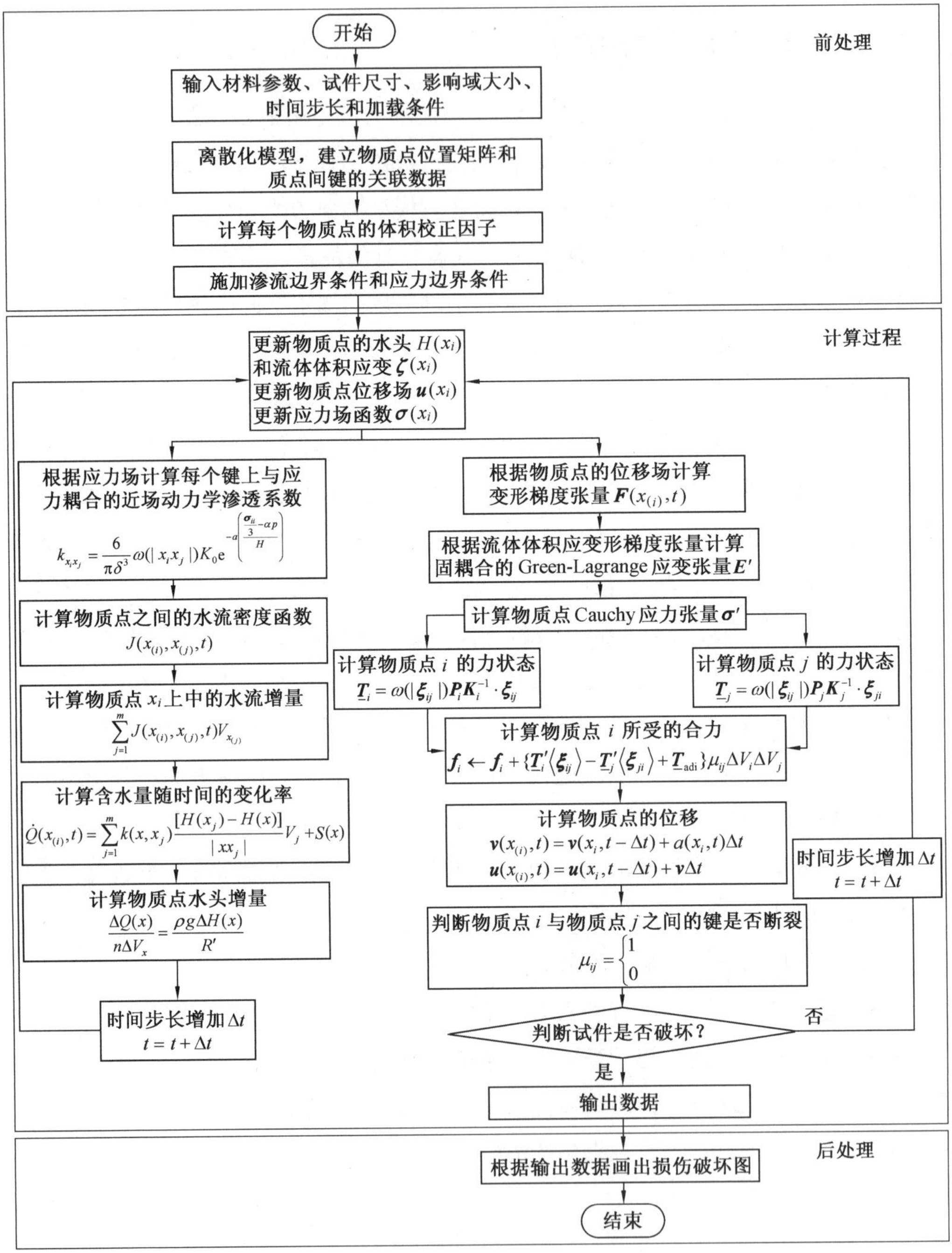

图 7.17　流固耦合近场动力学程序算法流程图

7.4 渗流场与应力场耦合的近场动力学数值模拟

大量研究发现，孔隙水的存在对边坡、隧道、水坝、基坑等岩土工程均有重要影响，岩体内渗流过程及孔隙水压力的存在使得岩体应力场分布较为复杂。为了研究岩体渗流场与应力场的耦合作用，许多学者做了室内试验和现场原位试验。张玉卓通过考虑不同加载条件和不同侧压力条件下裂纹岩体渗流试验，得到了不同应力条件下渗流量与应力之间的关系；张树光等通过对不同围压和孔隙水压力作用下辽西花岗岩变形破坏过程试验研究，得到了有效峰值强度折减系数与孔隙水压力和围压之间的关系；费晓东等通过试验研究，得到了动态孔隙水作用下砂岩的力学特性。

但当前能够使用的试验设备只能够测出特定条件下岩石的应力应变曲线、峰值强度、渗透率的演化过程，对岩石的变形、渗流场、应力场、微破裂等的演化过程还缺乏全面、深入的了解。本节将运用自主开发完成的近场动力学流固耦合程序对岩石应力渗流耦合进行数值试验研究，初步探明渗流场与应力场及岩石破裂过程之间的关系，同时对比其他学者的试验结果，验证数值模拟结果的正确性。

7.4.1 数值模型设定

岩石试样加载示意图如图 7.18 所示，本节选用的岩石类材料试验模型尺寸为 80 mm×50 mm，在模型上、下两个边界施加位移荷载。上、下边界为透水层，下边界的孔隙水压力为 p_3，上边界的孔隙水压力为 p_4，下边界孔隙水压力大于上边界孔隙水压力（即 $p_3>p_4$），孔隙水将会从下往上渗流。在模型的左、右边界施加围压，左、右边界为不透水层。由于岩石是由各种矿物组成的天然材料，这些矿物成分、力学性质各不相同，其内部含有各种微观节理、裂纹等，为了模拟岩石的不均匀性，运用 Weibull 统计分布的方法来描述岩石的非均匀性，给岩石单轴抗压强度和弹性模量均质度为 10 的 Weibull 随机分布。将模型划分为 160×100=16 000 个物质点，则物质点间距 $\Delta x=0.000\ 5$ m，物质点的影响域半径为 $\delta=3.015\Delta x$。

本节将对岩石的两种状态进行模拟对比。第一种状态为无渗流场的情况下岩样在双轴压缩情况下的应力损伤计算，第二种状态为考虑渗流场的情况下渗流应力损伤耦合分析。

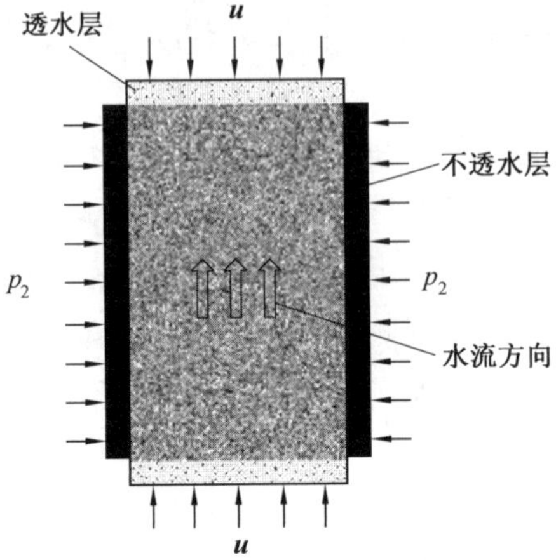

图 7.18 岩石试样加载示意图

7.4.2 数值模拟结果及分析

1. 无孔隙水压力作用下岩石破裂过程的数值模拟

岩石试样力学参数见表 7.3。

表 7.3 岩石试样力学参数

参数名称	参数值
弹性模量均质 E	10 GPa
泊松比 ν	0.25
单轴抗压强度均质 σ_c	10 MPa
摩擦角	30°
黏聚力 C	0.5 MPa
围压 p_2	4 MPa
物质点数	160×100=16 000
物质点间距 Δx	0.000 5 m
影响域 δ	3.015Δx
时间步长	2.0×10^{-7} s

无孔隙水压力情况下试件破裂过程最大剪应力分布图与采用损伤系数表示的裂纹扩展图如图 7.19 所示。从图中可以看出，试件在没有提前布置预置裂纹的前提下，仍然自发产生了裂纹，并且随着荷载的增加，裂纹进一步扩展并贯穿试件，最终导致了试件的破坏，与实际情况一致，进一步验证了近场动力学方法可以用于模拟岩石的自然破裂过程。从图 7.19（a）可以看出，当计算步达到 2 200 步时，在试件的四个角点和中间位置处出现了剪应力集中的现象，相应地在图 7.19（a）中，裂纹开始从四个角点和试件中心启裂；当计算步达到 2 500 步时，剪应力继续增加，并且在试件的对角线方向出现了剪应力集中现象，在图 7.19（b）中，四个角点处的裂纹开始沿着对角线方向扩展，试件中心位置处的裂纹形成两条交叉裂纹，并沿对角线方向扩展；当计算步达到 2 800 步时，剪应力继续增加，裂纹尖端出现剪应力集中现象，对角线上的裂纹继续沿着对角线扩展；当计算步达到 3 000 步时，剪应力减小，试件的承载力降低，一根对角线上的裂纹连接贯通；当计算步达到 3 200 步时，试件中对角线上的两条裂纹完全连接贯通，试件破坏。

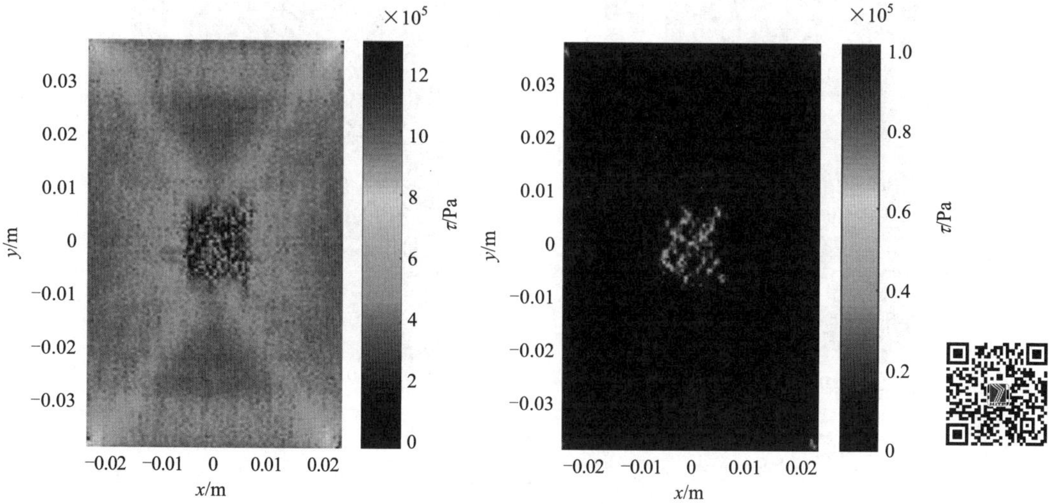

（a）2 200 步

图 7.19　无水压作用下试件破裂过程最大剪应力分布图与采用损伤系数表示的裂纹扩展图

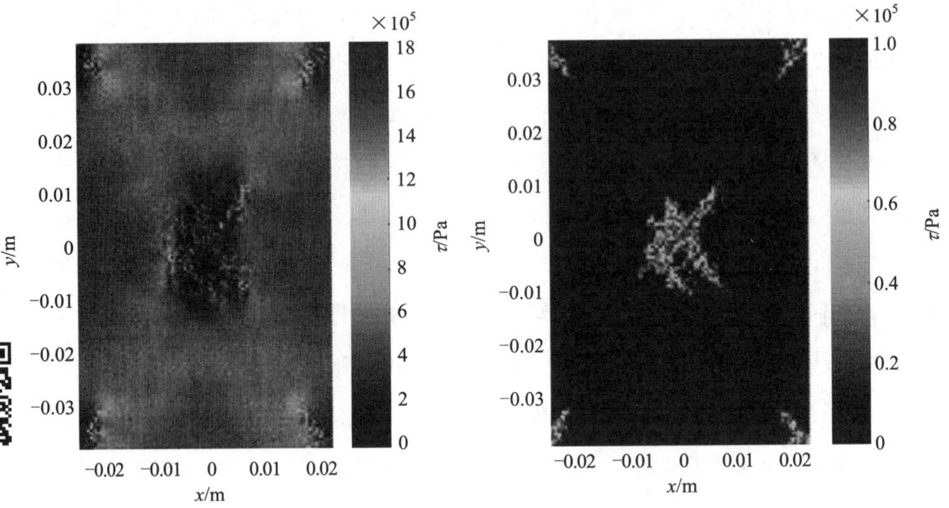

（b）2 500 步

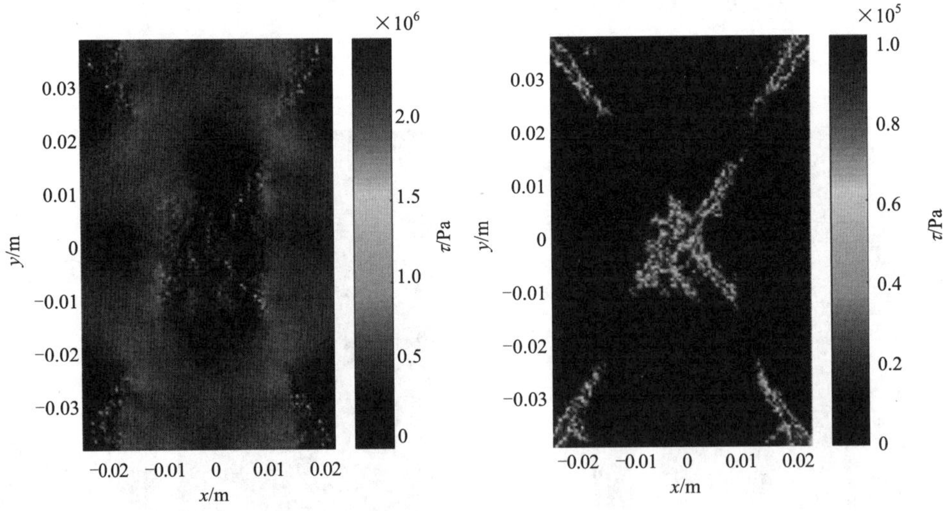

（c）2 800 步

续图 7.19

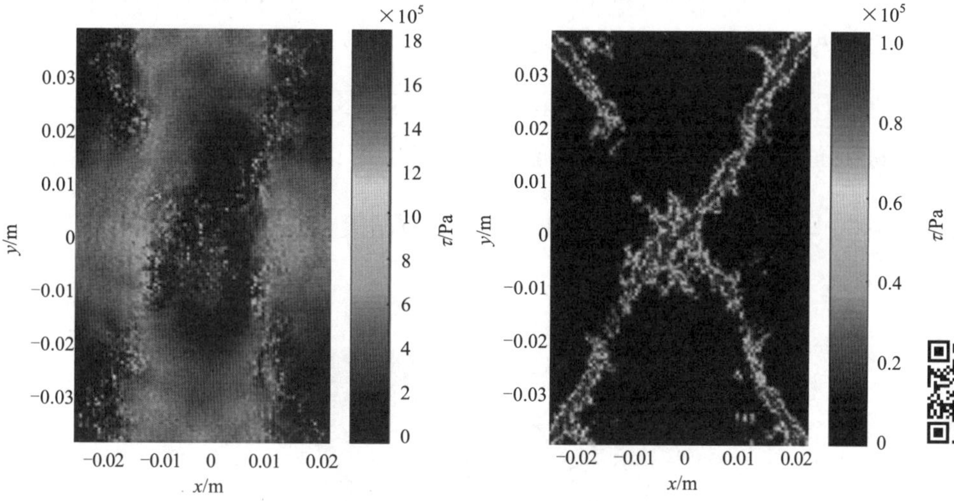

（d）3 000 步

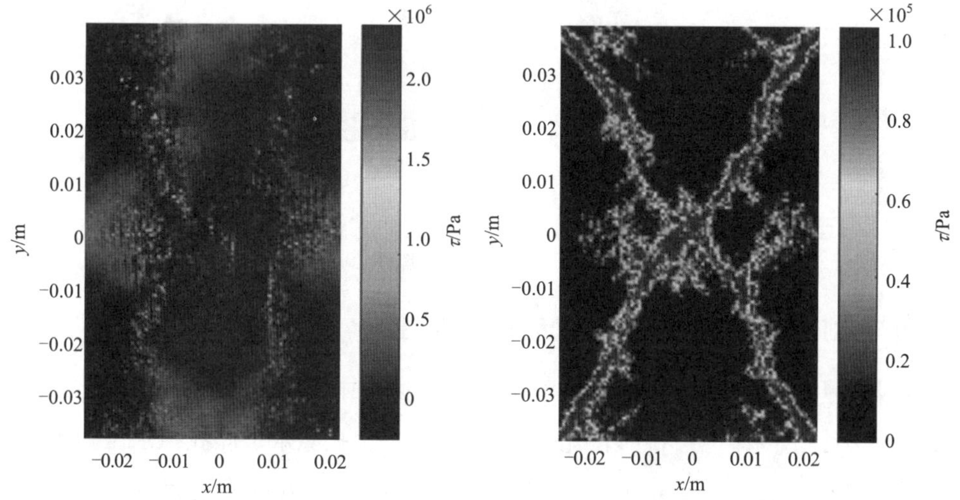

（e）3 200 步

续图 7.19

近场动力学程序计算出的试件最终破坏图如图 7.20 所示。从图中可以看出，试件最终破裂面与水平方向的夹角为 $\arctan\frac{8}{5}=58°$ 。本数值模拟程序使用莫尔-库仑强度理论判断物质点间“键”的断裂与否。根据莫尔-库仑强度理论，在双轴压缩条件下试件的破裂面与最大主应力面的夹角为 $45°+\frac{\varphi}{2}$，本节数值模拟试验所取摩擦角为 30°，则 $45°+\frac{\varphi}{2}=60°$，数值模拟结果与理论计算结果吻合。

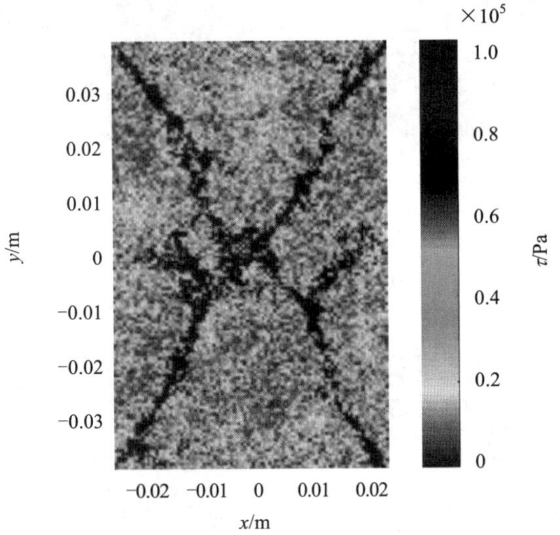

图 7.20　试件最终破坏图

2. 孔隙水压力作用下岩石破裂过程的数值模拟

孔隙水压力作用下试样的力学参数见表 7.4。试件中不同渗流时间下的孔隙水压力云图如图 7.21 所示。初始时刻，试件的孔隙中不含孔隙水，即孔隙水压力为 0。当在试件上下两个透水层分别施加 2.3 MPa 和 3.8 MPa 的孔隙水压力后，由于水头差的存在，水流将通过上下两个透水层进入试件，试件中的孔隙水压力逐渐增大，最后形成图 7.21（f）所示的线性稳态渗流，与根据达西定律计算的理论解一致。孔隙水在岩石中渗流传播的速度远小于应力在岩石中的传播速度，因此，当在试件上、下两个透水层施加初始孔隙水压力时，需要经过一段较长的时间（相对于力的传递）

才能在试件中形成稳定的渗流场。图 7.21（f）所示的渗流场基本趋于稳定，本节将选用图 7.21（f）所示的稳定渗流场作为模型渗流场初始状态。

表 7.4　孔隙水压力作用下试样的力学参数

参数名称	参数值
弹性模量均质 E	10 GPa
泊松比 ν	0.25
单轴抗压强度均质 σ_c	10 MPa
摩擦角	30°
黏聚力 C	0.5 MPa
围压 p_2	4 MPa
上边界孔压	2.3 MPa
下边界孔压	3.8 MPa
渗透系数	0.1 m/d
“键”断裂后渗透系数	20 m/d
孔隙率 n	0.3
孔隙水压力系数 α	0.6
耦合参数 a	0.05
物质点数	160×100=16 000
物质点间距 Δx	0.000 5 m
影响域 δ	3.015Δx
应力场求解时间步长	2.0×10^{-7} s
渗流场求解时间步长	2.0×10^{-2} s

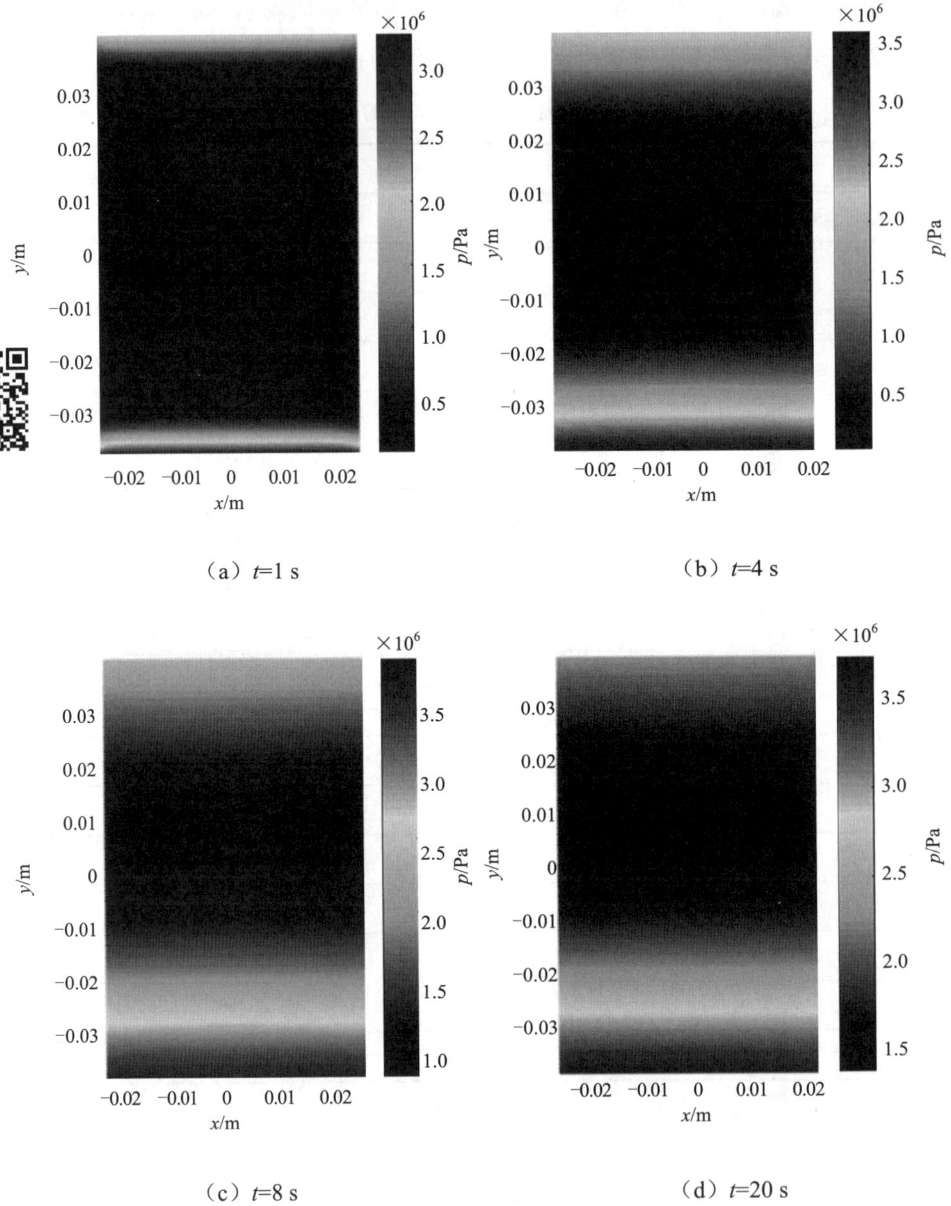

（a）t=1 s

（b）t=4 s

（c）t=8 s

（d）t=20 s

图 7.21　试件中不同渗流时间下的孔隙水压力云图

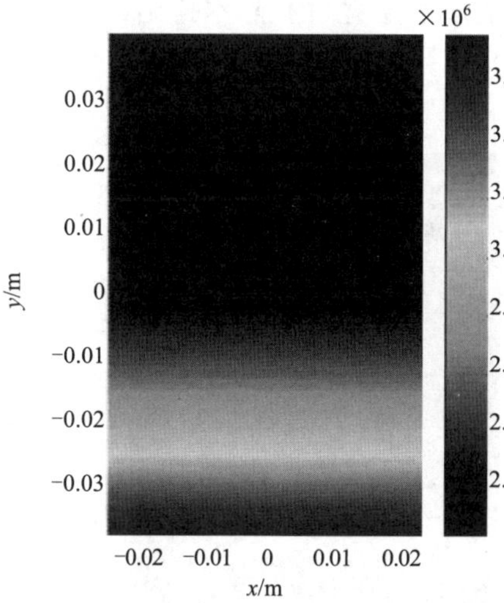

（e）t=40 s

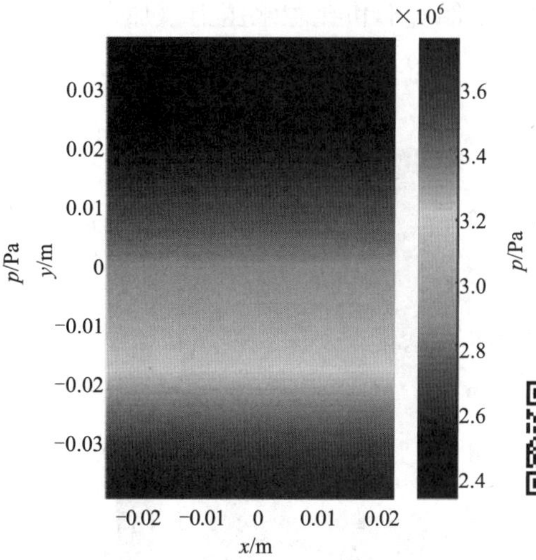

（f）t=60 s

续图 7.21

为了得到耦合的渗流场和应力场，本数值模拟试验采用分步加载的方式进行加载。首先，在上、下两个透水层持续施加两个稳定的孔隙水压力 60 s，使其达到稳定的渗流场，如图 7.20（f）所示；然后，在上、下两个边界上施加竖直向上和竖直向下的位移荷载，位移荷载每施加 100 个时间步时暂停施加，同时将应力对渗透系数的影响代入渗流场函数，对渗流场每迭代 1 000 个时间步时暂停渗流场的迭代，同时将孔隙水压力对应力场的影响代入近场动力学力状态函数中进行迭代，如此渗流场与应力场循环迭代直到试件发生破坏。试件破裂过程中孔隙水压力分布图如图 7.22 所示。从图 7.22（a）可以看出，在渗流加载施加达到 260 s、位移加载步达到 2 000 步时，试件中间位置出现了物质点损伤破坏，物质点损伤破坏区域的孔隙水压力比没有物质点破坏时的孔隙水压力大；从图 7.22（b）～（f）可以看出，随着渗流时间的增加、位移加载步的增加，试件中的裂纹逐渐启裂、扩展、连接，最后形成交叉形裂纹。部分水流沿着裂纹从下往上渗流，并且裂纹中的孔隙水压力比当前水平位置其他物质点中的孔隙水压力大。本试验在上、下边界施加位移荷载时必然会导致试件变形和孔隙水压力增加，但边界处的透水层允许孔隙水排出，因此，可以使边界处的孔隙水压力保持恒定。

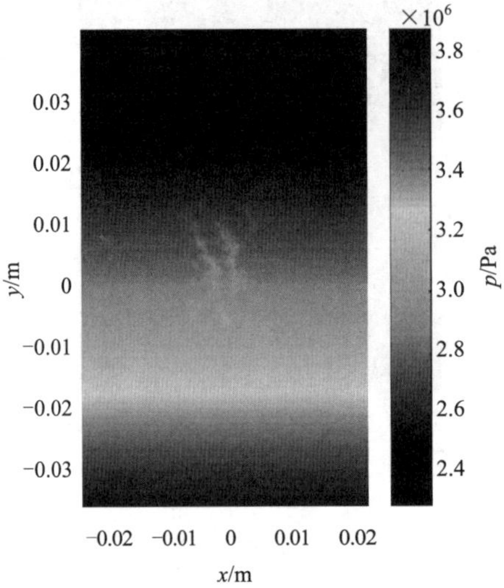

（a）t=260 s

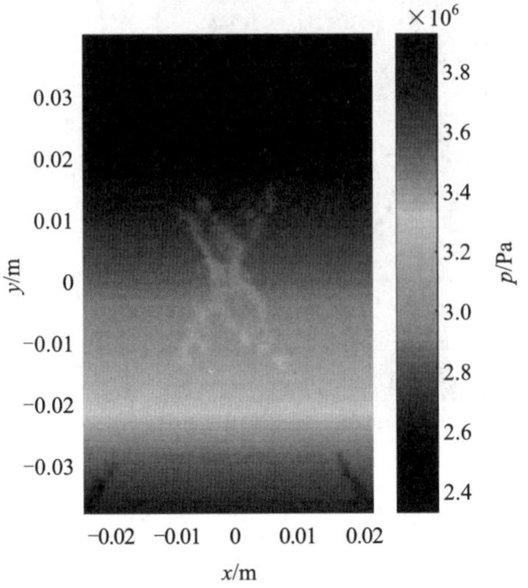

（b）t=280 s

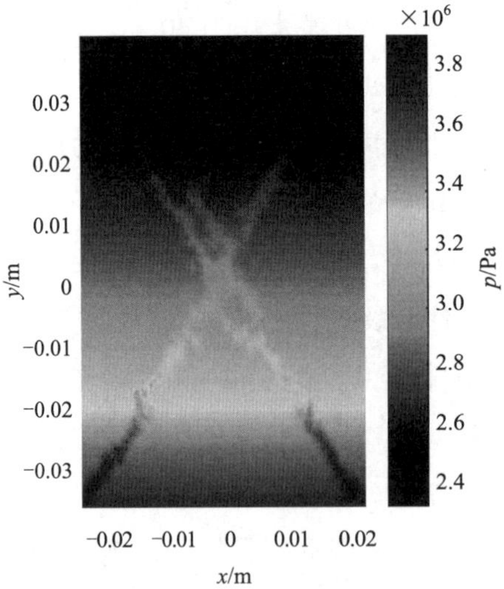

（c）t=310 s

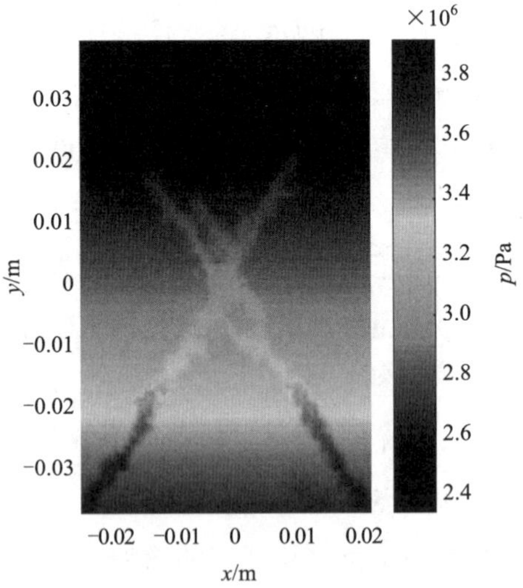

（d）t=340 s

图 7.22 试件破裂过程中孔隙水压力分布图

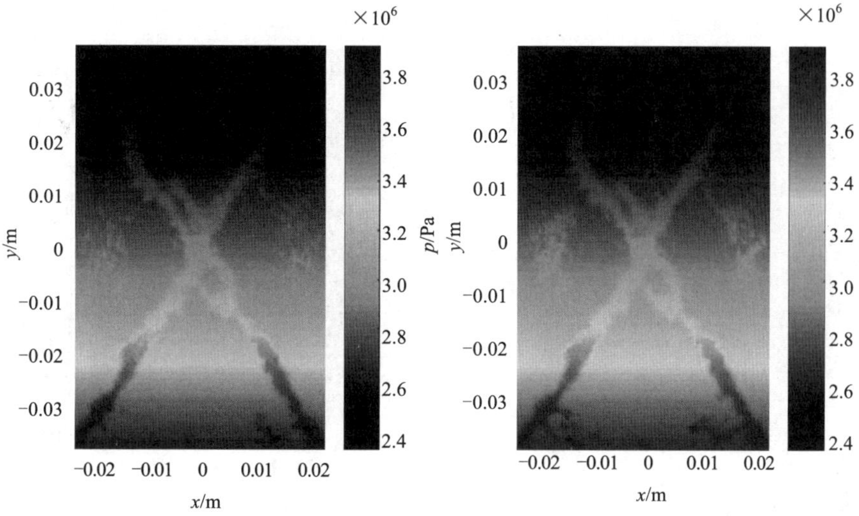

（e）t=360 s　　　　（f）t=380 s

续图 7.22

水压作用下试件破裂过程最大剪应力分布图与裂纹扩展图如图 7.23 所示。从图 7.23（a）可以看出，当计算步达到 2 000 步时，在试件的四个角点和中间位置处出现了剪应力集中的现象，裂纹从四个角点和试件中心开始启裂，对比图 7.19 可以发现，无水压作用下的试件在计算步达到 2 200 步时裂纹才开始出现，水压作用下的试件裂纹的启裂要早于无水压作用下的试件；当计算步达到 2 200 步时，剪应力继续增加，并且在试件的对角线方向出现了剪应力集中现象；当计算步达到 2 500 步时，剪应力继续增加，四个角点处的裂纹开始沿着对角线方向扩展，试件中心位置处的裂纹形成两条交叉裂纹，并沿对角线方向扩展；当计算步达到 2 800 步时，对角线上的两根裂纹连接贯通，试件的剪应力降低，承载力降低；当计算步达到 3 000 步时，试件中对角线上的两条裂纹完全连接贯通，试件破坏。对比图 7.23 和图 7.19 可以发现，水压作用下的试件与无水压作用的试件相比在单轴压缩荷载作用下更容易破坏，其剪应力场受到了渗流场的影响。

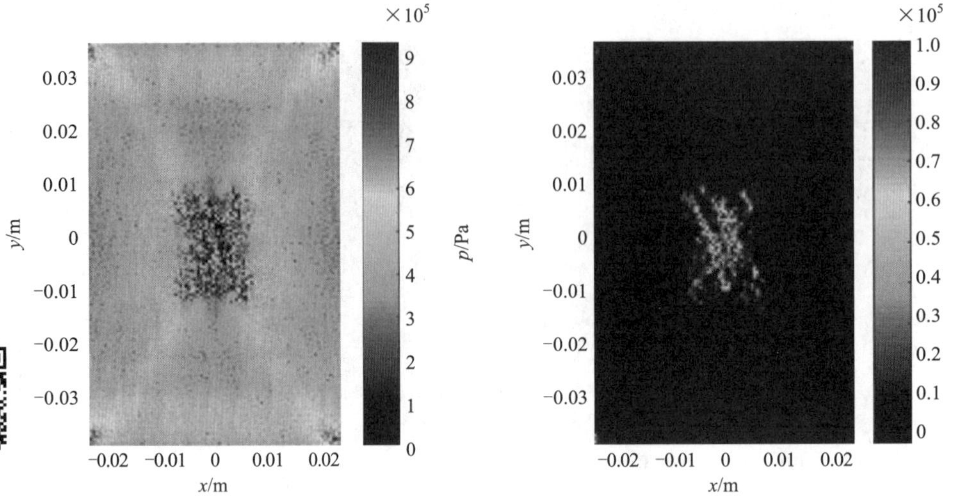

（a）2 000 步

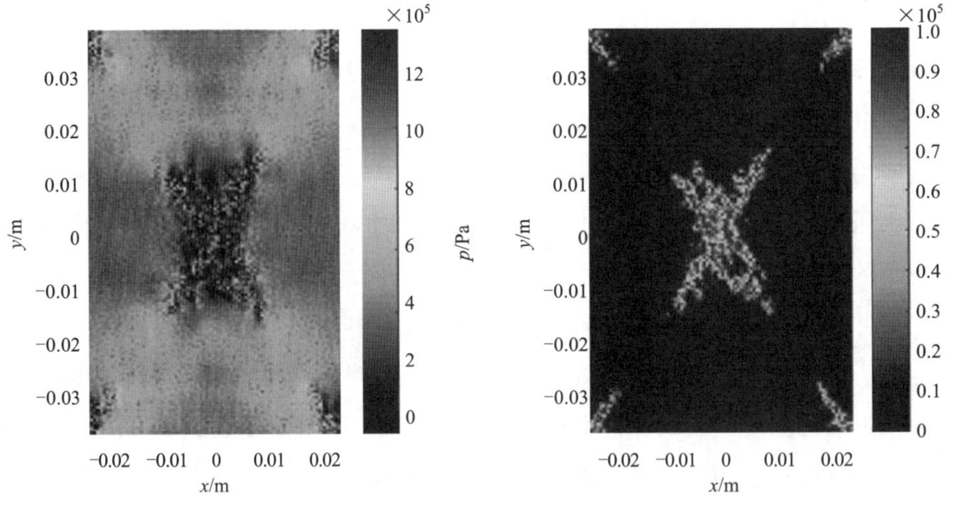

（b）2 200 步

图 7.23　水压作用下试件破裂过程最大剪应力分布图与裂纹扩展图

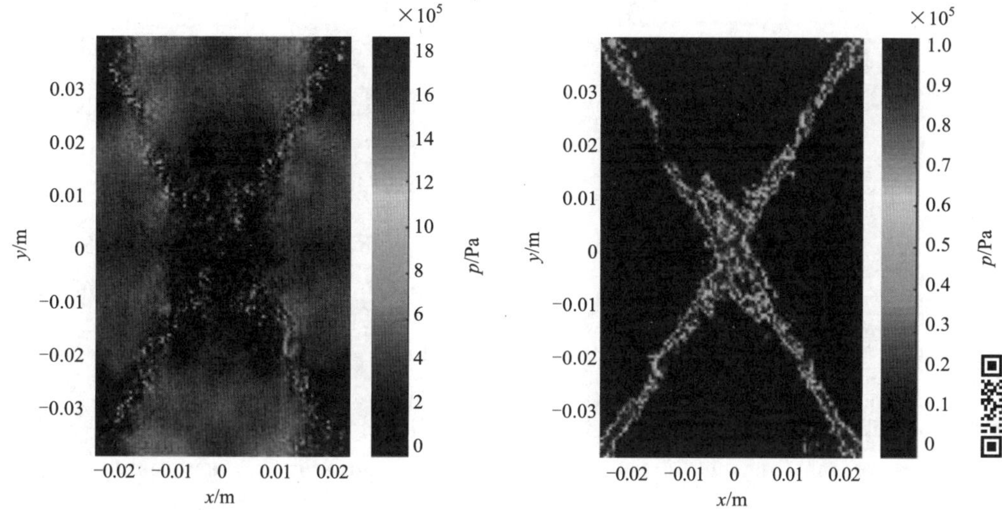

（c）2 500 步

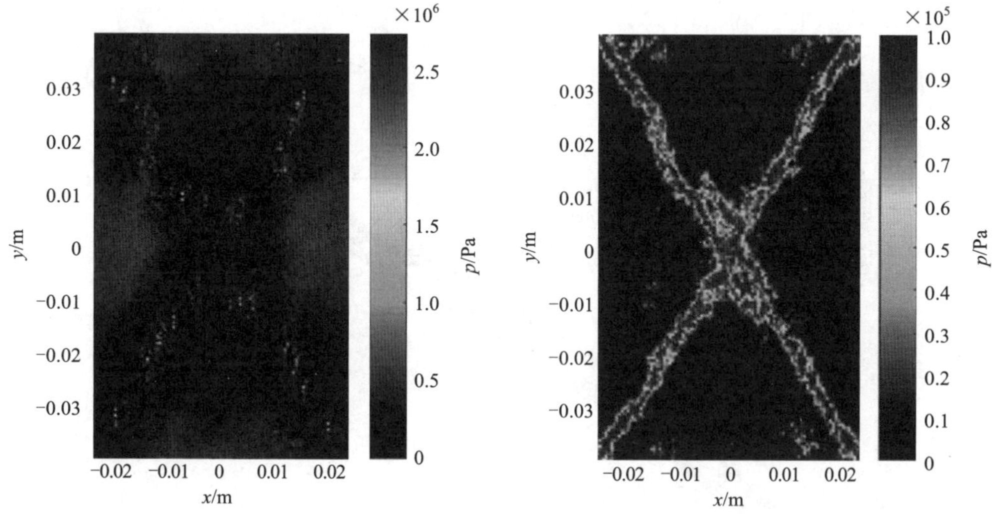

（d）2 800 步

续图 7.23

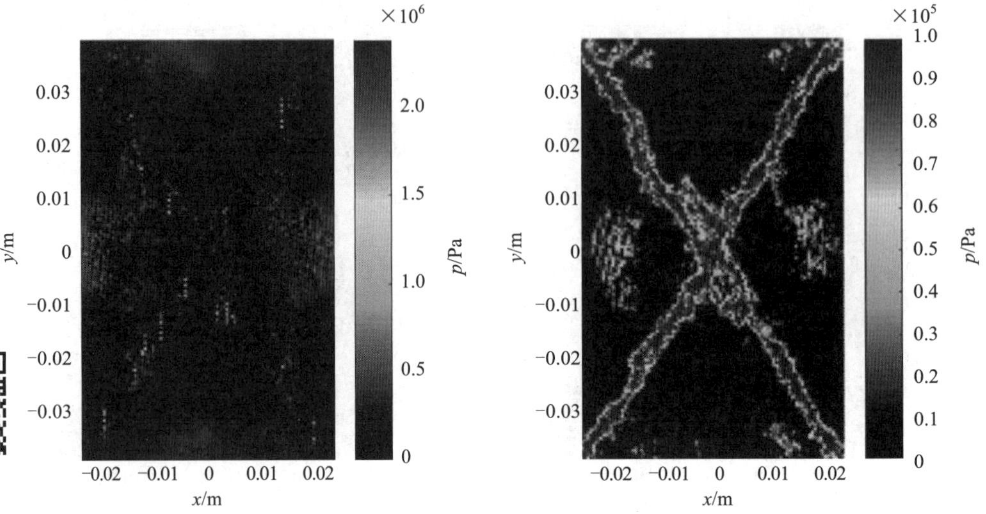

（e）3 000 步

续图 7.23

有孔隙水压和无孔隙水压作用下近场动力学程序计算的试件应力应变曲线与RFPA 程序计算结果如图 7.24 所示。

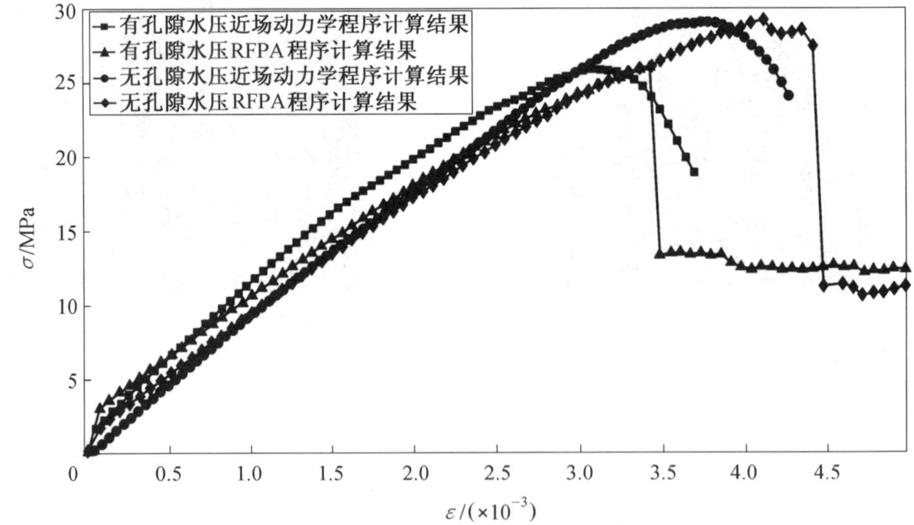

图 7.24 有孔隙水压和无孔隙水压作用下近场动力学程序计算的试件应力应变曲线与 RFPA 程序计算结果

从图 7.24 中可以看出，无孔隙水压力作用下试件的峰值应力比有孔隙水压力作用下试件的峰值应力大，这表明孔隙水压力的存在会降低岩石的强度。通过对比近场动力学程序计算的应力应变曲线与 RFPA 程序计算的应力应变曲线，可以发现两者吻合，从而证明了本章提出的渗流场与应力场耦合近场动力学理论的正确性。

7.5　本章小结

本章首先根据近场动力学基本原理，推导了基于非局部理论的近场动力学渗流基本方程，运用质量守恒原理建立了一维和二维情况下宏观的渗透系数与微观近场动力学渗透系数之间的关系，并分别用一个一维渗流算例和一个二维渗流算例验证了近场动力学渗流基本方程和场动力学渗透系数的正确性。然后在非普通的状态为基础的近场动力学的基础上，根据经典的 Biot 流固耦合理论，在近场动力学本构方程中引入孔隙水压力增项，并且在近场动力学渗流基本方程中引入有效应力对渗透系数的影响，从而实现了运用近场动力学方法解决裂纹岩体中渗流场与应力场耦合问题。最后运用本章提出的渗流场与应力场耦合的近场动力学理论编制了相应的计算程序，并运用该程序模拟了岩体在渗流场与应力场作用下的破坏过程，得到了以下结论：

（1）通过一维渗流和二维渗流模拟，验证了近场动力学渗流理论的稳定性及准确性，验证了近场动力学的非局部算法对渗流计算的可行性。

（2）在没有提前布置预置裂纹的前提下，运用近场动力学计算方法可以自发产生裂纹，并且随着荷载的增加，裂纹会自动扩展并贯穿试件，最终导致试件的破坏，验证了近场动力学方法可以用于模拟岩石的破裂过程。

（3）建立了裂纹岩体渗流场-应力场-损伤耦合关系，得到了渗透系数与应力之间的关系。

（4）近场动力学渗流理论可通过改变次生裂纹中“键”上近场动力学渗透系数的方法很好地模拟在渗流过程中岩石的破裂而导致的渗流场重分布。

第 8 章　结论与展望

本书系统地分析和研究了键为基础的、普通的状态为基础的和非普通的状态为基础的近场动力学理论，并推导了它们的基本方程，同时对岩石物质的裂纹扩展和连接过程进行了数值模拟，并从微观角度分析了裂纹扩展和连接过程的机理，取得了一定结论和研究成果。本章将对此进行归纳和总结，并对存在的不足及未来的展望提出一些建议。

8.1 结　　论

（1）本书首先介绍了近场动力学的基本概念，例如变形、力密度、近场动力学状态和应变能密度等，并通过虚功原理对近场动力学的动力方程进行了理论推导，证明了该动力方程符合线性动量守恒、角动量守恒和能量守恒定律；利用局部作用理论推导了传统的连续性理论的动力方程并和近场动力学理论进行了对比分析，推导出了高斯应力和近场动力学力状态之间的关系，由此确定了连续性理论的应变能和膨胀率的另一种表达形式。由于本书是针对近场动力学理论的二维数值模拟，因此利用物质点力密度矢量和应变能密度之间的关系推导出了均质各项同性二维近场动力学参数的表达形式，并利用其和传统的连续性力学所求出的参数的对比，求得了近场动力学参数和宏观物质恒量（如弹性模量、体积模量、剪切模量等）之间的关系。当域内的粒子处于物质自由表面或者两种物质交界面时，存在着影响模拟精度的表面效果，因此我们利用两个不同的荷载条件对每个物质点的力密度矢量和应变能密度进行了校正，求出了二维结构下的近场动力学校正因子的表达式，从而为模拟精度打下了良好的基础。

（2）在以键为基础的近场动力学理论的断裂算例中，在脆性岩石物质中多裂纹的扩展和连接过程被模拟；首先进行了包括锯齿的半圆形三点弯曲试验和在拉伸-剪切荷载作用下的岩石样本的混合断裂模式的数值模拟，结果表明由近场动力学获得的模拟结果与试验结果吻合；然后研究了预先存在的多裂纹的布置方式对裂纹的扩展的影响，数值模拟结果表明长裂纹和短裂纹相互作用的模式和试验结果基本一致；最后模拟了在拉伸荷载作用下预先存在的宏、微观裂纹的断裂过程，数值结果显示出宏观、微观裂纹的相互作用极大地影响了裂纹的扩展路径。同时，双物质在高速运动情况下裂纹的分叉现象也被模拟。结果表明：对高速运动裂纹，弹性模量小的一边的裂纹扩展长度大于弹性模量大的一边；随着弹性模量差值的增大，裂纹扩展速度减小；密度小的一边的裂纹扩展长度大于密度大的一边；裂纹扩展速度随着密度差值的减小而增大；温度改变量越大，裂纹分叉现象越不明显，裂纹扩展速度减小；弹性模量、密度和外界温度改变量都对裂纹分叉角度影响不大，且其角度为钝角；当其他参数一定时，近场动力学参数邻域半径δ和相邻节点距Δx 对裂纹分叉有较大的影响：当邻域半径δ取值逐渐增大时，裂纹逐渐变粗，裂纹扩展速度逐渐减小，裂纹分叉的角度逐渐增大；当Δx 逐渐增大时，裂纹分叉基本呈左右对称；裂纹扩展速度随着Δx 的增大而逐渐减小，裂纹扩展角度随着Δx 的增大而逐渐增大。

（3）一种改进的带有切向键的近场动力学理论被推导并编制了相应程序，用来模拟在单轴压缩荷载作用下裂纹的启裂、扩展和连接过程；由近场动力学所获得的应变能密度与传统的连续性力学应变能相等可得出宏观力学参数和近场动力学微观参数之间的联系，如杨氏模量和泊松比。新的带切向键的近场动力学模型突破了传统的键为基础的近场动力学模型在二维情况下泊松比必须为 1/3 的限制，同时通过几个算例的对比分析可得出数值解和试验解比较吻合，这充分证明了这个改进的近场动力学理论具有很强的适用性。

（4）由于在普通的状态为基础的近场动力学理论中加入了损伤理论，普通的状态为基础的近场动力学理论能够模拟平面裂纹的扩展和连接过程。且在模拟过程中，可以看出本方法不需要借助任何外在的断裂准则，与其他方法相比，它的模拟效果也很好，因此该方法相对于其他的数值模拟方法具有较大的优势。普通的状态为基础的近场动力学理论突破了二维键为基础的近场动力学理论的模拟平面裂纹时泊松比必须等于 1/3 的限制，从这点来说，相较于键为基础的近场动力学理论，它极大地扩展了近场动力学理论在模拟断裂时的应用范围，为裂纹的扩展和连接过程提供了更好的思路。

（5）相较于键为基础的和普通的状态为基础的近场动力学理论，非普通的状态为基础的近场动力学理论不仅突破了泊松比在二维情况下必须等于恒量的限制，而且在模拟岩石物质断裂时引入了应力和应变的概念，这就使该理论在土木工程岩石类材料领域有了更为广泛的应用。把线弹性本构模型代入非普通的状态为基础的近场动力学理论的基本方程，从而得到了线弹性的非普通的状态为基础的近场动力学理论基本方程，并在非断裂带圆孔板的模拟中对它进行了验证，结果表明它对模拟非断裂问题具有良好的效果。通过算例把线弹性非普通的状态为基础的近场动力学应用到模拟岩石物质的断裂，结果表明该理论不但能模拟非断裂问题，还能模拟断裂问题,它为岩石物质裂纹的扩展和连接过程的数值模拟提供了一种新方法，并对岩石物质的断裂过程的预测具有一定的指导意义。

（6）根据热传导理论，基于欧拉-拉格朗日方程推导了近场动力学热传导方程，得到了近场动力学导热系数与材料宏观导热系数之间的关系；运用材料的热膨胀特性，将根据近场动力学热传导方程求解出的温度场转换为近场动力学物质点的变形梯度张量，再将变形梯度张量代入非普通的状态为基础的近场动力学的力状态函数中，从而实现了温度场与应力场的耦合。

（7）将近场动力学物质点上的岩石单轴抗压强度值按 Weibull 随机分布，实现了岩石数值模拟的非均匀特性，在没有提前布置预置裂纹的前提下，运用近场动力学计算方法可以自发地产生裂纹，并且随着荷载的增加，裂纹会自动扩展并贯穿试件，最终导致试件破坏，验证了近场动力学方法可以用于模拟岩石的自然破裂过程。

（8）采用等效连续介质模型假设，并根据近场动力学基本理论，推导了近场动力学渗流方程，根据多孔弹性介质理论，建立了基于非普通的状态为基础的近场动力学理论的裂纹岩体渗流场-应力场耦合模型。通过建立近场动力学键的断裂与否与裂纹岩体渗透系数之间的关系，实现了模拟渗流过程中岩石的破裂而导致的渗流场的改变。

8.2　存在的不足及后续展望

本书在撰写过程中，虽然取得了一定的创新性成果得到了一定结论，但由于研究条件、研究时间和研究者自身的能力的限制，尚存在一些不足，如：

（1）本书主要研究了岩石样本裂纹在拉伸荷载作用下的扩展和连接过程，对压缩荷载的断裂过程分析不足，由于大多数岩石都以承受压缩荷载为主，因此模拟岩石的受压断裂才更加贴近实际，但是由于压缩荷载作用下的岩石断裂机理更为复杂，因此，以后的工作应该对压缩荷载作用下岩石的断裂机理做进一步研究。

（2）本书主要以模拟弹性岩石物质为主，对于塑性和黏塑性岩石物质未做进一步的研究，因此未来应对塑性和黏塑性岩石物质的断裂过程做进一步的研究。

基于本书的研究成果及存在的不足，希望今后能在以下几个方面做进一步的工作：

（1）应该进一步加强对非普通的状态为基础的近场动力学的分析，编制相应的程序，以使其能够模拟压缩荷载条件下岩石物质的断裂过程，而更好地从机理上分析压缩裂纹的扩展和连接过程。

（2）为了进一步拓展近场动力学理论在土木工程的应用，需要对塑性或者黏塑性岩石物质的断裂和破坏过程进行更进一步的研究，从而更好地为工程建设服务。

（3）为了更进一步地和工程实际联系起来，近场动力学理论在模拟岩石物质的断裂时应考虑热场、渗流场等的影响，因此多场耦合的模拟和预测也是近场动力学应用的一个重要研究方向。

参考文献

[1] GRIFFITH A A.The phenomena of rupture and flow in solids[J]. Philosophical transactions of the royal society A:Mathematical,physical and engineering sciences, 1921, 221(582-593): 163-198.

[2] ERINGEN A C, SPEZIALE C G, KIM B S. Crack-tip problem in non-local elasticity[J]. Journal of the mechanics and physics of solids, 1977, 25(5): 339-355.

[3] ERINGEN A C. Nonlocal polar elastic continua[J]. International journal of engineering science, 1972, 10(1): 1-16.

[4] DUGDALE D S. Yielding of steel sheets containing slits[J]. Journal of the mechanics and physics of solids, 1960, 8(2): 100-104.

[5] BARENBLATT G I. The mathematical theory of equilibrium cracks in brittle fracture[M]//Advances in Applied Mechanics Volume 7. Amsterdam: Elsevier, 1962: 55-129.

[6] CAMACHO G T, ORTIZ M. Computational modelling of impact damage in brittle materials[J]. International journal of solids and structures, 1996, 33(20/21/22): 2899-2938.

[7] MOËS N, BELYTSCHKO T. Extended finite element method for cohesive crack growth[J]. Engineering fracture mechanics, 2002, 69(7): 813-833.

[8] KLEIN P A, FOULK J W, CHEN E P, et al. Physics-based modeling of brittle

fracture: Cohesive formulations and the application of meshfree methods[J]. Theoretical and applied fracture mechanics, 2001, 37(1/2/3): 99-166.

[9] JIRÁSEK M. Comparative study on finite elements with embedded discontinuities[J]. Computer methods in applied mechanics and engineering, 2000, 188(1/2/3): 307-330.

[10] BELYTSCHKO T, BLACK T. Elastic crack growth in finite elements with minimal remeshing[J]. International journal for numerical methods in engineering, 1999, 45(5): 601-620.

[11] MOËS N, DOLBOW J, BELYTSCHKO T. A finite element method for crack growth without remeshing[J]. International journal for numerical methods in engineering, 1999, 46(1): 131-150.

[12] MELENK J M, BABUŠKA I. The partition of unity finite element method: Basic theory and applications[J]. Computer methods in applied mechanics and engineering, 1996, 139(1/2/3/4): 289-314.

[13] ZI G, RABCZUK T, WALL W. Extended meshfree methods without branch enrichment for cohesive cracks[J]. Computational mechanics, 2007, 40(2): 367-382.

[14] SCHLANGEN E, VAN MIER J G M. Simple lattice model for numerical simulation of fracture of concrete materials and structures[J]. Materials and structures, 1992, 25(9): 534-542.

[15] COX B N, GAO H J, GROSS D, et al. Modern topics and challenges in dynamic fracture[J]. Journal of the mechanics and physics of solids, 2005, 53(3): 565-596.

[16] KADAU K, GERMANN T C, LOMDAHL P S. Molecular dynamics comes of age: 320 billion atom simulation on BlueGene/l[J]. International journal of modern physics C, 2006, 17(12): 1755-1761.

[17] OSTOJA-STARZEWSKI M. Lattice models in micromechanics[J]. Applied

mechanics reviews, 2002, 55(1): 35-60.

[18] ERINGEN A C. Linear theory of nonlocal elasticity and dispersion of plane waves[J]. International journal of engineering science, 1972, 10(5): 425-435.

[19] ERINGEN A C, EDELEN D G B. On nonlocal elasticity[J]. International journal of engineering science, 1972, 10(3): 233-248.

[20] KRÖNER E. Elasticity theory of materials with long range cohesive forces[J]. International journal of solids and structures, 1967, 3(5): 731-742.

[21] KUNIN I A. Elastic media with microstructure I: One-dimensional models[M]. Berlin, Heidelberg: Springer Berlin Heidelberg, 1982.

[22] ERINGEN A C, EDELEN D G B. On nonlocal elasticity[J]. International journal of engineering science, 1972, 10(3): 233-248.

[23] CEMAL ERINGEN A, KIM B S. Stress concentration at the tip of crack[J]. Mechanics research communications, 1974, 1(4): 233-237.

[24] ERINGEN A C, KIM B S. On the problem of crack tip in nonlocal elasticity[C]// Continuum Mechanics Aspects of Geodynamics and Rock Fracture Mechanics. Dordrecht: Springer Netherlands, 1974: 107-113.

[25] BAŽANT Z P, JIRÁSEK M. Nonlocal integral formulations of plasticity and damage: Survey of progress[J]. Journal of engineering mechanics, 2002, 128(11): 1119-1149.

[26] BAŽANT Z P. Why continuum damage is nonlocal: Micromechanics arguments[J]. Journal of engineering mechanics, 1991, 117(5): 1070-1087.

[27] ARI N,ERINGEN A C. Nonlocal stress field at Griffith crack [J]. Cryst latt defect amorph mater,1983,10(1):33-38.

[28] ELLIOTT H A. An analysis of the conditions for rupture due to Griffith cracks[J]. Proceedings of the physical society, 1947, 59(2): 208-223.

[29] OŽBOLT J, BAŽANT Z P. Numerical smeared fracture analysis: Nonlocal microcrack interaction approach[J]. International journal for numerical methods in engineering, 1996, 39(4): 635-661.

[30] LI S F, LIU W K. Meshfree and particle methods and their applications[J]. Applied mechanics reviews, 2002, 55(1): 1-34.

[31] LIU G R, LIU M B. Smoothed particle hydrodynamics - a meshfree particle method[M].Singapore: World Scientific Publishing Co. Pte. Ltd., 2003.

[32] CHEN J S, PAN C H, WU C T, et al. Reproducing kernel particle methods for large deformation analysis of non-linear structures[J]. Computer methods in applied mechanics and engineering, 1996, 139(1/2/3/4): 195-227.

[33] LIU W K, CHEN Y, JUN S, et al. Overview and applications of the reproducing kernel particle methods[J]. Archives of computational methods in engineering, 1996, 3(1): 3-80.

[34] ROUNTREE C L, KALIA R K, LIDORIKIS E, et al. Atomistic aspects of crack propagation in brittle materials: Multimillion atom molecular dynamics simulations[J]. Annual review of materials research, 2002, 32: 377-400.

[35] GAO H J, HUANG Y G, ABRAHAM F F. Continuum and atomistic studies of intersonic crack propagation[J]. Journal of the mechanics and physics of solids, 2001, 49(9): 2113-2132.

[36] BUEHLER M J, GAO H J. Dynamical fracture instabilities due to local hyperelasticity at crack tips[J]. Nature, 2006, 439(7074): 307-310.

[37] HOLIAN B L, RAVELO R. Fracture simulations using large-scale molecular dynamics[J]. Physical review B, 1995, 51(17): 11275-11288.

[38] LIU G R, GU Y T. Coupling of element free Galerkin and hybrid boundary element

methods using modified variational formulation[J]. Computational mechanics, 2000, 26(2): 166-173.

[39] DE S, HONG J W, BATHE K J. On the method of finite spheres in applications: Towards the use with ADINA and in a surgical simulator[J]. Computational mechanics, 2003, 31(1): 27-37.

[40] HONG J, BATHE K. On analytical transformations for efficiency improvements in the method of finite spheres[M]//Computational Fluid and Solid Mechanics 2003. Amsterdam: Elsevier, 2003: 1990-1994.

[41] HONG J W, BATHE K J. Coupling and enrichment schemes for finite element and finite sphere discretizations[J]. Computers & structures, 2005, 83(17/18): 1386-1395.

[42] SILLING S A. Reformulation of elasticity theory for discontinuities and long-range forces[J]. Journal of the mechanics and physics of solids, 2000, 48(1): 175-209.

[43] BUNIN G, KAFRI Y. Dynamics of energy fluctuations in equilibrating and driven-dissipative systems[J]. Journal of physics A: Mathematical and theoretical, 2013, 46(9): 095002.

[44] ROGULA D. Continuum field theory of string-like objects. Dislocations and superconducting vortices[J]. Zeitschrift für angewandte mathematik und physik ZAMP, 2005, 57(1): 123-132.

[45] SILLING S A, BOBARU F. Peridynamic modeling of membranes and fibers[J]. International journal of non-linear mechanics, 2005, 40(2/3): 395-409.

[46] SILLING S A. Dynamic fracture modeling with a meshfree peridynamic code[M]//Computational Fluid and Solid Mechanics 2003. Amsterdam: Elsevier, 2003: 641-644.

[47] WECKNER O, ABEYARATNE R. The effect of long-range forces on the dynamics of a bar[J]. Journal of the mechanics and physics of solids, 2005, 53(3): 705-728.

[48] BARENBLATT G I. The mathematical theory of equilibrium cracks in brittle fracture[J]. Advances in applied mechanics, 1962, 7: 55-129.

[49] LUBINEAU G, AZDOUD Y, HAN F, et al. A morphing strategy to couple non-local to local continuum mechanics[J]. Journal of the mechanics and physics of solids, 2012, 60(6): 1088-1102.

[50] SILLING S A. Linearized theory of peridynamic states[J]. Journal of elasticity, 2010, 99(1): 85-111.

[51] MACEK R W, SILLING S A. Peridynamics via finite element analysis[J]. Finite elements in analysis and design, 2007, 43(15): 1169-1178.

[52] 黄丹，章青，乔丕忠，等. 近场动力学方法及其应用[J]. 力学进展，2010，40(4): 448-459.

[53] 胡祎乐，余音，汪海. 基于近场动力学理论的层压板损伤分析方法[J]. 力学学报, 2013, 45(4): 624-628.

[54] 王富伟，黄再兴. 复合材料层合板冲击损伤近场动力学模型与分析[J]. 计算力学学报, 2014, 31(6): 709-713.

[55] 沈峰，章青，黄丹，等. 冲击荷载作用下混凝土结构破坏过程的近场动力学模拟[J]. 工程力学, 2012, 29(S1): 12-15.

[56] 沈峰，章青，黄丹，等. 基于近场动力学理论的混凝土轴拉破坏过程模拟[J]. 计算力学学报, 2013, 30(S1): 79-83.

[57] 黄丹，卢广达，章青. 混凝土结构的近场动力学建模与破坏分析[C]//第 23 届全国结构工程学术会议论文集（第 I 册）. 兰州, 2014: 153-157.

[58] BOBARU F, YANG M J, ALVES L F, et al. Convergence, adaptive refinement, and

scaling in 1D peridynamics[J]. International journal for numerical methods in engineering, 2009, 77(6): 852-877.

[59] EMMRICH E, WECKNER O. On the well-posedness of the linear peridynamic model and its convergence towards the Navier equation of linear elasticity[J]. Communications in mathematical sciences, 2007, 5(4): 851-864.

[60] GERSTLE W, SAU N, SILLING S. Peridynamic modeling of concrete structures[J]. Nuclear engineering and design, 2007, 237(12/13): 1250-1258.

[61] SILLING S A, EPTON M, WECKNER O, et al. Peridynamic states and constitutive modeling[J]. Journal of elasticity, 2007, 88(2): 151-184.

[62] SILLING S A. Linearized theory of peridynamic states[J]. Journal of elasticity, 2010, 99(1): 85-111.

[63] LEHOUCQ R B, SEARS M P. Statistical mechanical foundation of the peridynamic nonlocal continuum theory: Energy and momentum conservation laws[J]. Physical review E, Statistical, nonlinear, and soft matter physics, 2011, 84(3 Pt 1): 031112.

[64] SILLING S A. A coarsening method for linear peridynamics[J]. International journal for multiscale computational engineering, 2011, 9(6): 609-622.

[65] SILLING S A, LEHOUCQ R B. Convergence of peridynamics to classical elasticity theory[J]. Journal of elasticity, 2008, 93(1): 13-37.

[66] SILLING S A, LEHOUCQ R B. Peridynamic theory of solid mechanics[M] //Advances in Applied Mechanics Volume 44. Amsterdam: Elsevier, 2010: 73-168.

[67] WECKNER O, BRUNK G, EPTON M A, et al. Green's functions in non-local three-dimensional linear elasticity[J]. Proceedings of the royal society A: Mathematical, physical and engineering sciences, 2009, 465(2111): 3463-3487.

[68] MIKATA Y. Analytical solutions of peristatic and peridynamic problems for a 1D

infinite rod[J]. International journal of solids and structures, 2012, 49(21): 2887-2897.

[69] TAYLOR M J. Numerical simulation of thermo-elasticity, inelasticity and rupture in membrane theory[D]. Berkeley, CA, USA: University of California, Berkeley, 2008.

[70] FOSTER J T, SILLING S A, CHEN W W. Viscoplasticity using peridynamics[J]. International journal for numerical methods in engineering, 2010, 81(10): 1242-1258.

[71] DAYAL K, BHATTACHARYA K. Kinetics of phase transformations in the peridynamic formulation of continuum mechanics[J]. Journal of the mechanics and physics of solids, 2006, 54(9): 1811-1842.

[72] SILLING S A, ASKARI E. A meshfree method based on the peridynamic model of solid mechanics[J]. Computers & structures, 2005, 83(17/18): 1526-1535.

[73] BOBARU F, YANG M J, ALVES L F, et al. Convergence, adaptive refinement, and scaling in 1D peridynamics[J]. International journal for numerical methods in engineering, 2009, 77(6): 852-877.

[74] BOBARU F, HA Y D. Adaptive refinement and multiscale modeling in 2d peridynamics[J]. International journal for multiscale computational engineering, 2011, 9(6): 635-660.

[75] POLLESCHI M. Stability and applications of the peridynamic method[D]. Turin: Polytechnic University of Turin, 2010.

[76] YU K, XIN X J, LEASE K B. A new adaptive integration method for the peridynamic theory[J]. Modelling and simulation in materials science and engineering, 2011, 19(4): 045003.

[77] KILIC B, MADENCI E. An adaptive dynamic relaxation method for quasi-static

simulations using the peridynamic theory[J]. Theoretical and applied fracture mechanics, 2010, 53(3): 194-204.

[78] WANG H, TIAN H. A fast Galerkin method with efficient matrix assembly and storage for a peridynamic model[J]. Journal of computational physics, 2012, 231(23): 7730-7738.

[79] BOBARU F, HU W K. The meaning, selection, and use of the peridynamic horizon and its relation to crack branching in brittle materials[J]. International journal of fracture, 2012, 176(2): 215-222.

[80] SELESON P, PARKS M. On the role of the influence function in the peridynamic theory[J]. International journal for multiscale computational engineering, 2011, 9(6): 689-706.

[81] KILIC B. Peridynamic theory for progressive failure prediction in homogeneous and heterogeneous materials[D]. Tucson: University of Arizona, 2008.

[82] LIU W Y, HONG J W. Discretized peridynamics for brittle and ductile solids[J]. International journal for numerical methods in engineering, 2012, 89(8): 1028-1046.

[83] LIU W Y, HONG J W. A coupling approach of discretized peridynamics with finite element method[J]. Computer methods in applied mechanics and engineering, 2012, 245/246: 163-175.

[84] WARREN T L, SILLING S A, ASKARI A, et al. A non-ordinary state-based peridynamic method to model solid material deformation and fracture[J]. International journal of solids and structures, 2009, 46(5): 1186-1195.

[85] FOSTER J, SILLING S A, CHEN W N. An energy based failure criterion for use with peridynamic states[J]. International journal for multiscale computational engineering, 2011, 9(6): 675-688.

[86] HU W K, HA Y D, BOBARU F, et al. The formulation and computation of the nonlocal J-integral in bond-based peridynamics[J]. International journal of fracture, 2012, 176(2): 195-206.

[87] SILLING S A, ASKARI E. Peridynamic modeling of impact damage[C]//Problems Involving Thermal Hydraulics, Liquid Sloshing, and Extreme Loads on Structures. July 25-29, 2004. San Diego, California, USA. ASMEDC, 2004.

[88] HA Y D, BOBARU F. Characteristics of dynamic brittle fracture captured with peridynamics[J]. Engineering fracture mechanics, 2011, 78(6): 1156-1168.

[89] AGWAI A, GUVEN I, MADENCI E. Predicting crack propagation with peridynamics: A comparative study[J]. International journal of fracture, 2011, 171(1): 65-78.

[90] KILIC B, MADENCI E. Structural stability and failure analysis using peridynamic theory[J]. International journal of non-linear mechanics, 2009, 44(8): 845-854.

[91] DEMMIE P, SILLING S. An approach to modeling extreme loading of structures using peridynamics[J]. Journal of mechanics of materials and structures, 2007, 2(10): 1921-1945.

[92] OTERKUS E, GUVEN I, MADENCI E. Impact damage assessment by using peridynamic theory[J]. Central European journal of engineering, 2012, 2(4): 523-531.

[93] COLAVITO K, KILIC B, CELIK E, et al. Effect of nanoparticles on stiffness and impact strength of composites[C]//48th AIAA/ASME/ASCE/AHS/ASC Structures, Structural Dynamics, and Materials Conference. 23 April 2007 - 26 April 2007, Honolulu, Hawaii. Reston, Virginia: AIAA, 2007: 2021.

[94] XU J F, ASKARI A, WECKNER O, et al. Damage and failure analysis of composite

laminates under biaxial loads[C]//48th AIAA/ASME/ASCE/AHS/ASC Structures, Structural Dynamics, and Materials Conference. 23 April 2007 - 26 April 2007, Honolulu, Hawaii. Reston, Virginia: AIAA, 2007: 2315.

[95] OTERKUS E, BARUT A, MADENCI E. Damage growth prediction from loaded composite fastener holes by using peridynamic theory[C]//51st AIAA/ASME/ASCE/AHS/ASC Structures, Structural Dynamics, and Materials Conference. 12 April 2010 - 15 April 2010, Orlando, Florida. Reston, Virginia: AIAA, 2010: 3026.

[96] XU J F, ASKARI A, WECKNER O, et al. Peridynamic analysis of impact damage in composite laminates[J]. Journal of aerospace engineering, 2008, 21(3): 187-194.

[97] HU W K, HA Y D, BOBARU F. Peridynamic model for dynamic fracture in unidirectional fiber-reinforced composites[J]. Computer methods in applied mechanics and engineering, 2012, 217/218/219/220: 247-261.

[98] OTERKUS E, MADENCI E. Peridynamic analysis of fiber-reinforced composite materials[J]. Journal of mechanics of materials and structures, 2012, 7(1): 45-84.

[99] ALALI B, LIPTON R. Multiscale dynamics of heterogeneous media in the peridynamic formulation[J]. Journal of elasticity, 2012, 106(1): 71-103.

[100] SELESON P, BENEDDINE S, PRUDHOMME S. A force-based coupling scheme for peridynamics and classical elasticity[J]. Computational materials science, 2013, 66: 34-49.

[101] LUBINEAU G, AZDOUD Y, HAN F, et al. A morphing strategy to couple non-local to local continuum mechanics[J]. Journal of the mechanics and physics of solids, 2012, 60(6): 1088-1102.

[102] KILIC B, MADENCI E. Coupling of peridynamic theory and the finite element method[J]. Journal of mechanics of materials structures,2010, 5(5):707-733.

[103] OTERKUS E, MADENCI E, WECKNER O, et al. Combined finite element and peridynamic analyses for predicting failure in a stiffened composite curved panel with a central slot[J]. Composite structures, 2012, 94(3): 839-850.

[104] AGWAI A, GUVEN I, MADENCI E. Drop-shock failure prediction in electronic packages by using peridynamic theory[J]. IEEE transactions on components, packaging and manufacturing technology, 2012, 2(3): 439-447.

[105] KILIC B, MADENCI E. Peridynamic theory for thermomechanical analysis[J]. IEEE transactions on advanced packaging, 2009, 33(1): 97-105.

[106] KILIC B, MADENCI E. Prediction of crack paths in a quenched glass plate by using peridynamic theory[J]. International journal of fracture, 2009, 156(2): 165-177.

[107]GERSTLE W, SILLING S, READ D,et al. Peridynamic simulation of electromigration[J]. Computers,materials & continua,2008, 8(2):75-92.

[108] BOBARU F, DUANGPANYA M. The peridynamic formulation for transient heat conduction[J]. International journal of heat and mass transfer, 2010, 53(19/20): 4047-4059.

[109] BOBARU F, DUANGPANYA M. A peridynamic formulation for transient heat conduction in bodies with evolving discontinuities[J]. Journal of computational physics, 2012, 231(7): 2764-2785.

[110] AGWAI A G. A peridynamic approach for coupled fields[D]. Tucson: University of Arizona, 2017.

[111] BOBARU F. Influence of van der Waals forces on increasing the strength and toughness in dynamic fracture of nanofibre networks: A peridynamic approach[J]. Modelling and simulation in materials science and engineering, 2007, 15(5):

397-417.

[112] SELESON P, PARKS M L, GUNZBURGER M, et al. Peridynamics as an upscaling of molecular dynamics[J]. Multiscale modeling & simulation, 2009, 8(1): 204-227.

[113] CELIK E, GUVEN I, MADENCI E. Simulations of nanowire bend tests for extracting mechanical properties[J]. Theoretical and applied fracture mechanics, 2011, 55(3): 185-191.

[114] GAO G, HUANG S, XIA K,et al. Application of digital image correlation (DIC) in dynamic notched semi-circular bend (NSCB) tests[J].Experimental mechanics, 2015,55(1):95-104.

[115] ZHOU Y X, XIA K, LI X B, et al. Suggested methods for determining the dynamic strength parameters and mode-I fracture toughness of rock materials[J]. International journal of rock mechanics and mining sciences, 2012, 49: 105-112.

[116] LIU W Y. Discretized bond-based peridynamics for solid mechanics[D]. East Lansing:Michigan State University, 2012.

[117] DYSKIN A V. On the possibility of bifurcation in linear periodic arrays of 2-D cracks[J]. International journal of fracture, 1994, 67(2): 31-36.

[118] MUHLHAUS H B, CHAU K T, ORD A. Bifurcation of crack pattern in arrays of two-dimensional cracks[J]. International journal of fracture, 1996, 77(1): 1-14.

[119] OGUNI K, HORI M, IKEDA K. Analysis on evolution pattern of periodically distributed defects[J]. International journal of solids and structures, 1997, 34(25): 3259-3272.

[120] CHAU K T, WANG G S. Condition for the onset of bifurcation in en echelon crack arrays[J]. International journal for numerical and analytical methods in

geomechanics, 2001, 25(3): 289-306.

[121] ZHOU X P, XIE W T, QIAN Q H. Bifurcation of collinear crack system under dynamic compression[J]. Theoretical and applied fracture mechanics, 2010, 54(3): 166-171.

[122] ZHOU X P, QIAN Q H, YANG H Q. Bifurcation condition of crack pattern in the periodic rectangular array[J]. Theoretical and applied fracture mechanics, 2008, 49(2): 206-212.

[123] 蒋持平, 邹振祝, 王铎. 高速运动裂纹的分叉角问题[J]. 固体力学学报, 1991, 12(3): 269-273.

[124] BELYTSCHKO T, CHEN H, XU J X, et al. Dynamic crack propagation based on loss of hyperbolicity and a new discontinuous enrichment[J]. International journal for numerical methods in engineering, 2003, 58(12): 1873-1905.

[125] GWINNER J. Non-linear elastic deformations[J]. Acta applicandae mathematica, 1988, 11(2): 191-193.

[126] ZHANG Q B, ZHAO J. Effect of loading rate on fracture toughness and failure micromechanisms in marble[J]. Engineering fracture mechanics, 2013, 102: 288-309.

[127] YANG S Q, JING H W. Strength failure and crack coalescence behavior of brittle sandstone samples containing a single fissure under uniaxial compression[J]. International journal of fracture, 2011, 168(2): 227-250.

[128] 李鹏飞. 基于声发射和图像处理技术对类岩石材料破裂过程的模型试验研究[D]. 重庆: 重庆大学, 2015.

[129] 杨圣奇. 断续三裂隙砂岩强度破坏和裂纹扩展特征研究[J]. 岩土力学, 2013, 34(1): 31-39.

[130] SONG J H, AREIAS P M A, BELYTSCHKO T. A method for dynamic crack and shear band propagation with phantom nodes[J]. International journal for numerical methods in engineering, 2006, 67(6): 868-893.

[131] YANG Y F, TANG C A, XIA K W. Study on crack curving and branching mechanism in quasi-brittle materials under dynamic biaxial loading[J]. International journal of fracture, 2012, 177(1): 53-72.

[132] NING Y J, YANG J, AN X M, et al. Modelling rock fracturing and blast-induced rock mass failure *via* advanced discretisation within the discontinuous deformation analysis framework[J]. Computers and geotechnics, 2011, 38(1): 40-49.

[133] HAERI H, SHAHRIAR K, MARJI M F, et al. Experimental and numerical study of crack propagation and coalescence in pre-cracked rock-like disks[J]. International journal of rock mechanics and mining sciences, 2014, 67: 20-28.

[134] JENQ Y S, SHAH S P. Mixed-mode fracture of concrete[J]. International journal of fracture, 1988, 38(2): 123-142.

[135] 张梅英, 袁建新, 李廷芥, 等. 单轴压缩过程中岩石变形破坏机理[J]. 岩石力学与工程学报, 1998, 17(1): 1-8.

[136] 李术才, 朱维申. 复杂应力状态下断续节理岩体断裂损伤机理研究及其应用[J]. 岩石力学与工程学报, 1999, 18(2): 142-146.

[137] OTERKUS S, MADENCI E, AGWAI A. Fully coupled peridynamic thermomechanics[J]. Journal of the mechanics and physics of solids, 2014, 64: 1-23.

[138] ASKARI E, XU J F, SILLING S. Peridynamic analysis of damage and failure in composites[C]//44th AIAA Aerospace Sciences Meeting and Exhibit. 09 January 2006 - 12 January 2006, Reno, Nevada. Reston, Virginia: AIAA, 2006: 88.

[139] OTERKUS S, MADENCI E. Peridynamics for fully coupled thermomechanical analysis of fiber reinforced laminates[C]//55th AIAA/ASME/ASCE/AHS/ASC Structures, Structural Dynamics, and Materials Conference. 13-17 January 2014, National Harbor, Maryland. Reston, Virginia: AIAA, 2014: 0694.

[140] OTERKUS S, MADENCI E, AGWAI A. Peridynamic thermal diffusion[J]. Journal of computational physics, 2014, 265: 71-96.

[141] JIJI L M. Heat Conduction[M]. Berlin, Heidelberg: Springer Berlin Heidelberg, 2009.

[142] 唐世斌. 岩石热破裂过程的数值模型及其应用[D]. 沈阳: 东北大学, 2005.

[143] 唐世斌. 混凝土温湿型裂缝开裂过程细观数值模型研究[D]. 大连: 大连理工大学, 2009.

[144] 唐世斌, 唐春安, 朱万成, 等. 热应力作用下的岩石破裂过程分析[J]. 岩石力学与工程学报, 2006, 25(10): 2071-2078.

[145] SNOW D T. Anisotropie permeability of fractured media[J]. Water resources research, 1969, 5(6): 1273-1289.

[146] BIOT M A. General theory of three - dimensional consolidation[J]. 1941, 12(2): 155-164.

[147] WILSON C R, WITHERSPOON P A. Steady state flow in rigid networks of fractures[J]. Water resources research, 1974, 10(2): 328-335.

[148] 柴军瑞. 大坝工程渗流力学[M]. 拉萨: 西藏人民出版社, 2001.

[149] 王恩志. 裂隙网络地下水流模型的研究与应用[D]. 西安: 西安地质学院, 1991.

[150] 王恩志. 剖面二维裂隙网络渗流计算方法[J]. 水文地质工程地质, 1993, 20(4): 27-29.

[151] 王恩志. 岩体裂隙的网络分析及渗流模型[J]. 岩石力学与工程学报, 1993,

12(3): 214-221.

[152] HSIEH P A, NEUMAN S P, STILES G K, et al. Field determination of the three-dimensional hydraulic conductivity tensor of anisotropic media: 2. methodology and application to fractured rocks[J]. Water resources research, 1985, 21(11): 1667-1676.

[153] WARREN J E, ROOT P J. The behavior of naturally fractured reservoirs[J]. Society of petroleum engineers journal, 1963, 3(3): 245-255.

[154] JABAKHANJI R, MOHTAR R H. A peridynamic model of flow in porous media[J]. Advances in water resources, 2015, 78: 22-35.

[155] 赵亚溥. 近代连续介质力学[M]. 北京: 科学出版社, 2016.

[156] 孔祥言. 高等渗流力学[M]. 2 版. 合肥: 中国科学技术大学出版社, 2010.

[157] KATIYAR A, FOSTER J T, OUCHI H, et al. A peridynamic formulation of pressure driven convective fluid transport in porous media[J]. Journal of computational physics, 2014, 261: 209-229.

[158] KARL T. Theoretical soil mechanics[M]. New York: J. Wiley and sons, inc., 1943.

[159] SKEMPTON A W. Effective stress in soils, concrete and rocks[M]//SELECTED PAPERS ON SOIL MECHANICS. Thomas Telford Publishing, 1984: 106-118.

[160] HANDIN J, REX V H Jr, MELVIN F, et al. Experimental deformation of sedimentary rocks under confining pressure: Pore pressure tests[J]. AAPG bulletin, 1963, 47(5): 718-755.

[161] 赵阳升, 胡耀青. 孔隙瓦斯作用下煤体有效应力规律的实验研究[J]. 岩土工程学报, 1995, 17(3): 26-31.

[162] 杨天鸿, 唐春安, 朱万成, 等. 岩石破裂过程渗流与应力耦合分析[J]. 岩土工程学报, 2001, 23(4): 489-493.